普通高等教育"十二五"规划教材

Visual Basic 6.0 程序设计基础教程

王　萍　　聂伟强　　主　编

敖小玲　傅清平　熊　刚　副主编

电子工业出版社·

Publishing House of Electronics Industry

北京·BEIJING

内 容 简 介

本书在内容的选择、深度的把握、习题的设计上，参照了《全国计算机等级考试和全国高校计算机等级考试大纲》的要求，深入浅出、循序渐进，既包含程序设计语言的基本知识和程序设计的基本方法与技术，又能与可视化编程有机的结合。

全书共分为 12 章，主要包括 Visual Basic 的集成开发环境、程序设计的基础知识、结构化程序的三种基本结构、数组、过程、文件、Visual Basic 内部控件及 ActiveX 控件、界面设计、数据库技术和应用程序发布等内容。

本书可作为高等学校本科、专科、高职"计算机程序设计基础"课程的教材，也可作为全国计算机等级考试和全国高校计算机等级考试应试用书，并可供其他自学 Visual Basic 程序设计语言的读者使用。

本书配有《Visual Basic 6.0 程序设计基础教程习题解答与上机指导》一书。

图书在版编目（CIP）数据

Visual Basic 6.0 程序设计基础教程 / 王萍，聂伟强主编. —北京：电子工业出版社，2012.3

普通高等教育"十二五"规划教材

ISBN 978-7-121-15557-4

I. V… Ⅱ.①王…②聂… Ⅲ. ①BASIC 语言－程序设计－高等学校－教材 Ⅳ. TP312

中国版本图书馆 CIP 数据核字（2011）第 264344 号

策划编辑：许存权

责任编辑：陈韦凯　　特约编辑：刘海霞　刘丽丽

印　　刷：涿州市京南印刷厂

装　　订：涿州市桃园装订有限公司

出版发行：电子工业出版社

　　　　　北京市海淀区万寿路 173 信箱　邮编　100036

开　　本：787×1092　1/16　印张：20　字数：510 千字

印　　次：2012 年 3 月第 1 次印刷

印　　数：3 000 册　定价：36.00 元

前　言

程序设计语言作为计算机软件系统的有机组成，其发展是非常迅速的。从面向硬件的机器语言、汇编语言，到面向过程的 Basic、Pascal、FORTRAN、C 等高级语言，再到面向对象的程序设计语言，为计算机的普及和应用作出了巨大的贡献。

面向对象程序设计，以其新颖、独特的思想为程序设计语言和软件开发带来新技术、新方法。面向对象程序设计方法是把程序和数据封装起来作为一个对象，并为每一个对象规定其外观和行为。这种程序设计方法简化了编写程序的难度，使程序设计语言越来越易学好用。

Visual Basic 是当今深受欢迎的面向对象的程序设计语言之一，其简练的语法、强大的功能、结构化程序设计及方便快捷的可视化编程手段，使得编写 Windows 环境下的应用程序变得非常容易。因此，Visual Basic 已经成为目前许多高等院校首选的教学用程序设计语言。

本教材在内容的选择、深度的把握、习题的设计上，均参照全国计算机等级考试和全国高校计算机等级考试的大纲要求，力求做到深入浅出、循序渐进，既包含程序设计语言的基本知识和程序设计的基本方法与技术，又能与可视化编程有机地结合。在界面的设计上，除了介绍一些常用的内部控件外，还介绍了设计 Windows 应用程序界面时常用的一些 ActiveX 控件，使读者在学习完本书后能够编写出较完整的 Windows 应用程序。书中包含大量的典型算法的分析及示例，所有示例均通过调试，可以在 Visual Basic 环境下直接运行。本教材为兼顾不同层次的学生对计算机程序设计语言的学习要求，各章例题尽量做到既能说明有关概念，又具有一定的实际意义，以激发学生的学习兴趣。本教材配有《Visual Basic 6.0 程序设计基础教程习题解答与上机指导》一书，对各章之后配有的习题给出了详细的解答，同时上机指导部分的内容，使学生能够通过上机实践掌握所学内容，提高动手能力和编程技能。最后两章"数据库技术"和"应用程序发布"使读者在学习完 Visual Basic 程序设计语言之后，对使用系统的方法进行程序设计及软件的发布过程有一个初步的认识。

本教材由从事 Visual Basic 教学的一线老师编写，其中第 1 章、第 2 章和第 3 章由王萍编写，第 4 章和第 5 章由聂伟强编写，第 6 章和第 10 章由傅清平编写，第 7 章和第 8 章由敖小玲编写，第 9 章、第 11 章和第 12 章由熊刚编写，全书由王萍、聂伟强总纂。

本书前 10 章是全国计算机等级考试和全国高校计算机等级考试内容。

为满足广大教师的需要，本教材同时提供了配套的电子教案和教材中的所有例题的源程序。

由于作者水平有限，书中错误或不足之处在所难免，敬请读者批评指正。

编　者

目录

第1章

Visual Basic 概述

Visual Basic（简称 VB）语言是目前流行的一种面向对象的可视化程序设计语言，本章对该语言作一简要的整体叙述。

主要内容：

- Visual Basic 的发展
- Visual Basic 的优良特性
- Visual Basic 的安装方法
- 如何使用 Visual Basic 的帮助系统
- 如何启动和退出 Visual Basic
- Visual Basic 的集成开发环境

Visual Basic

1.1 程序设计语言的发展

"程序"是计算机能够执行的指令代码的集合，而程序设计语言（也称计算机语言）是指程序设计人员和计算机都可以识别的程序代码规则，是人机交流的工具。自从 1946 年第一台电子计算机诞生以来，程序设计语言就随着计算机技术的进步而不断发展。五十多年以来，程序设计语言从低级语言发展到高级语言，从费时费力的代码编写发展到方便高效的可视化编程，程序设计变成了一种魅力无穷的智力化工作。编程不仅可以指挥计算机完成设计者的意图，还可以极大地开发人的智力潜能，使程序设计者从中获得乐趣和成就感。因此，了解程序设计的发展过程，对于掌握程序设计技术是十分必要的。

程序设计语言伴随着计算机技术的进步，到目前为止，可以分为机器语言、汇编语言、面向过程的语言和面向对象的程序设计语言。

1.1.1 机器语言

机器语言是一种由 0 和 1 组成的指令码，这种指令码可以由 CPU 识别并执行，因此，机器语言也称为 CPU 语言，其指令集称为指令系统。用机器语言编写的程序直接由 CPU 执行，因而执行的速度快，但是由于这种指令都是 0 和 1 的组合，难记、难认、难理解、不易查错，程序设计的效率低，因此只有专业人员使用。

1.1.2　汇编语言

汇编语言是用"助记符号"（由英文字母组成）构成的指令序列，这在对指令的记忆、理解和编程效率上都前进了一大步。但是，CPU 不能直接识别这些"助记符号"，所以需要用汇编程序将源程序翻译成机器语言，才能被机器识别和执行。汇编语言与机器语言都与 CPU 直接相关，不同的 CPU 有不同的指令系统，所以称为"面向机器的语言"。虽然用面向机器的语言可以编写出执行效率极高的的程序，但是程序设计人员必须熟悉机器的内部结构，所以掌握这类语言仍然有很大的难度，因此，它的普及受到很大的限制。

1.1.3　面向过程的程序设计语言

如果能够脱离机器内部结构对编程的束缚，而把程序设计的精力主要集中在解题的思路和方法上，就会使编程变得容易，因此诞生了接近于人的自然语言的高级程序设计语言。利用高级语言，把解题的过程看作是数据加工的过程，这种程序设计语言是面向过程的，用这种语言进行程序设计的方法称为面向过程的程序设计方法。常用的面向过程的语言有 Basic、C、FORTRAN、Pascal 等。高级语言的出现是计算机发展的里程碑，把计算机的程序设计真正地从专业人员的手中解放出来，使程序设计变得更加直观和容易，大大地提高了编程效率，极大地推动了计算机的普及和应用，也使计算机程序的规模越来越大，功能越来越强。

1.1.4　面向对象的程序设计语言

用传统的高级语言处理问题需要编写大量的程序，特别是开发具有图形用户界面（GUI，Graphics User Interface），如 Windows 的应用程序是非常困难的，要耗费很大的精力。1991 年，Microsoft 公司推出了 Visual Basic，它的诞生使软件设计和开发又进入了面向对象程序设计的新时代。面向对象程序设计思想是一种结构模拟的方法，它把现实世界看做是由许多种类对象（Object）所组成的，各种类型的对象之间可以互相发送和接收消息，消息激发对象作出相应的反应。从程序设计的角度看，每个对象的内部都封装了数据和方法。面向对象程序设计（OOP，Object Oriented Programming）利用面向对象程序设计方法比用传统的高级语言编写具有图形用户界面（GUI）类的程序，其编程工作量大大减少，前者是后者的 20%左右，其编程效率之高是显而易见的。而且面向对象程序设计方法更适合编写更大规模的程序。目前，面向对象程序设计已成为当代程序设计的主流。当前使用较多的面向对象程序设计语言有 Visual Basic、Visual C++和 Visual FoxPro 等。

Visual Basic

1.2　Visual Basic 简介

顾名思义，Visual Basic 与 Basic 程序设计语言有密切的关系，但它与 Basic 语言相比较有着脱胎换骨的变化，它沿用了早期 Basic 中的一些语法。其功能强大，绝非 Basic 所能比拟。

Basic 诞生于 20 世纪 60 年代初期，是 Beginner's ALL-purpose Symbolic Intruction Code（初学者通用符号指令代码）的缩写。Basic 以它简单易学、使用方便的特点，对计算机的推广普及起到了重要作用。但随着计算机技术的快速发展，硬件功能的增强，以及 Windows 操作系统的流行，Basic 的优点得不到发挥，缺点却逐渐显现出来。1991 年，Microsoft 公司推出了 Visual Basic。

Visual Basic 沿用以前 Basic 语言的一些语法，同样具有简单易学、易用的特点，二者基本兼容。但 Visual Basic 功能更加强大，使用更方便，它同时具有 Windows 风格的界面。

Visual Basic 是使用 Basic 语言进行可视化程序设计的开发工具，英文 Visual 的原意是"可视的"、"视觉的"。Visual Basic 是一种开发工具，在这里是指"可视化程序设计"，而不仅仅是一种语言，用 Visual Basic 可开发出应用于数学计算、数据库管理、客户／服务器、Internet／Intranet 的应用软件。

用 Visual Basic 来设计应用程序，将 Basic 语言应用于程序中，提供了编程的简易性；又采用了可视化设计工具，具有"所见即所得"的可视性，适应了 Windows 所特有的优良性能。

Visual Basic 采用的是事件驱动编程机制，用户不必像以前使用 Basic 语言编写程序那样，精确写出执行的每一步骤，不必写出很长程序，只要写出简短的程序片断，就可以完成所需的操作。Visual Basic 同时采用图形工作环境，通过图形对象来设计应用程序，用户可以很方便地设计出具有 Windows 风格图形界面的应用软件。

1.2.1 Visual Basic 的特点

相信大多数读者都学习过某一种计算机程序设计语言，如 Basic、FORTRAN 或 C 语言。它们属于过程式程序设计语言，编写程序时不仅要告诉计算机系统做什么，还要告诉系统怎么做，程序写起来比较长。

然而 Visual Basic 却不同，它是非过程式的程序设计语言。它具有以下的特点。

1. Visual Basic 是可视的

当用过程式语言编写程序时，若设计用户界面，则需要用诸多语句对界面进行描述，编写程序时看不到实际效果。这就不可避免地会在程序中潜伏着许多错误，需要反复编译、运行程序，不断修改、调试程序，观察运行结果，直到满意为止，颇费时间。而可视化程序设计就不同了，它使用了可视设计工具，使你能直接看到做出来的图形界面，如一个菜单、一个对话框。而用户需要编写的只是实现如程序计算、逻辑判断等的那部分程序代码，程序很简短，几行、十几行足矣。简短的程序写起来既容易又很少出错。

可视化设计工具把 Windows 界面设计的复杂性"封装"起来，用户不必为界面设计编写程序代码，只需要利用系统提供的工具，在屏幕上画出各种对象，并设置对象的属性即可。"可视化程序设计"为用户制作具有 Windows 风格的应用程序提供了简化编程难度的有效方法。

2．Visual Basic 是面向对象的

任何一个应用程序，都需要有操作系统的支持。Microsoft Windows 的出现，为用户提供了一个直观的工作环境，图形界面使应用程序更易于学习和使用。但要编写在 Windows 下运行的应用程序却更加困难。因为 Windows 具有多任务性、图形界面、动态数据交换、对象链接与嵌入等功能，用 DOS 环境下的软件开发方法和工具来开发 Windows 环境下的应用程序，其难度可想而知。

出路在于寻找新的开发方法和技术，"面向对象的程序设计"便是新一代程序设计语言，它所采用的方法是"面向对象"，如 Visual Basic、Visual C、Visual FoxPro、PowerBuilder、Delphi 等都是面向对象的程序设计语言。

面向对象的程序设计方法（OOP，Object-Oriented Programming）是把程序和数据封装起来作为一个对象，并为每一个对象设置所需要的属性。这些图形对象的建立不必用语句来描述，而是用工具画在界面上，这样非常方便和快捷。

为什么采用面向对象的程序设计方法后，用户不必用语句来描述所要画出的图形呢？因为设计这些图形对象的程序代码由 Visual Basic 自动生成并封装起来，计算机是执行了这些封装起来的数据和程序代码，才画出各种各样图形界面的。

直观的、图形丰富的工作环境，已是当今所有应用程序必须具备的共同点，利用面向图形对象的程序设计方法设计应用程序，可使图形对象的建立变得十分简单和容易。

3．Visual Basic 采用事件驱动编程机制

使用过 Microsoft Office 应用软件的人们都知道，若用鼠标单击一下工具栏上某一个按钮，就会完成一项相应的操作。例如，单击一下"保存"按钮，就会将文本保存在当前文件夹中；单击一下"另存为…"菜单项，就会弹出"另存为"对话框。这是由于这些对象（按钮或菜单项）触发了一个事件。

通俗地讲，事件就是对象上所发生的事情。Visual Basic 通过事件来执行对象的操作。

人们设计图形界面不只是为了界面美观，主要还是要做事情。Visual Basic 的编程机制是，当单击（或双击）一个对象时，该对象将会触发一个事件，该事件又通过一个程序段来响应，从而实现指定的操作，这就是事件驱动机制。

所以一般用 Visual Basic 设计的应用程序，无须具有明显的开始部分和结束部分，而是编写若干过程，不同的对象分别对应不同的过程，由用户操作触发某个事件来执行相应的过程，从而完成某种特定的功能。

事件驱动是一种适用于 GUI 的编程方式。

4．数据库管理功能

在 Visual Basic 应用程序中，可直接建立 Access 格式的数据库或访问 Access 中的数据，并可以进行数据存储和检索。Visual Basic 还能编辑和访问如 FoxPro、Paradox 等外部

数据库。

　　Visual Basic 提供开放式数据链接功能（Open DataBase Connectivity），可直接访问或建立链接的方式使用并操作后台大型网络数据库。

1.2.2　Visual Basic 的版本

　　Microsoft 公司于 1991 年推出 Visual Basic 1.0 版，并获得了巨大成功；接着于 1992 年秋天推出 2.0 版，1993 年 4 月推出 3.0 版，1995 年 10 月推出 4.0 版，1997 年推出 5.0 版，1998 年推出 6.0 版。随着版本的改进，Visual Basic 已逐渐成为简单易学、功能强大的编程工具。从 1.0 版到 4.0 版，Visual Basic 只有英文版；而 5.0 版以后的 Visual Basic 在推出英文版的同时，又推出了中文版，大大方便了中国用户。

　　Visual Basic 6.0 包括三种版本，分别为学习版、专业版和企业版。这些版本是在相同的基础上建立起来的，因此大多数应用程序可在三种版本中通用。三种版本适合于不同的用户层次。

　　（1）学习版。Visual Basic 的基础版本，可用来开发 Windows 应用程序。该版本包括所有的内部控件（标准控件）和网格（Grid）控件、Tab 对象及数据绑定（Data Bound）控件。

　　（2）专业版。该版本为专业编程人员提供了一整套用于软件开发的功能完备的工具。它包括学习版的全部功能，同时包括 ActiveX 控件、Internet 控件、Crystal Report Writer 和报表控件。

　　（3）企业版。可供专业编程人员开发功能强大的组内分布式应用程序。该版本包括专业版的全部功能，同时具有自动化管理器、部件管理器、数据库管理工具、Microsoft Visual SourceSafe 面向工程版的控制系统等。

　　三种版本中，企业版本功能最全，专业版本包括了学习版本的功能。用户可根据自己的需要购买不同的版本。但是应注意，企业版本的价格较高，如果不是绝对需要，一般不必购买企业版本，以免造成不必要的浪费。对于大多数用户来说，专业版本完全可以满足需要。

　　本书使用的是 Visual Basic 6.0 中文企业版，但其内容可用于专业版和学习版，所有程序都可以在专业版和学习版中运行。

　　Visual Basic 6.0 是专门为 Microsoft 的 32 位操作系统设计的，可用来建立 32 位的应用程序。在 Windows 9x，Windows NT，以及 Windows 2000 或 Windows XP 环境下，用 Visual Basic 6.0 可以自动生成 32 位应用程序。这样的应用程序在 32 位操作系统下运行，速度更快、更安全，并且更适合在多任务环境下运行。

> Visual Basic

1.3　Visual Basic 的安装

　　下面介绍一下 Visual Basic 6.0 的安装方法。

1.3.1　Visual Basic 6.0 的系统要求

目前，常用的计算机系统配置一般都能满足 VB6.0 的要求。其中有三个主要的系统要求简述如下。

- 安装 Visual Basic 6.0 中文企业版安装向导的计算机要求 486DX66、Pentium 或更高的微处理器。
- 在 Windows95 / 98 下至少需要 16MB 以上内存，Windows NT 4.0 下需要 32MB 以上内存。
- 硬盘空间。

标准版：典型安装 48MB，完全安装 80MB。

专业版：典型安装 48MB，完全安装 80MB。

MSDN：至少需要 67MB。

MSDN 是 VB 帮助文件所必需的，它包含了 VB 的编程技术信息及其他资料，VB 6.0 的联机帮助文档采用 HTML 格式。

1.3.2　Visual Basic 6.0 的安装方法

Visual Basic 6.0 是 Visual Studio 6.0 套装软件中的一个成员，它可以和 Visual Studio 6.0 一起安装，也可以单独安装。单独安装的 Visual Basic 6.0 中文版包括四张光盘，其中两张为 MSDN。安装方式不同，启动方式也略有区别。在这里，假设所使用的 Visual Basic 6.0 是单独安装的。

VB 6.0 的安装过程与 Microsoft 其他应用软件的安装过程类似，首先将 VB 6.0 的安装光盘放入光驱，然后在"我的电脑"或"资源管理器"中执行安装光盘上的 Setup 程序（若没有取消"自动播放"功能，则安装程序将会自动运行）。

（1）运行 Setup 后，显示"Visual Basic 6.0 中文企业版安装向导"对话框，如图 1-1 所示。

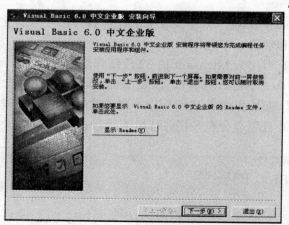

图 1-1　"Visual Basic 6.0 中文企业版安装向导"对话框

（2）单击"下一步"按钮，打开"最终用户许可协议"对话框，从中选择"接受协议"选项，如图 1-2 所示。

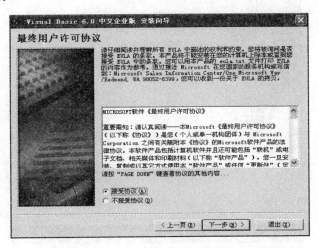

图1-2 "最终用户许可协议"对话框

（3）单击"下一步"按钮，然后按照安装程序的要求输入产品的 ID 号、用户的姓名和公司名称，如图 1-3 所示。

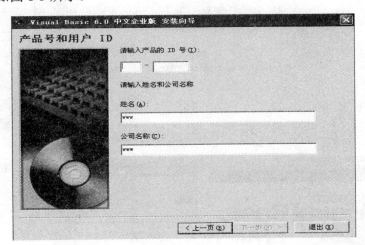

图1-3 "产品号和用户 ID"对话框

（4）单击"下一步"按钮，打开"选择安装程序"对话框，从中选择"安装 Visual Basic 6.0 中文企业版"，如图 1-4 所示。

（5）单击"下一步"按钮，然后按照提示选择安装路径后，将打开"选择安装类型"对话框，如图 1-5 所示。若选择"典型安装"，则安装过程无须用户干预；若选择"自定义安装"，则自动打开"自定义安装"对话框，用户需在对话框中选择所需组件。

（6）单击"继续"按钮，安装程序将复制文件到硬盘中，如图 1-6 所示。复制结束后，需重新启动计算机，即可完成 VB 6.0 的安装。

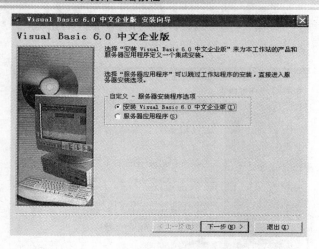

图 1-4 "选择安装程序"对话框

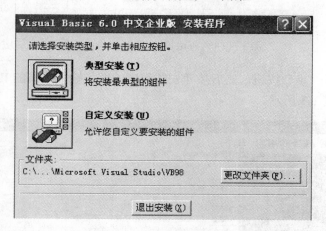

图 1-5 "选择安装类型"对话框

图 1-6 "Visual Basic 6.0 中文企业版安装程序"对话框

（7）重新启动计算机后，安装程序将自动打开"安装 MSDN"对话框，若不安装 MSDN，则应取消"安装 MSDN"复选框，单击"退出"按钮；若安装 MSDN，则选中"安装 MSDN"对话框，单击"下一步"按钮。按提示进行操作即可。

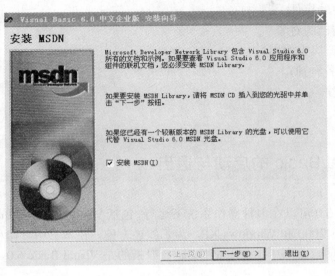

图 1-7　"安装 MSDN"对话框

Visual Basic

1.4　Visual Basic 的帮助系统

Visual Basic 的帮助系统分为 MSDN Library 在线帮助和上下文相关帮助两种。

1.4.1　在线帮助

Visual Basic 6.0 的在线帮助系统为用户带来极大的方便。在使用 Visual Basic 6.0 的过程中可以随时打开帮助系统，从中获得所需要的帮助信息。

Microsoft 把在线帮助信息放进 MSDN（Microsoft Developer Network）中，有 1GB 的编程技术信息。在安装 Visual Basic 6.0 时，必须安装 MSDN Library，否则不能使用在线帮助系统。

1.4.2　上下文相关帮助

上下文相关帮助使用户不必使用"帮助"菜单就可以直接得到与当前操作有关的帮助信息。方法如下：

选择一个对象（窗口、控件等）或关键字，然后按下 F1 键，即可得到相应的帮助信息。

例如，选择工具箱中的某一个控件，然后按下 F1 键，即可打开 MSDN 窗口，并显示该控件的帮助信息。

可以使用上下文相关帮助的部分如下：

- 工具箱中的控件
- 窗体或文档的对象
- "属性"窗口中的属性
- VB 中的各种窗口
- VB 关键字
- 错误信息

Visual Basic

1.5　Visual Basic 的启动与退出

Visual Basic 6.0 可以在多种操作系统下运行，包括 Windows 95，Windows 98，Windows NT 4.0，Windows 2000 和 Windows XP，为了叙述方便，在本书中一律称做 Windows。此外，除非特别说明，本书中的 Visual Basic 一般指的是 Visual Basic 6.0。

1.5.1　Visual Basic 的启动方法

开机并进入中文 Windows 后，可以用多种方法启动 Visual Basic。

1. 使用"开始"菜单中的"程序"命令

（1）单击 Windows 环境下的"开始"按钮，弹出一个菜单，把鼠标光标移到"程序"命令上，将弹出下一个级联菜单。

（2）把鼠标光标移到"Microsoft Visual Basic 6.0 中文版"，弹出下一个级联菜单，即 Visual Basic 6.0 程序组。

（3）单击"Microsoft Visual Basic 6.0 中文版"，即可进入 Visual Basic 6.0 编程环境。

2. 使用"我的电脑"

（1）双击"我的电脑"，弹出一个窗口，然后单击 Visual Basic 6.0 所在的硬盘驱动器盘符，将打开相应的驱动器窗口。

（2）单击驱动器窗口中的 vb60 文件夹，打开其窗口。

（3）双击"vb6．exe"图标，即可进入 Visual Basic 6.0 编程环境。

3. 使用"开始"菜单中的"运行"命令

（1）单击"开始"按钮，弹出一个菜单，然后选择"运行"命令，将弹出一个对话框。

（2）在"打开"栏内输入 Visual Basic 6.0 启动文件的名字（包括路径）。例如：
c：\ vb60 \ vb6．exe

（3）单击"确定"按钮，即可启动 Visual Basic 6.0。

4．建立启动 Visual Basic 6.0 的快捷方式

用上面所介绍的任何一种方法启动 Visual Basic 6.0 后，将首先显示版权屏幕，说明此份程序复制的使用权属于谁。稍候，显示"新建工程"对话框，如图 1-8 所示。

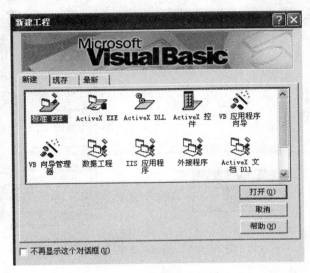

图 1-8　"新建工程"对话框（"新建"选项卡）

对话框中显示出可以在 Visual Basic 6.0 中使用的工程类型，主要有如下几个方面。

● 标准 EXE 程序：建立标准 Windows 下的可执行文件（.EXE 文件）。它是"新建"环境中最基本的类型，也是默认类型。

● ActiveX EXE 程序：这种程序只能在专业版和企业版中建立，用于建立进程外的对象的链接与嵌入服务器应用程序项目类型。这种程序可包装成可执行文件。

● ActiveX DLL 程序：这种程序与 ActiveX EXE 程序是一致的，只是包装不一样，ActiveX DLL 只能包装成动态链接库。

● ActiveX 控件：只能在专业版或企业版中建立，用于开发用户自定义的 ActiveX 控件。

● VB 应用程序向导：用于在开发环境中建立新的应用程序框架。

● 数据工程：提供开发数据报表应用程序的框架，选中该图标后，将自动打开数据环境设计器和数据报表设计器。

● 外接程序：用于建立 Visual Basic 外接程序，并在开发环境中自动打开连接设计器。

● ActiveX 文档 EXE 和 ActiveX 文档 DLL 程序：建立可以在超链接环境中运行的 Visual Basic 应用程序，即 Web 浏览器。

● VB 企业版控件：该选项不是用来建立应用程序的，而是在工具箱中加入企业版控件图标。

● IIS 应用程序：这种程序是一个生存在 Web 服务器上并响应浏览器请求的应用程序，使用 HTML 来表示它的用户界面，使用编译的 Visual Basic 代码来处理浏览

器的请求与响应事件。

在对话框中选择要建立的工程类型，对初学者应选择"标准 EXE"，然后单击"打开"按钮，即打开 Visual Basic 集成环境界面，如图 1-9 所示。

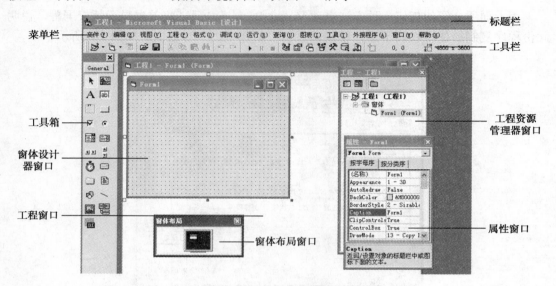

图 1-9　Visual Basic 集成环境

每次启动 Visual Basic 后，都要显示"新建工程"对话框，如果你在一段较集中时间里经常使用 VB，而且主要使用"标准 EXE"工程，不希望每次启动时都显示该对话框，则可以将对话框左下角的"不再显示这个对话框"复选框选中（单击小方框，使小方框内加上"√"），这样，以后再启动 Visual Basic，就不会再显示"新建工程"对话框。

1.5.2　退出 Visual Basic 的方法

退出 Visual Basic 的方法如下：
（1）单击 VB 窗口右上角的"关闭"按钮。
（2）选择"文件"菜单中的"退出"命令。
（3）按下 Alt+Q 组合键。

退出 Visual Basic 时，如果新建立的程序或已修改过的原有程序没有存盘，系统将显示一个对话框，询问用户是否将其存盘，用户作出应答后才能退出 Visual Basic。

Visual Basic

1.6　Visual Basic 6.0 集成开发环境

在默认情况下，Visual Basic 6.0 的集成开发环境为传统的 Windows MDI（多文档界面）方式（见图 1-9）；此外，也可以用 SDI（单文档界面）方式启动 Visual Basic。在多数情况下，使用 SDI 方式可能会更方便。为了把编程环境变为 SDI 方式，可执行"工具"

菜单中的"选项"命令，打开"选项"对话框，选择"高级"选项卡，在对话框中选择"SDI 开发环境"选项，然后单击"确定"按钮。这样设置后，退出 Visual Basic，然后重新启动，即可按 SDI 方式进入 Visual Basic 集成开发环境。

从图 1-9 中可以看出，启动 Visual Basic 后，屏幕上分为若干部分，包括标题栏、菜单栏、工具栏、工具箱、窗体设计器、工程资源管理器窗口、窗体布局窗口、工程窗口和属性窗口。为了能清楚地看到每个部分，这里对原来的各部分进行了缩放和重新排列。读者在启动自己的 Visual Basic 后，所看到的各部分的排列情况可能与图 1-9 所示的有微小差别，一些窗口可能会重叠。实际上，和 Windows 下的窗口一样，集成开发环境中的每个窗口都可以在屏幕上移动、缩小、放大或关闭。此外，Visual Basic 保存上一次使用时屏幕上各部分最后的排列方式，并作为下一次启动 Visual Basic 后的屏幕布局。

1.6.1 主窗口

主窗口也称设计窗口。启动 Visual Basic 后，主窗口位于集成环境的顶部，该窗口由标题栏、菜单栏和工具栏组成（见图 1-9）。

1．标题栏

标题栏是屏幕顶部的水平条，它显示的是应用程序的名字。用户与标题栏之间的交互关系由 Windows 来处理，而不是由应用程序处理。启动 Visual Basic 后，标题栏中显示的信息为"工程 1-Microsoft Visual Basic[设计]"，方括号中的"设计"表明当前的工作状态是"设计阶段"。随着工作状态的不同，方括号中的信息也随之改变，可能会是"运行"或"Break"，分别代表运行阶段或中断阶段。

2．菜单栏

在标题栏的下面是集成环境的主菜单。菜单栏中的菜单命令提供了开发、调试和保存应用程序所需要的工具。Visual Basic 6.0 中文版的菜单栏共有 13 个菜单项，即文件、编辑、视图、工程、格式、调试、运行、查询、图表、工具、外接程序、窗口和帮助。下面给出各菜单的主要功能。

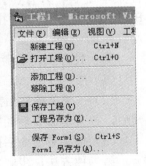

（1）文件：主要用于建立工程、管理工程、对 VB 文件的操作和打印等。包括新建工程、打开工程、添加工程、移除工程、保存工程、另存工程、打印、打印设置、生成 EXE 文件、退出等子菜单项，如图 1-10 所示。

图 1-10 "文件"菜单

（2）编辑：主要用于对工程项目中的文本代码进行操作，包括剪切、复制、粘贴、删除、查找、替换、插入文件等编辑命令。

（3）视图：显示或隐藏集成开发环境的各种窗口、工具栏及其他部分。

（4）工程：设置工程属性，添加或删除窗体、模块、类模块、控件、用户文档等。

（5）格式：用于统一控件尺寸，对齐控件等。

（6）调试：启动或终止整个程序的调试等。

（7）运行：启动程序或全编译执行。

（8）查询：运行结果查询、数据库 SQL 查询、语言语法查询等。

（9）图表：新建、设置、添加、显示、修改图表等。

（10）工具：添加过程、过程属性，菜单编辑器及配置环境选项等。

（11）外接程序：可在当前工程中增加或删除外接程序。

（12）窗口：排列或选择打开窗口。

（13）帮助：启动帮助系统，打开帮助窗口。

每个菜单项含有若干个菜单命令，执行不同的操作。用鼠标单击某个菜单项，即可打开该菜单，然后用鼠标单击菜单中的某一条就能执行相应的菜单命令。例如，单击"文件"，就可以打开文件菜单，如图 1-10 所示。打开菜单后，如果单击"打开工程"，就可以打开已有的工程文件；而如果单击"工程另存为"，就可以保存文件等。

菜单中的命令分为两种类型：一类是可以直接执行的命令，这类命令的后面没有任何信息（如"保存工程"）；另一类在命令名后面带有省略号（如"打开工程"），需要通过打开对话框来执行。在用鼠标单击后一类命令后，屏幕上将显示一个对话框，利用该对话框可以执行各种有关的操作。在"文件"菜单中，"新建工程"、"保存工程"等是可以直接执行的命令，而"打开工程"、"工程另存为"等命令，则必须通过对话框来执行。此外，从"文件"菜单可以看出，在有些命令的后面还带有其他信息，例如：

打开工程…　　　　Ctrl+O

保存 Form1　　　　Ctrl+S

其中 Ctrl+O 等叫做"热键"（或快捷键）。在菜单中，热键列在相应的菜单命令之后，与菜单命令具有相同的作用。使用热键方式，不必打开菜单就能执行相应的菜单命令。例如，按 Ctrl+O 组合键，可以立即执行"打开工程"命令。

上面介绍了通过鼠标和热键执行菜单命令的方法。除鼠标外，也可以通过键盘执行菜单命令。只有在打开菜单后，才能选择所需要的命令，执行相应的操作。Visual Basic 6.0 提供了多种打开菜单和选择菜单的方法，用户可以根据自己的兴趣或习惯选用其中的一种。

第一种方法，步骤如下：

（1）按 F10 或 Alt 键，激活菜单栏，此时第一个菜单项（文件）被加上一个浅色的框。

（2）按菜单项后面括号中的字母键，打开菜单，下拉显示该菜单项的命令。菜单被打开后，各菜单命令后面的括号内都有一个字母。

（3）按菜单命令后面括号中的字母键，即可执行相应的命令。

第二种方法，步骤如下：

（1）按 F10 或 Alt 键，激活菜单栏，此时第一个菜单项（文件）被加上一个浅色的框。

（2）用"→"或"←"把条形光标移到需要打开的菜单上，按回车键，打开该菜单。

（3）菜单被打开后，条形光标覆盖在第一个或上一次执行的菜单命令上。用"↑"或"↓"把条形光标移到所需要的命令上，按回车键即可执行条形光标所在位置的菜单命令。

第三种方法，步骤如下：

（1）按下 Alt 键，不要松开，接着按需要打开的菜单项后面括号中的字母键，然后松开（Alt 键接着松开），该菜单即被打开。

（2）按菜单命令后面括号中的字母键，即可执行指定的菜单命令。

例如，为了执行"文件"菜单中的"打开工程"命令，可以这样操作：按住 Alt 键，不要松开，接着按 F 键；先后松开 F 键和 Alt 键，再按 O 键，即可执行"文件"菜单中的"打开工程"命令。

除上面三种方法外，有些菜单命令还可以通过热键执行。对于没有热键的菜单命令，只能通过上面三种方式执行。

菜单被打开后，在屏幕上显示相应的菜单命令。如果打开了不适当或不需要的菜单，或者执行菜单命令时打开了不需要的对话框，则可以按 Esc 键关闭。

Visual Basic 应用程序的编辑、编译、连接、运行、调试及文件的打开、保存等都可以通过相应的菜单命令来实现，其用法与上面介绍的类似。

Visual Basic 的菜单栏还可以在菜单编辑器中由用户自行定义，打开菜单编辑器的操作有，按键盘上的 Ctrl+E 组合键、单击工具栏中的"菜单编辑器"按钮或执行"工具"菜单中的"菜单编辑器"命令。

3．工具栏

Visual Basic 6.0 提供了四种工具栏，包括编辑、标准、窗体编辑器和调试，并可根据需要定义用户自己的工具栏。在一般情况下，集成环境中只显示标准工具栏，其他工具栏可以通过"视图"菜单中的"工具栏"命令打开（或关闭）。每种工具栏都有固定和浮动两种形式。把鼠标光标移到固定形式工具栏中没有图标的地方，按住左键，向下拖动鼠标，或者双击工具栏左端的两条浅色竖线，即可把工具栏变为浮动的；而如果双击浮动工具栏的标题条，则可变为固定工具栏。

固定形式的标准工具栏位于菜单栏的下面，即主窗口的底部，它以图标的形式提供了部分常用菜单命令的功能。只要用鼠标单击代表某个命令的图标按钮，就能直接执行相应的菜单命令。工具条中有 21 个图标，代表 21 种操作，如图 1-11 所示。大多数图标都有与之等价的菜单命令。图 1-12 是浮动形式的标准工具栏。表 1-1 列出了工具栏中各图标的作用。

图 1-11　标准工具栏（固定形式）

图 1-12　标准工具栏（浮动形式）

表 1-1　工具栏中各图标的作用

编　号	名　称	作　用
	添加工程	添加一个新工程，相当于"文件"菜单中的"添加工程"命令
	添加窗体	在工程中添加一个新窗体，相当于"工程"菜单中的"添加窗体"命令
	菜单编辑器	打开"菜单编辑"对话框，相当于"工具"菜单中的"菜单编辑器"命令
	打开工程	用来打开一个已经存在的 Visual Basic 工程文件，相当于"文件"菜单中的"打开工程"命令
	保存工程（组）	保存当前的 Visual Basic 工程（组）文件，相当于文件"菜单中的"保存工程（组）"命令
	剪切	把选择的内容剪切到剪贴板，相当于"编辑"菜单中的"剪切"命令
	复制	把选择的内容复制到剪贴板，相当于"编辑"菜单中的"复制"命令
	粘贴	把剪贴板的内容复制到当前插入位置，相当于"编辑"菜单中的"粘贴"命令
	查找	打开"查找"对话框，相当于"编辑"菜单中的"查找"命令
	撤销	撤销当前的修改
	重复	对"撤销"的反操作
	启动	用来运行一个应用程序，相当于"运行"菜单中的"启动"命令
	中断	暂停正在运行的程序（可以用"启动"按钮或 Shift+F5 继续），相当于热键 Ctrl+Break 或"运行"菜单中的"中断"命令
	结束	结束一个应用程序的运行并回到设计窗口，相当于"运行"菜单中的"结束"命令
	工程资源管理器	打开工程资源管理器窗口，相当于"视图"菜单中的"工程资源管理器"命令
	属性窗口	打开属性窗口，相当于"视图"菜单中的"属性窗口"命令
	窗体布局窗口	打开窗体布局窗口，相当于"视图"菜单中的"窗体布局窗口"命令
	对象浏览器	打开"对象浏览器"对话框，相当于"视图"菜单中的"对象浏览器"命令
	工具箱	打开工具箱，相当于"视图"菜单中的"工具箱"命令
	数据视图	打开数据视图窗口
	组件管理器	管理系统中的组件（Component）

　　在工具栏的右侧还有两个栏，分别用来显示窗体的当前位置和大小，其中，左边一栏显示的是窗体左上角的坐标，右边一栏显示的是窗体的长×宽。其单位为 twip。twip 是一种与屏幕分辨率无关的计量单位，1 英寸等于 1440twip。无论在什么屏幕上，如果画了一条 1440 twip 的直线，打印出来都是 1 英寸。这种计量单位可以确保在不同的屏幕上都能保持正确的相对位置或比例关系。在 Visual Basic 中，twip 是默认单位，可以通过 Scalemode 属性改变。

　　除上面几个部分外，在主窗口的左上角和右上角还有几个控制框，其作用与 Windows 下普通窗口中的控制框相同。

1.6.2　其他窗口

　　标题栏、菜单栏和工具栏所在的窗口称为主窗口。除主窗口外，Visual Basic 的集成环境中还有其他一些窗口，包括窗体设计器窗口、属性窗口、工程资源管理器窗口、工具箱窗口、代码窗口和立即窗口等。下面介绍这些窗口。

1. 窗体设计器窗口

窗体设计器窗口简称窗体（Form），是应用程序最终面向用户的窗口，它对应于应用程序的运行结果。各种图形、图像、数据等都是通过窗体或窗体中的控件显示出来的。当打开一个新的工程文件时，Visual Basic 建立一个空的窗体，并命名为 FormX（这里的 X 为 1，2，3，…）。

启动 Visual Basic 后，窗体的名字为 Form1，其操作区中布满了小点（见图 1-13），这些小点是供对齐用的。如果想清除这些小点，或者想改变点与点之间的距离，则可通过执行"工具"菜单中的"选项"命令（"通用"选项卡）来调整。

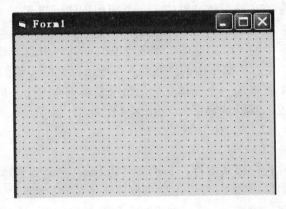

图 1-13　窗体

在窗体的左上角是窗体的标题，右上角有三个按钮，其作用与 Windows 下普通窗口中的按钮相同。

在设计应用程序时，窗体就像是一块画布，在这块画布上可以画出组成应用程序的各个构件。程序员根据程序界面的要求，从工具箱中选择所需要的工具，并在窗体中画出来，这样就完成了应用程序设计的第一步。

2. 工程资源管理器窗口

在工程资源管理器窗口中，含有建立一个应用程序所需要的文件的清单。工程资源管理器窗口中的文件可以分为以下几类，即窗体文件（.frm）、程序模块文件（.bas）、类模块文件（.cls）、工程文件（.vbp）、工程组文件（.vbg）和资源文件（.res）等。图 1-14 所示的是含有两个工程、多个窗体、多个程序模块和类模块的工程资源管理器窗口。

在工程资源管理器窗口中，括号内是工程、窗体、程序模块、类模块等的存盘文件名，括号外则是相应的名字

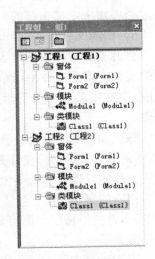

图 1-14　工程资源管理器窗口

（Name 属性）。每个工程名左侧都有一个方框，当方框内为"－"号时，该工程处于"展开"状态（见图 1-14）；此时如果单击"－"号方框，则变为"折叠"状态，方框内的"－"号变为"+"号。

可以出现在工程资源管理器窗口中的文件有以下几类。

1）工程文件和工程组文件

工程文件的扩展名为.vbp，每个工程对应一个工程文件。当一个程序包括两个以上的工程时，这些工程构成一个工程组，工程组文件的扩展名为.vbg。用"文件"菜单中的"新建工程"命令可以建立一个新的工程，用"打开工程"命令可以打开一个已有的工程，而用"添加工程"命令可以添加一个工程。

2）窗体文件

窗体文件的扩展名为.frm，每个窗体对应一个窗体文件，窗体及其控件的属性和其他信息（包括代码）都存放在该窗体文件中。一个应用程序可以有多个窗体（最多可达 255个），因此就可以有多个以.frm 为扩展名的窗体文件。

执行"工程"菜单中的"添加窗体"命令或单击工具栏中的"添加窗体"按钮可以增加一个窗体，而执行"工程"菜单中的"删除"命令可以删除当前的窗体。每建立一个窗体，工程管理器窗口中就增加一个窗体文件，每个窗体都有一个不同的名（Name 属性），可以通过属性窗口设置，其默认名字为 FormX（X 为 1，2，3，…），相应的默认文件名为 FormX.frm（X 为 1，2，3，…）。

3）标准模块文件

标准模块文件也称程序模块文件，其扩展名为.bas，它是为合理组织程序而设计的。标准模块是一个纯代码性质的文件，它不属于任何一个窗体，主要在大型应用程序中使用。

标准模块由程序代码组成，主要用来声明全局变量和定义一些通用的过程，可以被不同窗体的程序调用。标准模块通过"工程"菜单中的"添加模块"命令来建立。

4）类模块文件

Visual Basic 提供了大量预定义的类，同时也允许用户根据需要定义自己的类，用户通过类模块来定义自己的类，每个类都用一个文件来保存，其扩展名为.cls。

5）资源文件

资源文件中存放的是各种"资源"，是一种可以同时存放文本、图片、声音等多种资源的文件。资源文件由一系列独立的字符串、位图及声音文件（.wav 文件，.mid 文件）组成，其扩展名为.res。资源文件是一个纯文本文件，可以用简单的文字编辑器（如 NotePad）编辑。

除上面几类文件外，在工程管理器窗口的顶部还有三个按钮，分别为"查看代码"、"查看对象"和"切换文件夹"。如果单击工程资源管理器窗口中的"查看代码"按钮，则相应文件的代码将在代码窗口中显示出来。当单击"查看对象"按钮时，Visual Basic 将显示相应的窗体。在一般情况下，工程资源管理器窗口中的项目不显示文件夹。如果单击"切换文件夹"按钮，则可显示各类文件所在的文件夹。如果再单击一次该按钮，则取消文件夹显示。

用 Visual Basic 设计应用程序时，通常先设计窗体（界面），然后再编写程序。设计完窗体后，只要双击窗体的任一部位，就可以切换到代码窗口，与单击"查看代码"按钮的作用相同。

3．属性窗口

属性窗口主要是针对窗体和控件设置的，在 Visual Basic 中，窗体和控件称为对象。每个对象都可以用一组属性来刻画其特征，而属性窗口就是用来设置窗体或窗体中控件属性的。

图 1-15 显示的是一个属性窗口。窗口中的属性按字母顺序排列，可以通过窗口右部的垂直滚动条找到任一个属性。除窗口标题外，属性窗口分为四部分，分别为对象框、属性显示方式、属性列表和对当前属性的简单解释。

对象框位于属性窗口的顶部，可以通过单击其右端向下的箭头下拉显示列表，其内容为应用程序中每个对象的名字及对象的类型。启动 Visual Basic 后，对象框中只含有窗体的信息。随着窗体中控件的增加，将把这些对象的有关信息加入到对象框的下拉列表中。

属性显示方式分为两种，即按字母顺序和按分类顺序，分别通过单击相应的按钮来实现。图 1-15 是按字母顺序显示的属性列表。

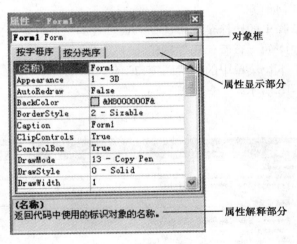

图 1-15　属性窗口

在属性列表部分，可以滚动显示当前活动对象的所有属性，以便观察或设置每项属性的当前值。属性的变化将改变相应对象的特征。

每选择一种属性（条形光标位于该属性上），在"属性解释"部分都要显示该属性名称和功能说明。如果不想显示属性解释，即去掉属性窗口中的"属性解释"部分，可按以下步骤操作：用鼠标右键单击属性窗口的任意部位（标题栏除外），将弹出一个菜单，单击该菜单中的"描述"命令。用同样的操作可以恢复"属性解释"部分的显示。

每个 Visual Basic 对象都有其特定的属性，可以通过属性窗口来设置，对象的外观和对应的操作由所设置的值来确定。有些属性的取值是有一定限制的，例如，对象的可见性只能设置为 True 或 False（可见或不可见）；而有些属性（如标题）可以为任何文本。在实际的应用程序设计中，不可能也没必要设置每个对象的所有属性，很多属性可以使用默认值。

4．工具箱窗口

工具箱窗口由工具图标组成。这些图标是 Visual Basic 应用程序的构件，称为图形对象或控件（Control），每个控件由工具箱中的一个工具图标来表示。

在一般情况下，工具箱位于窗体的左侧。工具箱中的工具分为两类，一类称为内部控件或标准控件，另一类称为 ActiveX 控件。启动 Visual Basic 后，工具箱中只有内部控件。

工具箱主要用于应用程序的界面设计。在设计阶段，首先用工具箱中的工具（控件）在窗体上建立用户界面，然后编写程序代码。界面的设计完全通过控件来实现，可任意改变其大小，并可移动到窗体的任何位置。

工具箱中各个控件的使用将在第 3 章和第 6 章中介绍。

5．代码窗口

代码窗口又称代码编辑器，代码窗口用来编写或修改过程或事件过程的代码。打开代码窗口的方法如下：

- 双击窗体的任何地方。
- 单击右键，从弹出的快捷菜单中选择"查看代码"选取项。
- 单击工程窗口中的"查看代码"按钮。
- 选择"视图"下拉菜单中的"代码窗口"选项。

代码窗口如图 1-16 所示。

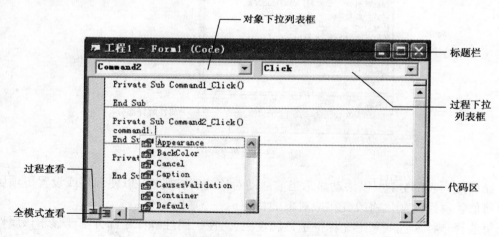

图 1-16　代码窗口

1）代码窗口的组成

代码窗口由下列几部分组成。

（1）标题栏。

显示工程名称，窗体名称及最小化、最大化、关闭按钮。

（2）对象下拉列表框。

位于标题栏下一行左半部分。单击右边的下拉列表按钮，会弹出下拉列表，列表中列出当前窗体及所包含的所有对象名。其中，无论窗体的名称改为什么，作为窗体的对象名总是 Form。

（3）过程下拉列表框。

位于标题栏下一行右半部分。单击右边的下拉列表按钮，会弹出下拉列表，列表中列出所选对象的所有事件名。

（4）代码区。

窗口中的空白区域即为代码区。在其上可编辑程序代码，使用方法与通常字处理软件相似。

（5）"过程查看"和"全模块查看"按钮。

这两个按钮位于代码窗口的左下角，用于切换"代码窗口"的两种查看视图。单击"过程查看"按钮，一次只查看一个过程；单击"全模块查看"按钮，可查看程序中的所有过程。

2）代码编辑器的若干特性

单击"工具"菜单中的"选项"命令，在"选项"对话框的"编辑器"窗口中适当进行设置，可使代码编辑器具有如下常用功能，使代码编写更加方便。

（1）自动列出成员特性。

若要在程序中设置控件的属性和方法，可在输入控件名后输入小数点，VB 会弹出下拉列表框，列表中包含该控件的所有成员（属性和方法），如图 1-16 所示。依次输入属性名的前几个字母，系统会自动索引显示出相关的属性名，用户可从中选择所需的属性。如果系统没有设置"自动列出成员"特性，可按 Ctrl+J 组合键获得这个特性。

（2）自动显示快速信息。

该功能可显示语句和函数的格式。当用户输入合法的 VB 语句或函数后，在当前行的下面会自动显示该语句或函数的语法格式。第一个参数为黑体，输入第一个参数后，第二个参数又变为黑体，如此继续。

当输入某行代码后回车，VB 会自动检查该语句的语法。如果出现错误，VB 会显示警告提示框，同时该语句变为红色。

在代码窗口中输入代码时的编辑操作，与在其他文档窗口的编辑操作基本相同，例如，要将光标移到当前代码行的末尾，可以使用键盘上的 End 键。

（3）要求变量声明。

学习过 Basic 的读者都知道，Basic 不要求变量在使用之前一定先声明（定义），Visual Basic 也是这样。变量在使用之前不必先声明，这虽给使用者带来了方便，但如果不小心却会造成难以觉察的错误。例如，你想给变量 ABC 赋值，不小心写成给 AB 赋值，系统会认为你新定义了一个变量 AB，而不会报错。

为避免这种情况出现，用户可以要求系统对所使用的变量进行查验，凡是使用了没有预先声明的变量，系统应弹出消息框提醒用户注意。

要求系统对所使用的变量进行检验，有以下两种方法。

第一种：在代码窗口中的起始部分加入下面这个语句：

Option Explicit

加入该语句后的代码窗口如图 1-17 所示。即可对该代码窗口中出现的所有模块中的变量要求变量声明。

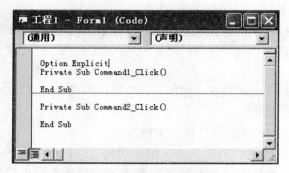

图 1-17　要求变量声明代码窗口

第二种：在"编辑器"选项卡中选择"要求变量声明"选项，如图 1-18 所示。这样就可在任何新模块中自动插入 Option Explicit 语句，但不会在已经建立起来的模块中自动插入；所以在当前工程内部，只能用手工方法向现有模块添加 Option Explicit 语句。

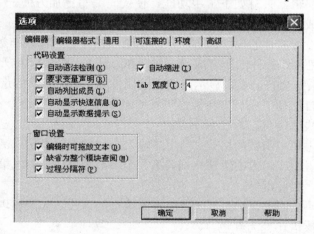

图 1-18　"选项"对话框的"编辑器"窗口

6. 窗体布局窗口

窗体布局窗口用来布置应用程序中各窗体的位置，"窗体布局"窗口如图 1-19 所示。

窗体布局窗口可看做是一个缩小的屏幕，其中显示出窗体在屏幕上的位置。用鼠标拖动窗体图标到屏幕的任何位置，可调整程序运行时窗体显示的位置。窗体布局窗口主要用来定位窗体的位置。

单击"窗体布局"窗口工具按钮或选择"视图"菜单的"窗体布局窗口"命令，都可以打开"窗体布局"窗口。

7. "立即"窗口

选择"视图"菜单中的"立即窗口"命令或选用 Ctrl+G 组合键,即可以打开"立即"窗口。在中断模式时会自动打开"立即"窗口,且其内容是空的,如图 1-20 所示。

图 1-19 "窗体布局"窗口

图 1-20 "立即"窗口

在以下情况中可进入中断模式:

● 在执行程序时遇到断点。

● 在执行程序时按下 Ctrl+Break 组合键。

● 在执行程序时遇到 Stop 语句或未捕获的运行时错误。

● 添加一个 Break When True 监视表达式,当监视的值改变时将停止执行且值为 True。

● 添加一个 Break When Changed 监视表达式,当监视的值改变时将停止执行。

● 输入或粘贴一行代码,然后按下 Enter 键来执行该代码。

在以下几种情况下,可以使用立即窗口检查、调试、重置、单步执行或继续执行程序。

(1)在程序运行时输出中间结果(不要求中断模式)。

(2)在中断模式下,显示变量值或属性值,设置变量值或属性值,调用过程或函数,使用不同的参数测试函数或过程。

(3)在窗口中输入 Error 命令(如输入 Error 50 后按回车键,会再打开信息窗口)以获取错误信息。

在中断模式下,可以检查、调试、重置、单步执行或继续执行程序。从立即窗口中复制并粘贴一行代码到代码窗口中,但是立即窗口中的代码是不能存储的。立即窗口可以拖放到屏幕中的任何地方,除非已经在"选项"对话框中的"可连接的"选项卡内,将它设定为停放窗口。

可以按下关闭框来关闭一个窗口。如果关闭框不是可见的,可以先双击窗口标题行,让窗口变成可见的。

8. 对象浏览器

对象浏览器(Object Browser)列出工程中有效的对象。对象浏览器主要用于 VB 的对象和应用程序,查看对象的方法和属性,也可将代码粘贴到自己的应用程序中。

单击工具栏上的"对象浏览器"按钮或选择"视图"菜单的"对象浏览器"命令可以打开"对象浏览器"窗口，如图 1-21 所示。

图 1-21 "对象浏览器"窗口

1.6.3 集成开发环境的模式

Visual Basic 集成开发环境其有三种模式：设计模式（Design）、运行模式（Run）和中断模式（Debug）。

从一种环境模式转换到另一种环境模式的方法如下：

● 单击工具栏上的"模式转换"按钮 ▶ Ⅱ ■ ，可以用来进行模式转换。这三个按钮从左至右依次为"启动"、"中断"和"结束"。

● 选择"运行"菜单栏的"启动"、"中断"和"结束"命令，同样可进行环境模式的转换。

1．设计模式

启动 VB 后首先进入的是设计模式。在这个模式下，用户可以进行程序设计、创建窗体、添加对象、设置属性、编写代码、保存文件和编译文件等。

在设计模式下只有"启动"按钮可以使用，"中断"按钮和"结束"按钮不能使用。就是说由设计模式不能直接进入中断模式。

2．运行模式

在完成了程序设计或完成了部分程序设计后，想要看一下运行结果，可以单击"启动"按钮运行程序（或选择"运行"菜单中的"启动"命令），即从设计模式进入运行模式。

在运行模式下，集成环境窗口中只保留菜单栏和工具栏，其他窗口都消失。这时，"启动"按钮不能使用，"中断"按钮和"结束"按钮可以使用。如果程序运行不能正常结束，或者因运行时间过长而要停止程序运行，这时需要人工干预。单击 ▌▌ 按钮可以中断程序运行，单击 ▪ 按钮可以结束程序运行。中断程序和结束程序是不同的，程序中断后进入中断模式，程序结束后返回到设计模式。

如果程序存在错误，程序运行到错误处，系统会弹出信息框，单击信息框中的"调试"按钮可以转换到中断模式，单击信息框中的"结束"按钮可以回到设计模式。

3．中断模式

在运行模式下，当程序出现错误或按下"中断"按钮，VB 都会进入中断模式。在中断模式下，可以修改程序代码，这时当鼠标指针指向 ▶ 按钮时，屏幕显示该按钮功能的提示信息是"继续"，单击 ▶ 按钮后，程序将从中断处继续运行。

在中断模式下，"启动"按钮和"结束"按钮都可以使用。按下 ▶ 按钮将回到运行模式，按下 ▪ 按钮将回到设计模式。

进入中断模式时，在窗体下方将弹出"立即"窗口。用立即窗口可以检查或修改变量的值或修改代码。

Visual Basic

习　　题

一、选择题

1．在设计阶段，当双击窗体上的某个控件时，所打开的窗口是＿＿＿。
　　A．工程资源管理器窗口　　　　　　B．工具箱窗口
　　C．代码窗口　　　　　　　　　　　D．属性窗口

2．在 Visual Basic 中，要把光标移到当前行末尾，可以使用键盘上的＿＿＿键。
　　A．Home　　　　B．End　　　　　C．PgUp　　　　D．PgDown

3．程序模块文件的扩展名是＿＿＿。
　　A．.frm　　　　B．.prg　　　　　C．.bas　　　　D．.vbp

4．下列不能打开菜单编辑器的操作是＿＿＿。
　　A．按 Ctrl+E 组合键
　　B．单击工具栏中的"菜单编辑器"按钮
　　C．执行"工具"菜单中的"菜单编辑器"命令
　　D．按 Shift+Alt+M 组合键

5．下列可以打开立即窗口的操作是按＿＿＿组合键。
　　A．Ctrl+D　　B．Ctrl+E　　　　C．Ctrl+F　　　　D．Ctrl+G

6．与传统的程序设计语言相比较，Visual Basic 的最突出的特点是＿＿＿。
　　A．结构化的程序设计　　　　　　B．访问数据库
　　C．面向对象的可视化编程　　　　D．良好的中文支持

二、填空题

1．Visual Basic 的三种工作模式是设计、运行和_____。

2．Visual Basic 6.0 用于开发_____环境下的应用程序。

3．Visual Basic 采用的是_____驱动的编程机制。

4．Visual Basic 的帮助系统中获得帮助信息的方式有_____和_____两种。

5．Visual Basic 的程序设计方法是_____设计。

6．"工程"窗口中显示的内容是_____。

7．在工程资源管理器窗口中，显示出了_____所需要的文件清单。

8．窗体布局窗口的主要用途是_____ 。

三、简答

1．Visual Basic 6.0 有几种版本，其不同点是什么？

2．启动 Visual Basic 6.0 的方法有哪几种？

第2章
应用程序设计初步

用 Visual Basic 进行应用程序设计，首先要了解面向对象程序设计的基本概念及一个完整的 Visual Basic 应用程序的结构和编写 Visual Basic 应用程序的步骤,本章就这些内容介绍一些用 Visual Basic 进行应用程序设计的初步知识。

主要内容:
- 面向对象程序设计中的几个基本概念
- 控件的画法和基本操作
- 编写 Visual Basic 应用程序的步骤
- Visual Basic 应用程序的结构
- Visual Basic 应用程序的几个常用语句

Visual Basic

2.1 几个基本概念

用 Visual Basic 进行应用程序设计，实际上是与一组标准对象进行交互的过程。

2.1.1 对象

在面向对象的程序设计中,"对象"是系统中的基本运行实体。Visual Basic 中的对象与面向对象程序设计中的对象在概念上是一样的,但在使用上有很大区别。在面向对象程序设计中,对象由程序员自己设计。而在 Visual Basic 6.0 中,对象分为两类,一类是由系统设计好的,称为预定义对象,可以直接使用或对其进行操作;另一类由用户定义,可以像 C++一样建立用户自己的对象。

前面介绍了窗体窗口和工具箱窗口,用工具箱中的控件图标可以在窗体上设计界面。窗体和控件就是 Visual Basic 中预定义的对象,这些对象是由系统设计好提供给用户使用的,其移动、缩放等操作也是由系统预先规定好的,这比一般的面向对象程序设计中的操作要简单得多。例如,在面向对象程序设计中,可以把屏幕上的一个图形看做对象,为了把这个对象移到新的位置,通常要进行以下操作:记住图形的当前坐标位置,把图形读入缓冲区,接着清除原来位置的图形,然后再把缓冲区中的图形在新位置显示出来。而在 Visual Basic 中,对象的移动极其简单,就如同把桌子上的杯子从一个地方拿到另一个地方一样简单。

除窗体控件外,Visual Basic 还提供了其他一些对象,包括打印机、调试、剪贴板、屏幕等。

　　工具箱中的控件实际上是"空对象"。以后我们会看到，用这些空对象可以在窗体上建立真正的对象（实体），然后就可以用鼠标调整这些对象的位置和大小。

　　对象是具有特殊属性（数据）和行为方式（方法）的实体。建立一个对象后，其操作通过与该对象有关的属性、事件和方法来描述。

2.1.2　属性

　　属性是一个对象的特性，不同的对象有不同的属性。对象常见的属性有标题（Caption）、名称（Name）、颜色（Color）、字体大小（Fontsize）及是否可见（Visible）等。前面介绍的属性窗口中含有各种属性，可以在属性列表中为具体的对象选择所需要的属性。为了在属性窗口中设置对象的属性，必须先选择要设置属性的对象，然后激活属性窗口。可以用下面几种方法激活属性窗口：

　　① 用鼠标单击属性窗口的任何部位。

　　② 执行"视图"菜单中的"属性窗口"命令。

　　③ 按 F4 键。

　　④ 单击工具栏上的"属性窗口"按钮。

　　⑤ 按 Ctrl+PgDn 或 Ctrl+PgUp 组合键。

属性不同，设置新属性的方式也不一样。通常有以下四种方式。

1．直接键入新属性值

　　有些属性，如 Caption（标题），Text（文本框的文本内容）等都必须由用户键入。在建立对象（控件或窗体）时，Visual Basic 可能为其提供默认值。为了提高程序的可读性，最好能赋予它一个有确定意义的名称，这可以通过在属性窗口中键入新属性值来实现。例如，为了把命令按钮的 Caption 属性设置为"确定"，可按如下步骤操作：

　　（1）启动 Visual Basic，在窗体上画一个命令按钮（画控件的方法见 2.2 节）。

　　（2）选择"命令"按钮，然后激活属性窗口。

　　（3）在属性列表中找到 Caption，并双击该属性条。

　　（4）在 Caption 右侧一列上输入"确定"。界面如图 2-1 所示。

　　上面的步骤（3）也可以改为"单击该属性条"。在这种情况下，必须先用 Del 键或退格键将原来的属性删除，然后再输入新的属性。如果使用双击，则可直接在右侧输入新的属性值。

2．选择输入，即通过下拉列表选择所需要的属性值

　　有些属性（如 BorderStyie，ControlBox，DrawStyle，DrawMode 等）取值的可能情况是有限的，可能只有两种、几种或十几种，对于这样的属性，可以在下拉列表中选择所需要的属性值。例如，为了设置窗体对象的 BorderStyle（边界类型）属性，可以按如下步骤操作：

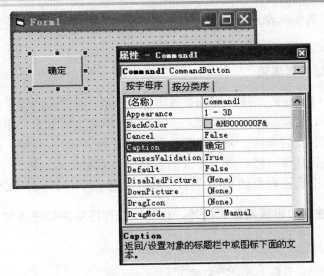

图 2-1　键入属性值

（1）启动 Visual Basic，激活属性窗口。

（2）在属性窗口中找到 BorderStyle，并单击该属性条。其右侧一列显示 BorderStyle 的当前属性值，同时在右端出现一个向下的箭头。

（3）单击右端的箭头，将下拉显示该属性可能取值的列表。

（4）单击列表中的某一项，即可把该项设置为 BorderStyle 属性的值。界面如图 2-2 所示。

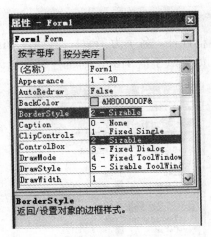

图 2-2　从下拉列表中选择属性值

对于需要选择输入的属性，也可以通过 Alt 键与光标移动键选择所需要的属性值，其方法是，单击属性条，然后按 Alt+↑ 或 Alt+↓ 键，则在右侧栏内下拉显示可供选择的属性值，此时可以用↑或↓把条形光标移到所需要的属性值上，然后按回车键（或 Alt+↑、Alt+↓）即可。

单击与颜色有关的属性条（如 BackColor,ForeColor 等）时，右端也会出现箭头。在这种情况下，单击箭头将弹出调色板窗口，然后单击调色板中的色块，即可设置相应的颜色。

3．利用对话框设置属值

对于与图形（Picture）、图标（Icon）或字体（Font）等有关的属性，设置框的右端会显示省略号，即三个小点（...）。单击这三个小点，屏幕上将显示一个对话框，可以利用这个对话框设置所需要的属性（装入图形、图标或设置字体）。例如，在属性列表中找到 Font 属性，单击该属性条，然后单击右端的省略号（见图 2-3），将显示"字体"对话框，可以在这个对话框中设置对象的 Font 属性，包括字体、字体样式、大小及效果等。

4．除了用属性窗口设置对象属性外，也可以在程序中用程序语句设置

一般格式如下：

> 对象名称．属性名称 = 新设置的属性值

例如，假设窗体上有一个文本框控件，其名称为 Text1（对象名称），它的属性之一是 Text，该属性的功能是在文本框中显示指定的内容。如果执行：

> Text1．Text="Hello!"

则把字符串"Hello!"赋给 Text1 文本框控件的 Text 属性。在这里，Text1 是对象名，Text 是属性名，而字符串"Hello!"是所设置的属性值。该语句执行后，在该文本框中显示出字符串"Hello!"。再如：

> Text1．Visible=False

表示窗体上有一个文本框控件，名字为 Text1，其属性 Visible（可见性）为 False。程序运行时，该对象不显示。如果赋予值 True，则运行时显示该文本框。

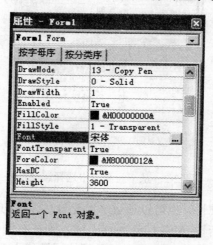

图 2-3　用对话框设置属性

2.1.3　事件

　　Visual Basic 是采用事件驱动编程机制的语言。传统编程使用的是面向过程、按顺序进行的机制，这种编程方式的缺点是写程序的人总是要关心什么时候发生什么事情。而在事件驱动编程中，程序员只要编写响应用户动作的程序，如选择命令，移动鼠标等，而不必考虑按精确次序执行的每个步骤。在这种机制下，不必编写一个大型程序，而是建立一个由若干个微小程序组成的应用程序，这些微小程序都可以由用户启动的事件来激发。利用 Visual Basic，可以方便地编写此类应用程序。

　　事件（Event），是由 Visual Basic 预先设置好的、能够被对象识别的动作，例如，Click（单击），DblClick（双击），Load（装入），MouseMove（移动鼠标），Change（改变）等。不同的对象能够识别的事件也不一样。当事件由用户触发（如 Click）或由系统触发（如 Load）时，对象就会对该事件做出响应（Respond）。

　　响应某个事件后所执行的操作通过一段程序代码来实现，这样的一段程序代码称为事件过程（Event Procudure）。一个对象可以识别一个或多个事件，因此可以使用一个或多个事件过程对用户或系统的事件做出响应。虽然一个对象可以拥有许多事件过程，但在程序中能使用多少事件过程，则要由设计者根据程序的具体要求来确定。

　　事件过程的一般格式为

```
Private Sub 对象名称_事件名称（ ）
...
事件响应程序代码
...
End sub
```

　　"对象名称"指的是该对象的 Name 属性，"事件名称"是由 Visual Basic 预先定义好的赋予该对象的事件，而这个事件必须是对象所能识别的。至于一个对象可以识别哪些事件，则无须用户操心。因为在建立了一个对象（窗体或控件）后，Visual Basic 能自动确定与该对象相配的事件，并可显示出来供用户选择。具体用法将在后面介绍。

　　Visual Basic 6.0 程序的执行步骤如下：

　　（1）启动应用程序，装载和显示窗体。

　　（2）窗体（或窗体上的控件）等待事件的发生。

　　（3）事件发生时，执行对应的事件过程。

　　（4）反复执行步骤（2）和（3）。

　　如此周而复始地执行，直到遇到 End 语句结束程序的运行或单击"结束"按钮强行停止程序的运行。

2.1.4　方法

　　在传统的程序设计中，过程和函数是编程语言的主要部件。而在面向对象程序设计

（OOP）中，引入了称为方法（Method）的特殊过程和函数。方法的操作与过程、函数的操作相同，但方法是特定对象的一部分，正如属性和事件是对象的一部分一样。其调用格式为

> 对象名称．方法名称

看起来，方法的调用似乎没有过程调用方便，但它有一个优点，就是允许多个方法重名，即多个对象使用同一个方法。例如，在 Basic 的早期版本中，用 PRINT 语句（过程）可以在显示器上显示一个文本字符串。为了在打印机上打印同一个字符串，必须执行（调用）另一语句（过程）LPRINT。两个语句（过程）的操作类似，但不能用同一个语句来实现。在 Visual Basic 中，提供了一个名为 Print 的方法，当把它用于不同的对象时，可以在不同的设备上输出信息。例如：

> form1．Print"Hello！"

可以在名为"form1"的窗体上显示字符串"Hello！"。在 Visual Basic 中，打印机的对象名为 Printer，如果执行：

> Printer．Print"Hello！"

则在打印机上打印出字符串"Hello!"。

上面两条指令使用的是同一个方法，但由于对象不同，执行操作的设备也不一样。

在调用方法时，可以省略对象名。在这种情况下，Visual Basic 所调用的方法作为当前对象的方法，一般把当前窗体作为当前对象。前面的例子如果改为

> Print"Good morning！"

则运行时将在当前窗体上显示字符串"Hello!"。为了避免不确定性，最好使用"对象．方法"的形式。

Visual Basic 提供了大量的方法，有些方法可以适用于多种甚至所有类型的对象，而有些方法可能只适用于少数几种对象。在以后的章节中，将分别介绍各种方法的使用。

2.1.5　窗体

图形界面中最常见到的对象是窗口，如对话框、错误信息框、询问框等都是窗口。窗口在 VB 中称为窗体（Form），它是 VB 编程中最常见的对象。设计窗体是设计应用程序的第一步。

窗体是任何一个应用程序必不可少的对象，因为窗体是其他对象的载体，各类控件对象必须建立在窗体上，窗体是应用程序的顶层对象。

窗体好像一块"画布"，在窗体上可以直观地建立应用程序。在设计程序时，窗体是程序员的"工作台"；而在运行程序时，每个窗体对应一个窗口。

窗体是 Visual Basic 中的对象，具有自己的属性、事件和方法，窗体的属性、事件和方法将在第 3 章专门介绍。

2.1.6　控件

窗体和控件都是 Visual Basic 中的对象，它们是应用程序的"积木块"，共同构成用户界面。因为有了控件，才使得 Visual Basic 不但功能强大，而且易于使用。控件以图标的形式放在"工具箱"中，每种控件都有与之对应的图标。启动 Visual Basic 后，工具箱一般位于窗体的左侧。

1．控件的分类

Visual Basic 6.0 的控件分为以下三类：

（1）标准控件（也称内部控件）如文本框、命令按钮、图片框等。这些控件由 Visual Basic 的.exe 文件提供。启动 Visual Basic 后，内部控件就出现在工具箱中，既不能添加也不能删除。

（2）ActiveX 控件　以前版本中称为 OLE 控件或定制控件，是扩展名为.ocx 的独立文件，其中包括各种版本 Visual Basic 提供的控件和仅在专业版和企业版中提供的控件，另外还包括第三方提供的 ActiveX 控件。

（3）可插入对象　因为这些对象能添加到工具箱中，所以可把它们当做控件使用。其中一些对象支持 OLE 自动化，使用这类控件可在 Visual Basic 应用程序中控制另一个应用程序（如 Microsoft Word）的对象。

图 2-4　内部控件

启动 Visual Basic 后，工具箱中列出的是内部控件，如图 2-4 所示。工具箱实际上是一个窗口，称为工具箱窗口，可以通过单击其右上角的"×"按钮关闭。如果想打开工具箱，可执行"视图"菜单中的"工具箱"命令或单击标准工具栏中的"工具箱"按钮。

表 2-1 列出了标准工具箱中各控件的名称和作用。

表 2-1　Visual Basic 6.0 标准控件的名称和作用

图　标	名　称	作　用
▶	Pointer（指针）	这不是一个控件，只有在选择 Pointer 后，才能改变窗体中控件的位置和大小
	PictureBox（图片框）	用于显示图像，包括图片或文本，Visual Basic 把它们看成图形；可以装入位图（Bitmap）、图标（Icon）及.wmf，.Jpg，.gif 等各种图形格式的文件，或作为其他控件的容器（父控件）
A	Label（标签）	可以显示（输出）文本信息，但不能输入文本
abl	TextBox（文本框）	可输入文本的显示区域，既可输入也可输出文本，并可对文本进行编辑
xy	Frame（框架）	组合相关的对象，将性质相同的控件集中在一起

续表

图　标	名　　称	作　　用
	CommandButton（命令按钮）	用于向 Visual Basic 应用程序发出指令，当单击此按钮时，可执行指定的操作
	CheckBox（复选框）	又称检查框，用于多重选择
	OptionButton（单选按钮）	又称录音机按钮，用于表示单项的开关状态
	ComboBox（组合框）	为用户提供对列表的选择，或者允许用户在附加框内输入选择项，它把 TextBox（文本框）和 ListBox（列表框）组合在一起，既可选择内容，又可进行编辑
	ListBox（列表框）	用于显示可供用户选择的固定列表
	HScrollBar（水平滚动条）	用于表示在一定范围内的数值选择，常放在列表框或文本框中用来浏览信息，或用来设置数值输入
	VScrollBar（垂直滚动条）	用于表示在一定范围内的数值选择，可以定位列表，作为输入设备或速度、数量的指示器
	Timer（时钟）	在给定的时刻触发某一事件
	DriveListBox（驱动器列表框）	显示当前系统中的驱动器列表
	DirListBox（目录列表框）	显示当前驱动器磁盘上的目录列表
	FileListBox（文件列表框）	显示当前目录中文件的列表
	shape（形状）	在窗体中绘制矩形、圆等几何图形
	Line（直线）	在窗体中画直线
	Image（图像框）	显示一个位图式图像，可作为背景或装饰的图像元素
	Data（数据）	用来访问数据库
	OLE Container（OLE 容器）	用于对象的链接与嵌入

以上简单介绍了工具箱中的内部控件图标。在以后的章节中，将陆续介绍如何用这些控件设计应用程序。

2．控件的命名

每个窗体和控件都有一个名字，这个名字就是窗体或控件的 Name 属性值。在一般情况下，窗体和控件都有默认值，如 Form1，Command1，Text1 等。为了能见名知义，提高程序的可读性，最好用有一定意义的名字作为对象的 Name 属性值，可以从名字上看出属性的前缀。表 2-2 列出了窗体和内部控件建议使用的前缀。

表 2-2　Visual Basic 对象命名约定

对　　象	前　　缀
Form（窗体）	frm
PictureBox（图片框）	pic

续表

对 象	前 缀
Label（标签）	lbl
Frame（框架）	fra
Command Button（命令按钮）	cmd 或 btn
CheckBox（复选框）	chk
OptionButton（单选按钮）	opt
ComboBox（组合框）	cbo
ListBox（列表框）	lst
HScrollBar（水平滚动条）	hsb
VScrollBar（垂直滚动条）	vsb
Timer（计时器）	tmr
DriveListBox（驱动器列表框）	drv
DirListBox（目录列表框）	dir
FileListBox（文件列表框）	fil
Shape（形状）	shp
Line（直线）	lin
Image（图像）	img
Data（数据）	dat
OLE（对象链接与嵌入）	ole
CommonDialog（通用对话框）	cdl
Grid（网格）	grd

在应用程序中使用表中约定的前缀，可以提高程序的可读性。本书中的程序举例只是用来说明 Visual Basic 的基本功能和操作，在为对象命名时没有遵守上面的约定，大多使用默认值。

2.1.7 工程

"工程" 通常是指一些规模较大、综合性的、系统化的联合作业。VB 中将开发的应用程序也称为工程，正是借用了这样一种观点，因为一个应用程序是由许多程序文件组成的。

1. 工程的结构

利用 Visual Basic 创建应用程序，实际上是建立若干个程序文件，即使是建立一个只有一个窗体的极简单的应用程序，也不会只生成一个独立的程序文件。在 VB 中，若干个不同类型的程序文件构成了应用程序。这些相关文件的集合在 Visual Basic 中称为工程。

一个工程是用来创建应用程序文件的集合。构成应用程序的所有文件都可以通过使用工程来管理。一个工程包括如下文件：

- 工程文件（*.vbp），用于跟踪所有部件。
- 窗体文件（*.frm）。
- 窗体的二进制数据文件（*.frx），主要是描述窗体上控件的属性数据。这些文件是自动生成的，不能编辑。
- 类模块文件（*.cls），可选的。与窗体模块相似，只是没有可见的图形用户界面。
- 标准模块文件（*.bas），可选的。
- 一个或多个包含 ActiveX 控件的文件（*.ocx），可选的。
- 资源文件（*.res），可选的。如果有，只能有一个。

其中前三种文件是一个工程必须包括的文件，后四种文件是可选的。

在资源管理器窗口中可显示一个工程的结构，如图 1-14 所示。

2. 工程管理

Visual Basic 的工程管理主要包括以下几个方面的操作。

1）创建、打开、保存工程

"文件"下拉菜单的"新建工程"选项用于创建一个新的工程，在创建一个新的工程前，系统会关闭当前工程，同时提示用户保存所有修改过的文件。

"文件"下拉菜单的"打开工程"选项用于打开一个已有的工程，在打开工程前，会关闭当前工程，并提示用户保存所有修改过的文件。

"文件"下拉菜单的"保存工程"选项用于保存当前工程及其全体窗体、标准模块和类模块。

"文件"下拉菜单的"工程另存为"选项允许用户用另一个文件名将此工程文件保存到指定的文件夹中。同时提示用户保存所有修改过的窗体或模块。

2）使用多个工程

VB 6.0 企业版允许同时打开多个工程。使用多个工程的方法是向当前工程（组）添加附加工程，操作是，在"文件"一下拉菜单选取"添加工程"选项，弹出"添加工程"对话框，在对话框中选择某一选项卡中的某一个工程文件后，单击"打开"按钮。

从工程组中删除一个工程的方法是，在工程资源管理器中选定一个工程或一个工程部件，再选择"文件"下拉菜单中的"移除工程"命令或从右击鼠标的快捷菜单中选择"移除工程"命令。

3）添加、删除文件

向工程中添加文件的方法是，选择"工程"下拉菜单中的"添加文件"选项，弹出"添加文件"对话框，选择一个文件类型及文件，单击"打开"按钮。

从工程中删除文件的方法是，在工程资源管理器中选定要删除的文件，再从"工程"下拉菜单选取"移除文件"命令，或从右击鼠标的快捷菜单中选取"移除文件"命令。

注意：向工程添加文件时，仅仅是将该文件的引用纳入工程，而不是添加该文件的复制；将文件从工程中删除，该文件只是不再属于该工程，而不是将该文件从磁盘上删除；反之，如果在 VB 之外删除一个文件，则 VB 不会更新这个工程文件，这样，在打开该工程时，系统会显示找不到这个文件的错误信息。

4）只保存文件而不保存工程的方法

在工程资源管理器中选定要保存的文件后，再选择"文件"下拉菜单中的"保存文件"命令。

2.2 控件的画法和基本操作

在设计用户界面时，要在窗体上画出各种所需要的控件。也就是说，除窗体外，建立界面的主要工作就是画控件。这一节将介绍控件的画法和基本操作。

2.2.1 控件的画法

可以通过两种方法在窗体上画一个控件。第一种方法步骤如下（以画文本框为例）：

（1）单击工具箱中的文本框图标，该图标反相显示。

（2）把鼠标光标移到窗体上，此时鼠标光标变为"+"号（"+"号的中心就是控件左上角的位置）。

（3）把"+"号移到窗体的适当位置，按下鼠标左键，不要松开，并向右下方拖动鼠标，窗体上将出现一个方框。

（4）随着鼠标向右下方移动，所画的方框逐渐增大。当增大到认为合适的大小时，松开鼠标器按钮，这样就在窗体上画出一个文本框控件。

用同样的方法，可以在窗体上画出第二个文本框。含有上面所画的两个文本框的窗体如图 2-5 所示。

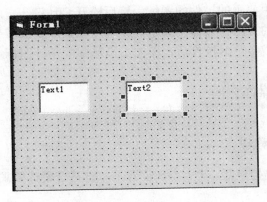

图 2-5 建立控件（1）

在用上面的方法画控件时，按住鼠标左键不放并移动鼠标的操作称为拖动（Drag）或拖拉。

第二种建立控件的方法比较简单，即双击工具箱中某个所需要的控件图标（如文本框），则可在窗体中央画出该控件，如图 2-6 所示。与第一种方法不同的是，用第二种方法所画控件的大小和位置是固定的。

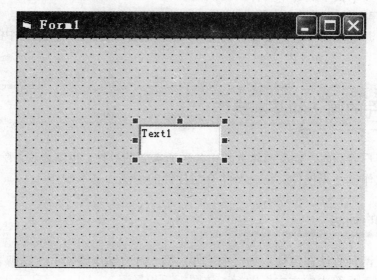

图 2-6　建立控件（2）

在一般情况下，工具箱中的指针（左上角的箭头）是反相显示的。单击某个控件图标后，该图标反相显示（此时指针不再反相显示），即可在窗体上画相应的控件。画完后，图标不再反相显示，指针恢复反相显示。也就是说，每单击一次工具箱中的某个图标，只能在窗体上画一个相应的控件。如果要画出多个某种类型的控件，必须多次单击相应的控件图标。

为了能单击一次控件图标即可在窗体上画出多个相同类型的控件，可按如下步骤操作：

（1）按下 Ctrl 键，不要松开。

（2）单击工具箱中要画的控件的图标，然后松开 Ctrl 键。

（3）用前面介绍的方法在窗体上画出控件（可以画一个或多个）。

（4）画完（一个或多个）控件后，单击工具箱中的指针图标（或其他图标）。

2.2.2　控件的基本操作

1．控件的缩放和移动

用上面的方法画出控件后，其大小和位置不一定符合设计要求，此时可对控件进行放大、缩小或移动其位置。

在前面画控件的过程中，我们已经看到，画完一个控件后，在该控件的边框上有 8 个黑色小方块，表明该控件是"活动"的。也就是说，边框上有 8 个黑色小方块的控件称为活动控件或当前控件。对控件的所有操作都是针对活动控件进行的。因此，为了对一个控件进行指定的操作，必须先把该控件变为活动控件。刚画完一个控件后，该控件为活动控件。当窗体上有多个控件时，最多只有一个控件是活动的。只要单击一个不活动的控件

（鼠标光标位于该控件内部），就可以把这个控件变为活动控件。而如果单击控件的外部（鼠标光标位于该控件外部），则可以把活动控件变为不活动的控件。对不活动的控件不能进行任何操作。

当控件处于活动状态时，用鼠标拖拉上、下、左、右四个小方块中的某个小方块可以使控件在相应的方向上放大或缩小；而如果拖拉位于四个角上的某个小方块，则可使该控件同时在两个方向上放大或缩小。

画出控件后，如果该控件是活动的，则只要把鼠标光标移到控件内（边框内的任何位置），按住鼠标左键不放，然后移动鼠标，就可以把控件拖拉到窗体内的任何位置。

2．控件的删除与复制

删除控件的方法有如下几种：

● 选中欲删除的控件，使之成为"活动"的，再按 Del 键。

● 选中欲删除的控件，单击工具栏中的"删除"或"剪切"按钮。

● 选中欲删除的控件，选择"编辑"菜单中的"删除"或"剪切"命令。

控件删除后，其他某个控件自动变为当前控件。

复制控件的步骤如下：

（1）先选中控件。

（2）单击工具栏上的"复制"按钮，或按下 Ctrl+C 组合键。

（3）单击工具栏上的"粘贴"按钮，或按下 Ctrl+V 组合键。

上述的第（2）步也可以使用"编辑"菜单中的"复制"命令，第（3）步可以使用"编辑"菜单中的"粘贴"命令。利用右键单击快捷菜单中的相应命令也可对控件进行复制、删除操作。

单击工具栏的"复制"按钮，或选择"编辑"菜单的"复制"命令，或按下 Ctrl+C 组合键，都是将控件复制到剪切板中。单击工具栏的"粘贴"按钮，选择"编辑"菜单的"粘贴"命令，或按下 Ctrl+V 组合键，都是将控件从剪切板上粘贴到窗体左上角。

此时，控件被复制到窗体的左上角，如图 2-7 所示。由于复制的控件名称相同，此时系统会将这些名称相同的控件作为控件数组对待。故执行上述第（3）步操作时，系统会弹出一个"是否创建控件数组"对话框，单击"是（Y）"按钮，即可在窗体上复制一个控件，例如，复制"命令"按钮，则原始的命令按钮名为 Command1（0），复制生成的新按钮名为 Command1（1）。还可以继续执行第（3）步操作以复制更多的相同控件，其索引号依次自动递增，而且不会再出现"是否创建控件数组"对话框。

控件被复制到窗体左上角后，再移动控件到所需位置。

3．通过属性窗口改变对象的位置和大小

除了直接用拖拉方法改变控件或窗体的大小和位置外，改变属性窗口的属性列表中的某些项目的属性值，也能改变控件或窗体的大小和位置。在属性列表中，有 4 种属性与窗体及控件的大小和位置有关，即 Width，Height，Top 和 Left。在属性窗口中单击属性名称，其右侧一列即显示活动控件或窗体与该属性有关的值（一般以 twip 为单位），此时键

入新的属性值，即可改变活动控件或窗体的位置和大小。控件或窗体的位置由 Top 和 Left 属性确定，其大小由 Width 和 Height 属性确定，如图 2-8 所示。其中（Top，Left）是控件或窗体左上角的坐标，Width 是水平方向的长度，Height 是垂直方向的长度。对于窗体来说，（Top，Left）是相对于屏幕左上角的位移量；而对于控件来说，（Top，Left）是相对于窗体左上角的位移量。

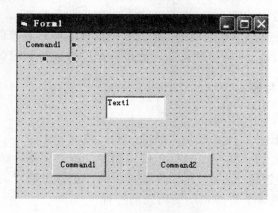

图 2-7　复制控件示图

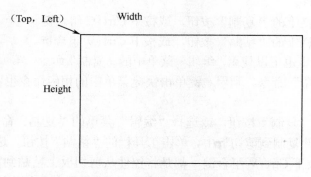

图 2-8　对象的位置和大小

4．选择控件

前面介绍了对单个控件的操作。有时，可能需要对多个控件进行操作。例如，移动多个控件，删除多个控件，对多个控件设置相同的属性等。为了对多个控件进行操作，必须先选择需要操作的控件，通常有两种方法。

第一种方法为按住 Shift 键，不要松开，然后单击每个要选择的控件。被选择的每个控件的周围有 8 个小方块（在控件框内），如图 2-9 所示。

第二种方法为把鼠标光标移到窗体中适当的位置（没有控件的地方），然后拖动鼠标，可画出一个虚线矩形，在该矩形内的控件（包括边线所经过的控件）即被选择。

注意：在被选择的多个控件中，有一个控件的周围是实心小方块（其他为空心小方块），这个控件称为"基准控件"。当对被选择的控件进行对齐、调整大小等操作时，将以"基准控件"为准。单击被选择的控件中的某个控件，即可把它变为"基准控件"。

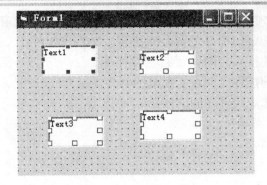

图 2-9　　选择控件

选择了多个控件以后，在属性窗口中只显示它们共同的属性。如果修改其属性值，则被选择的所有控件的属性都将作相应的改变。

5．控件的布局

控件的布局是考虑对窗体上的多个控件如何进行排列、对齐等问题。上面已经介绍了如何使用鼠标和属性来安排控件在窗体上的编排。控件布局的操作还可以通过"格式"菜单完成。

先选择要操作的多个控件，然后选择"格式"菜单，弹出下拉子菜单。例如，把鼠标指针指向"对齐"菜单项，弹出"对齐"子菜单，如图 2-10 所示。

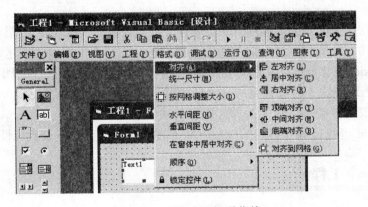

图 2-10　　"格式"级联菜单

1）"对齐"子菜单
- 左对齐：被选定的控件靠左边对齐。
- 居中对齐：被选定的控件以中心点的垂直线为基准对齐。
- 顶端对齐：被选定的控件靠顶端对齐。
- 右对齐：被选定的控件靠右边对齐。
- 中间对齐：被选定的控件以水平的中心线对齐。
- 底端对齐：被选定的控件靠底端对齐。
- 对齐到网格：被选定的控件按网格线对齐。

2）"水平间距"和"垂直间距"子菜单

- 相同间距：被选定的控件之间距离相等。
- 递增：被选定的控件之间设置递增的间距。
- 递减：被选定的控件之间设置递减的间距。
- 移除：删除被选定控件之间的间距。

3）"统一尺寸"子菜单

- 宽度相同。
- 高度相同。
- 两者都相同。

4）"在窗体中居中对齐"子菜单

- 水平对齐：被选定的控件按窗体的垂直中心线左右对齐。
- 垂直对齐：被选定的控件按窗体的水平中心线上下对齐。

5）"顺序"子菜单

当控件重叠时切换控件的前台和后台显示。

- 置前：被选定的控件设为前台显示。
- 置后：被选定的控件设为后台显示。

Visual Basic

2.3 编写 Visual Basic 应用程序的步骤

可视化编程是面向对象的编程方法，编程时不需要编写大量代码去描述界面元素的外观和位置，而传统的编程则是面向问题的编程方法，它需要很细致地描述过程的每一步。

Visual Basic 采用面向对象驱动事件的方法，这种方法将代码和数据集成到一个独立的对象中去，当运用这个对象去完成某项任务时，人们不需要编写完成这项任务所要执行的程序，用户仅需要编写一段简短的代码来传递消息就可以了。

Visual Basic 可视化编程可归纳成如下基本过程：设计界面，设置属性，编写代码。

2.3.1 创建一个工程

在 Visual Basic 环境中每建立一个应用程序都要生成一个工程。创建一个新的工程有如下两种方法：

- 启动 Visual Basic 后，在"新建工程"对话框中选择"标准 EXE"选项后，单击"打开"按钮。
- 在"文件"下拉菜单中选择"新建工程"子菜单项，打开"新建工程"对话框，从中选择"标准 EXE"选项后，单击"确定"按钮。

执行上述步骤后便进入了 Visual Basic 的集成开发环境界面（见图 1-9）。此时可以开始设计应用程序了。应用程序的界面是窗体，因此，主要工作是在"窗体设计器"中完成窗体的设计。

新建窗体的名称属性和标题属性的隐含值为 Form1，若用户在应用程序中添加多个窗体，系统为这些窗体起的名称依次为 Form2，Form3 等。

2.3.2　设计界面

打开"窗体设计"窗口后，下一步的工作是在窗体中建立对象。文本框、按钮、标签等都是常见的对象，在 Visual Basic 中建立对象必须利用工具箱中的控件，才能在窗体中制作出所需的对象。可以把窗体看做是一个对象的"容器"，窗体的界面设计就是在窗体中制作出一个个对象，也就是往窗体中添加控件。

若是在窗体中画出几个相同类型的控件，则控件序号依次自动增加，如命令按钮控件 Command1、Command2、Command3 等。

2.3.3　设置属性

属性是对对象的描述，对象的不同属性反映出对象的不同特征。某一个控件具有什么属性是 VB 预先设计好的，用户不能改变它，而属性值有的可以由用户随意确定，有的则是预先规定好了几个值，只能选取其中之一。

在属性窗口中直接设置对象的属性，一般可先设置窗体的属性，然后再设置控件的属性，在属性窗口中设置对象属性的方法如下：

- 先选中对象（窗体或控件），被选中的对象的边框上会出现 8 个蓝色小方块，表示该对象是"活动"的，即被选取。
- 再打开属性窗口，从中进行属性设置。
- 设置完毕后，单击右上角的"关闭"按钮。

若要继续给另一个控件设置属性，则不必关闭"属性"窗口，只要再选中另一个控件，即可继续在属性窗口给新选取的控件设置属性。

2.3.4　编写代码

一个窗体对应着一个窗体模块，因此编写的代码一般是窗体事件过程的程序代码。一个窗体事件过程又包含若干个控件事件过程。一个控件所触发的事件过程对应着一个代码片断。

例 2-1　编写代码设置窗体上文本框 Text1 和文本框 Text2 的字体和字号。在代码窗口中选择窗体对象（设为 Form），再选择窗体的 Load 事件，输入下列代码：

```
Private Sub Form_Load()
    Text1．FontSize=14
    Text1．FontName="楷体_GB2312"
    Text2．FontSize=20
    Text2．FontName="黑体"
End Sub
```

2.3.5 运行、修改和保存工程

1．运行工程

完成上述几个步骤的设计后，就可以运行工程了。运行工程一是为了验证设计的效果否符合要求；二是为了检查存在的错误。

运行工程有如下两种方法：

● 单击工具栏中的"启动"按钮。

● 按下 F5 功能键。

结束一个工程的运行有如下两种方法：

● 单击标题栏上的"关闭"按钮可关闭该窗口，结束运行。

● 单击工具栏中的"结束"按钮，结束程序运行，返回"窗体设计器"窗口。

2．修改工程

建立一个工程后，不可能马上获得成功，需要调试、修改，才会满足工程设计的需要。修改工程主要包括修改程序代码、修改对象的属性、添加新的对象和代码。

修改工程的过程实际是重复本节第 2、3、4 步骤：分别打开对应的窗口，在这些窗口中进行相应内容的修改；修改完毕后，再运行工程，查验运行状态及结果。如此重复，直至满意为止。

3．保存工程

设计好的应用程序应该以文件的形式保存到磁盘上。保存工程的方法有以下两种。

● 单击工具栏上的"保存"按钮。

● 单击"文件"下拉菜单中的"工程另存为"或"保存工程"按钮。

如果工程尚未存盘，系统将会弹出保存工程的对话框，要求用户存盘。

由于一个工程会含有多种文件，一般是工程文件和窗体文件，这些文件集合在一起才能构成应用程序。所以保存工程时，一般系统会弹出"文件另存为"对话框。这时保存窗体文件（*.frm）到指定文件夹中，用户输入文件名后单击"保存"按钮，然后系统又弹出"工程另存为"对话框。这时保存工程文件（*.vbp）到指定的文件夹中，用户输入文件名后单击"保存"按钮。

建议读者在保存工程时，将所有类型的文件存放在同一文件夹中，以便于文件管理。

Visual Basic

2.4 应用程序的结构

Visual Basic 是一种结构化程序设计语言，用它设计出的应用程序是由一个个模块组成的。每一个模块是一个独立的程序单位，用以完成一个特定的功能。用"可视化编程方

法"设计开发一个 Windows 环境的应用程序，必须采用自上而下逐层设计的方法。

应用程序是指令的集合。指令存放的位置和指令的执行顺序不同，程序的功能可能也不同。对于很简短的程序，命令的组织很容易。但对于一个复杂的程序，程序行很多，如何组织好指令便是一个重要的问题。程序结构指的是组织指令的方法。

Visual Basic 应用程序一般由三种模块组成：窗体模块、标准模块和类模块。

2.4.1 窗体模块

在 VB 中，窗体是最基本的对象，一个应用程序通常都包含窗体对象。一个窗体必定对应一个窗体文件（扩展名为.frm），所以，一个应用程序包含一个或多个窗体模块。

每个窗体分为两部分：一部分是作为界面的窗体，窗体的外观和内在特性是由窗体属性定义的，如图 2-11 所示；另一部分是代码片断，程序代码规定了执行哪些具体操作，如图 2-12 所示。

每个窗体都会触发事件，因此每个窗体模块都包含事件过程；通常在窗体上还包含其他控件对象，每个控件对象都有一个或多个相应的事件过程；除此之外，窗体模块中还可以包含通用过程，通用过程可以被窗体模块中的任何事件过程调用。

图 2-11 界面窗体

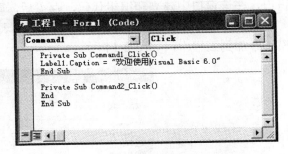

图 2-12 代码片断

2.4.2 标准模块

标准模块又称全局模块，标准模块文件的扩展名为.bas，其特点有以下几个方面。

● 标准模块完全由代码组成。
● 标准模块不属于任何窗体。
● 标准模块中的过程可以被窗体模块中的任何事件调用。

可见，标准模块是公用的。这样，标准模块通常是用于声明全局变量，模块层声明，以及建立通用过程。

可以使用一个独立的标准模块，在该模块中声明全局变量。这样的模块在所有基本指令开始执行之前被处理，以使这些全局变量起作用。在大型程序中，可以在标准模块中定义一些函数过程或子过程，用于执行主要操作，而窗体模块则用来实现与用户的通信。

一个工程中可以包含多个标准模块，可以是新建的，也可以把原有的标准模块加入到工程中。但标准模块是可选的，例如，在只有一个窗体的应用程序中，就不必要建立标准模块。标准模块通过"工程"菜单中的"添加模块"命令来建立。执行"添加模块"命令后，打开"添加模块"对话框，单击"新建"标签得到如图 2-13 所示的选项卡。

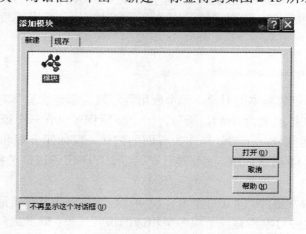

图 2-13 "添加模块"对话框的"新建"选项卡

这样可以建立新模块，输入必要的信息后，单击"打开"按钮，打开"标准模块代码"窗口，在该窗口中建立和编辑代码，存盘后，即生成扩展名为.bas 的标准模块。

选择"现存"选项卡，可打开现存文件列表框，从中选择相应文件，可把原有的标准模块添加到工程中，如图 2-14 所示。

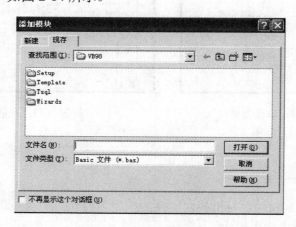

图 2-14 "添加模块"对话框的"现存"选项卡

2.4.3 类模块

"类"是可视化编程的又一个新概念。

Visual Basic 中的每个对象都是用类定义的，工具箱中的每一个控件都是一个类。也就是说，每个类模块定义了一个类。

例如，工具箱中的每个控件都是一个类，当用户在窗体上建立一个控件后，实际上是建立了该控件类的一个复制，这个建立的对象所属的类的名称显示在属性窗口上。

与标准模块不同的是，类模块不仅包含代码，而且包含数据。

综上所述，可以将应用程序的结构归纳为如下几个方面。

● 一个 Windows 应用程序对应着 VB 中的一个完整的工程。

● 一个 VB 工程至少应包含一个或多个窗体对象。

● 一个窗体对象至少包含一个或多个事件过程，其中包括窗体内的控件对象所对应的事件过程。

● 事件过程可以调用通用过程，包括模块级通用过程和窗体级通用过程。

Visual Basic

2.5　常用语句

Visual Basic 应用程序中的指令是由语句来完成的，也就是说 Visual Basic 中的语句是执行具体操作的指令，每个语句以回车键结束。如果设置了"自动语法检测"，则在输入语句的过程中，Visual Basic 将自动对输入的内容进行语法检查。如果发现了语法错误，则弹出一个信息框，提示出错的原因。

Visual Basic 按自己的约定对语句进行简单的格式化处理。例如，命令词的第一个字母大写，运算符前后加空格等。在输入语句时，命令词、函数等可以不必区分大小写。例如，在输入 Print 时，不管输入 Print，print，还是输入 PRINT，按回车键后都变为 Print。

为了提高程序的可读性，在代码中应加上适当的空格，同时应按惯例处理字母的大小写。

在一般情况下，输入程序时要求一行一句、一句一行。但 Visual Basic 允许使用复合语句行，即把几个语句放在一行中，各语句之间用冒号（：）隔开。一个语句行的长度最多不能超过 1023 个字符。在输入程序时，可以通过续行符把程序分别放在几行中。Visual Basic 6.0 中使用的续行符是下划线（_）。如果一个语句行的末尾是下划线，则下一行与该行属于同一个语句行。注意的是，续行符与它前面的字符之间至少要有一个空格。

Visual Basic 中可以使用多种语句。早期 Basic 版本中的某些语句（如 PRINT 等），在 Visual Basic 中被用做方法，而有些语句（如流程控制、赋值、注释、结束、暂停等）仍为语句。下面，将介绍 Visual Basic 的几个常用语句，包括赋值语句、注释语句、暂停语句和结束语句，其他语句将在第 4、5 章中介绍。

2.5.1　赋值语句

用赋值语句可以把指定的值赋给某个变量或某个带有属性的对象，其一般格式为

[Let]目标操作符=源操作符

这里的"源操作符"包括变量（简单变量或下标变量）、表达式（数值表达式、字符串表达式或逻辑表达式）、常量及带有属性的对象，而"目标操作符"指的是变量和带有

属性的对象。"="称为"赋值号"。赋值语句的功能是，把"源操作符"的值赋给"目标操作符"。

例如：

```
Total=66                  ' 把数值常量 66 赋给变量 Total（'是注释符）
X1=Val(Text1. Text)       ' 把对象 Text1 的 Text 属性转换为数值赋给数值变量
Text1. Text=Str$(Tota)    ' 把数值变量 Total 转换为字符串赋给带有 Text 属性的对象
Textl. Text=Text2. Text   ' 把带有 Text 属性的对象 Text2 赋给带有 Text 属性的对象 Text1
StartTime=Now             ' 把系统的当前时间赋给变体类型变量
```

赋值语句使用时，注意以下几点：

（1）赋值语句兼有计算与赋值双重功能。它首先计算赋值号右边"源操作数"的值然后把结果赋给赋值号左边的"目标操作符"。例如：

```
Count= Count*8+100
```

（2）在赋值语句中，"="是赋值号，与数学上的等号意义不一样。

（3）"目标操作符"和"源操作符"的数据类型必须一致（将在第 4 章介绍 Visual Basic 的数据类型）。例如，不能把字符串常量或字符串表达式的值赋给整型变量或实型变量，也不能把数值赋给文本框的 Text 属性。如果数据类型相关但不完全相同，例如，把一个整型值存放到一个双精度变量中，则 Visual Basic 将把整型值转换为双精度值。但是，不管表达式是什么类型，都可以赋给一个 Variant 变量。

（4）如前所述，Visual Basic 中的语句通常按"一行一句、一句一行"的规则书写，但也允许多个语句放在同一行中。在这种情况下，各语句之间必须用冒号隔开。例如，在一行中有三个语句。这样的语句行称为复合语句行。复合语句行中的语句可以是赋值语句，也可以是其他任何有效的 Visual Basic 语句。

（5）赋值语句以关键字 Let 开头，因此也称 Let 语句。其中的关键字 Let 可以省略。

2.5.2　注释语句

为了提高程序的可读性，通常应在程序的适当位置加上必要的注释。Visual Basic 中的注释是 Rem 或一个撇号"'"，一般格式为

```
        Rem 注释内容
或    '注释内容
```

例如：

```
'This is a test
Rem   这是一个子程序
```

注释语句使用时，注意以下几点。

（1）注释语句是非执行语句，仅对程序的有关内容起注释作用。它不被解释和编译，但在程序清单中，注释将被完整地列出。

（2）任何字符（包括中文字符）都可以放在注释行中作为注释内容。注释语句通常放

在过程、模块的开头作为标题用，也可以放在执行语句（单行或复合语句行）的后面，在这种情况下，注释语句必须是最后一个语句。例如：

```
Text1．Text=  "Good morning"  ' This is a test
a=5: b=6: c=7                 ' 对变量 a、b、c 赋值
```

（3）注释语句不能放在续行符的后面。
（4）当注释语句出现在程序行的后面时，只能使用撇号 "'"，不能使用 Rem。例如：

```
int  Val=100    Rem 对变量 Val 赋值
是错误的，必须改为
int  Val=100    '对变量 Val 赋值
```

2.5.3　暂停语句（Stop）

格式：Stop
Stop 语句用来暂停程序的执行，它的作用类似于执行"运行"菜单中的"中断"命令。当执行 Stop 语句时，将自动打开立即窗口。

在解释系统中，Stop 语句保持文件打开，并且不退出 Visual Basic。因此，常在调试程序时用 Stop 语句设置断点。如果在可执行文件（.EXE）中含有 Stop 语句，则将关闭所有文件。

Stop 语句的主要作用是把解释程序置为中断（Break）模式，以便对程序进行检查和调试。一旦 VisuaI Basic 应用程序通过编译并能运行，则不再需要解释程序的辅助，也不需要进入中断模式。因此，程序调试结束后，生成可执行文件之前，应删去代码中的所有 Stop 语句。

2.5.4　结束语句（End）

格式：End
End 语句通常用来结束一个程序的执行。可以把它放在事件过程中，例如：

```
Sub Command1_Click()
  End
End Sub
```

该过程用来结束程序，即当单击"命令"按钮时，结束程序的运行。
End 语句除用来结束程序外，在不同的环境下还有其他一些用途，例如：

```
End Sub              ' 结束一个 Sub 过程
End Function         ' 结束一个 Function 过程
EndIf                ' 结束一个 If 语句块
EndType              ' 结束记录类型的定义
End Select           ' 结束情况语句
```

当在程序中执行 End 语句时，将终止当前程序，重置所有变量，并关闭所有数据文件。

一个程序中有没有 End 语句，对程序的运行没有什么影响。但是，如果没有 End 语句，或者虽然有但没有执行（如不执行含有 End 语句的事件过程）End 语句，则程序不能正常结束，必须执行"运行"菜单中的"结束"命令或单击工具栏中的"结束"按钮。为了保持程序的完整性，应当在程序中含有 End 语句，并且通过 End 语句结束程序。

2.6 简单的应用程序设计实例

现在用一个简单的例子，来说明应用程序的设计过程。

例 2-2 设计一个显示信息的窗口，具体要求如下：

（1）设计一个窗体，窗体上有 5 个命令按钮。前三个按钮上显示出"信息 1"、"信息 2"、"信息 3"，后两个按钮上显示出"清除"、"退出"。

（2）添加一个文本框，用于显示文本信息。

（3）单击"信息 1"按钮，窗体上显示"可视化编程方法"。

（4）单击"信息 2"按钮，窗体上显示"面向对象程序设计"。

（5）单击"信息 3"按钮，窗体上显示"事件驱动编程机制"。

（6）单击"清除"按钮，窗体上的信息消失。单击"退出"按钮，结束程序执行。

现在依照 2.3 节介绍的可视化编程步骤，完成题目要求的程序设计。

1. 建立一个新工程

尽管应用程序只有一个窗体，功能也很简单，但 VB 要求无论多么简单的程序，都是对应一个工程。所以第一个步骤就是建立工程。操作步骤如下：

（1）选择"文件"菜单，在下拉菜单中，选择"新建工程"命令，打开"新建工程"对话框。

（2）单击"标准 EXE"图标，或双击"标准 EXE"图标，即可建立一个新的工程，并且进入 VB 集成编辑环境。

建立工程后，集成环境的编辑区窗口的标题栏上显示"工程 1_Form1（Form）"；编辑区中出现一个窗体，窗体的标题栏上显示"Form1"。

如果是刚刚启动 VB，则在初启界面上选择"标准 EXE"后，单击"确定"按钮，也可以进入集成编辑环境。

2. 设计界面

在窗体上放入具体对象，就是将控件画到窗体上。单击工具箱中的文本框控件 ，将鼠标指针移入窗体中适当的位置，鼠标指针变为"+"字形状，向右下方向拖动鼠标至另一位置，拖动出的区域即为文本框的位置。松开鼠标左键，窗体上便出现一个文本框，且四周有 8 个黑（蓝）色小方块，表明它是活动的。文本框中写有"Text1"。对文本框进行移动、扩大或缩小操作，使其位置、大小符合要求。单击窗体空白处，使其成为不活动的，画文本框的操作便完成了。

上述的操作也可以双击工具箱中的文本框控件，在窗体上即可画出文本框控件，不过文本框是画在窗体的中央。

单击工具箱中的"命令"按钮控件 ⬜，重复上述步骤，继续在窗体上画出 5 个命令按钮。

3．设置属性

首先设置窗体的属性，然后设置文本框的属性，最后设置命令按钮的属性。本题先对几个常用的、容易理解的属性进行设置，以便读者了解这些常用属性的用途，熟悉在属性窗口设置属性的方法。

- 窗体属性：设置 Name（名称）属性为"frmxinxi"，Caption 属性为"信息窗口"，其他属性项都使用系统的隐含值。
- 文本框属性：Name 属性仍使用"Text1"，将 Text 属性设为空格。注意的是，文本框控件没有 Caption 属性项。其他属性项都使用系统的隐含值。
- 命令按钮属性：将命令按钮的 Name 属性分别设置为"Command 1"、"Command 2"、…、"Command5"。将 Caption 属性分别设置为"信息 1"、"信息 2"、"信息 3"、"清除"和"退出"。其他属性项都使用系统的隐含值。

设置属性的步骤是，如果属性窗口已经显示在编辑窗口上，这时只要选择控件，属性窗口标题栏下面的列表框会显示该控件的名称，如图 2-15 所示。如果属性窗口没有显示在编辑窗口上，这时要先选择控件，然后打开属性窗口。打开属性窗口最简便的方法是单击工具栏的"属性窗口"按钮。

图 2-15　属性窗口中显示控件的名称

在属性窗口中选择属性项（呈反显），在右边一列输入属性值。

4．编写代码

编写程序代码主要考虑两个问题：哪一个对象触发什么事件；所触发的事件执行什么

操作。

（1）窗体：可以不触发任何事件。也可以使窗体触发一个 Click 事件，当单击窗体时，结束程序运行。

（2）文本框：程序中文本框只是为了显示信息，所以也不使文本框控件触发任何事件。

（3）命令按钮：当用户选中某一个命令按钮时，都要完成一个操作，这里分别是"显示信息"、"清除"和"结束运行"。所以给每一个命令按钮定义一个 Click 事件，当用户单击"命令"按钮时，完成相应的操作。

双击窗体中的"信息 1"按钮，进入代码编辑窗口，在代码窗口自动出现相应的 Command1_Click（）过程的框架：

```
Private Sub Command1_Click()
…
End Sub
```

在这两行语句之间输入要写入的代码就可以了，现在输入一行语句：

```
Text1．Text="可视化编程方法"
```

用同样的方法，对于"信息 2"按钮，在 Command2_Click（）过程中加入语句 Text1．Text="面向对象程序设计"，对于"信息 3"按钮，在 Command3_Click（）过程中加入语句 Text1．Text="事件驱动编程机制"，对于"清除"按钮，在 Command4_Click（）过程中加入语句 Text1．Text=" "，对于"退出"按钮，在 Command5_Click（）过程中加入语句 End 即可。

编写完代码的代码窗口如图 2-16 所示。

图 2-16　代码窗口

5．运行程序

单击工具栏上的"运行"按钮 ▶，程序便开始运行。若出现错误，可以单击工具栏上的"结束"按钮 ■，回到代码窗口修改程序，然后再运行，直至程序运行正确，如图 2-17 所示。

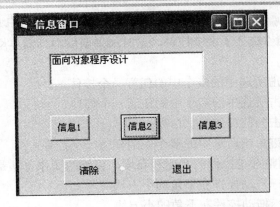

图 2-17 单击"信息 2"按钮时程序运行结果

6. 保存程序

在磁盘上新建一个文件夹 example，使用"文件"菜单下的"保存工程"命令，先保存窗体文件（取名为 myfile.frm）到 example 文件夹中，再保存工程文件（取名为 myfile.vbp）到 example 文件夹中。

习　题

一、选择题

1. 以下叙述中错误的是_____。

   A．在工程资源管理器窗口中只能包含一个工程文件及属于该工程的其他文件

   B．以.BAS 为扩展名的文件是标准模块文件

   C．窗体文件包含该窗体及其控件的属性

   D．一个工程中可以含有多个标准模块文件

2. 以下不属于 Visual Basic 系统的文件类型是_____。

   A．.frm   B．.bat   C．.vbg   D．.vbp

3. 以下叙述中错误的是_____。

   A．打开一个工程文件时，系统自动装入与其有关的窗体、标准模块等文件

   B．保存 Visual Basic 程序时，应分别保存窗体文件及工程文件

   C．Visual Basic 应用程序只能以解释方式执行

   D．事件可以由用户引发，也可以由系统引发

4. 以下叙述中错误的是_____。

   A．一个工程可以包括多种类型的文件

   B．Visual Basic 应用程序既能以编译方式执行，也能以解释方式执行

   C．程序运行后，在内存中只能驻留一个窗体

    D．对于事件驱动型应用程序，每次运行时的执行顺序可以不一样

5．当使用鼠标操作选择了多个控件，这时如果要取消当前多个控件的选择，正确的操作方法是_____。

    A．用鼠标单击所选中的多个中的任意一个控件

    B．用鼠标双击所选中的多个中的任意一个控件

    C．用鼠标单击当前窗体的空白处

    D．用鼠标右键单击所选中的多个中的任意一个控件

6．如果想同时调整选定控件的宽度和高度，正确的操作方法是_____。

    A．只能用鼠标拖动控件右下角的小方块

    B．只能用鼠标拖动控件左下角的小方块

    C．用鼠标拖动控件四个角中任意一个角的小方块

    D．用鼠标拖动控件四个边中任意一个角的小方块

7．下面关于控件的说法，不正确的是_____。

    A．移动控件的方法：按住鼠标左键不放，拖动到新的位置再释放鼠标键

    B．只能从工具栏中选中添加控件，不能在窗体上复制已经画好的控件

    C．利用鼠标的操作，就可以同时修改控件的宽度和高度

    D．有些控件没有标题 Caption 属性

8．如果要使窗体中的某一个控件变为活动的控件，正确的操作方法是_____。

    A．用鼠标单击该控件   B．用鼠标双击该控件

    C．用鼠标单击该窗体   D．用鼠标双击该窗体

9．下列叙述中错误的是 _____。

    A．Visual Basic 的所有对象都具有相同的属性项

    B．Visual Basic 的同一类对象都具有相同的属性和行为方式

    C．属性用来描述和规定对象应具有的特征和状态

    D．设置属性的方法有两种

10．运行工程的错误操作是_____。

    A．执行"运行"菜单中的"启动"命令

    B．选择工具栏中的"启动"命令

    C．按下 F5 功能键

    D．按下 Alt+F5 组合键

二、填空题

1．Visual Basic 的控件有内部控件、_____和可插入对象三种类型。

2．Visual Basic 可视化编程的一般步骤有设计界面、_____和编写代码三步。

3．一个工程可以包含多种类型的文件，其中工程文件的扩展名是_____，窗体文件的扩展名是_____，标准模块文件的扩展名是_____。

4．Visual Basic 中有一种控件组合了文本框和列表框的特性，这种控件是_____。

5．建立窗口并存盘后，除了生成窗体文件外，还会生成 _____ 文件。

6．同时按下_____和"方向箭头"键也可以移动控件的位置。

7．启动 Visual Basic，选择标准 EXE 进入集成环境后，系统为用户启动建立一个窗体，并为该窗体起的临时名称是_____。

8．为同一种对象设置不同的属性，可以使同一种对象具有不同的_____和不同的_____。

三、编程

新建一个工程，将窗体的 Name 属性改为 f1，Caption 属性改为"我的第一个工程"，画一个文本框控件，如图 2-18 的 Text1 所示，在其属性窗口中修改 Text 属性值为"欢迎使用 Visual Basic"；画另一个文本框 Text2，将文本框 Text2 的 MultiLine 属性设置为 True 以便显示多行文本，修改其 Text 属性，使其内容如图 2-18 所示，在 Text 属性中输入每行文本后用"Ctrl+Enter"组合键换行；画三个命令按钮，修改它们的 Caption 属性，使按钮表面显示文字如图 2-2 所示；调整好界面中各控件的大小及位置；同时选中窗体上的所有控件，观察属性窗口显示的内容，使用 Font 属性将字号全部设置为五号。

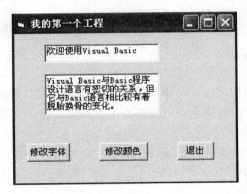

图 2-18　新建的工程

编写程序完成下面操作：单击"修改字体"按钮，将文本框 Text1 的字体改为黑体，将文本框 Text2 的字体改为仿宋；单击"修改颜色"按钮，将文本框 Text1 的文字颜色改为红色，将文本框 Text2 的背景颜色改为蓝色；单击"退出"按钮将结束程序的运行。

使用"文件"菜单下的"另存为"操作将当前工程存到磁盘上。

第3章
窗体和基本控件

Visual Basic 中进行可视化程序设计的对象有窗体和控件，本章介绍窗体和基本的输入／输出控件的使用，其他的常用内部控件在第6章介绍。

主要内容：

- 窗体的设计
- 命令按钮控件的属性和事件
- 标签控件的属性
- 文本框控件的属性

3.1　窗体设计

窗体是任何一个应用程序必不可少的对象，因为窗体是其他对象的载体，各类控件对象必须建立在窗体上；同时，窗体是应用程序的顶层对象，设计应用程序都是从窗体开始的。

一个窗体对应一个窗体模块。

Visual Basic 的窗体同其他 Windows 环境下的应用程序窗口一样，都具有 Windows 风格，如图 3-1 所示。窗体由 5 部分组成。

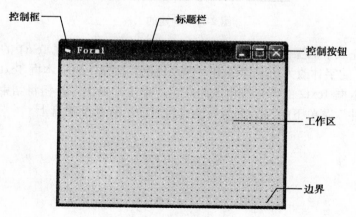

图 3-1　窗体的构成

（1）标题栏：窗体顶部是标题栏，用于显示窗体的 Caption 属性。同时也用于提示窗口是否为当前窗口，若标题栏的颜色为深色，表示该窗口为当前（活动）窗口，若为浅色的，则表示该窗口不是当前窗口。

（2）控制框：标题栏最左边的图标即是控制框。

Visual Basic 已经预先为窗体设计出控制菜单，菜单项是还原、移动、大小、最大化、最小化和关闭 6 个菜单项。系统的默认值为不显示，但可以通过单击窗体标题栏左边的控制框来显示该控制菜单。

（3）控制按钮：标题栏右边有三个控制按钮为最小化按钮、最大化按钮和关闭按钮。

（4）工作区：窗体上布满小点的区域是用户工作区。工作区是包容控件的地方。

（5）边界：包围窗体的线条。

3.1.1　建立窗体

创建新窗体是编写应用程序必不可少的步骤之一。创建新窗体的步骤如下。

（1）选择"工程"下拉菜单中的"添加窗体"选项，打开"添加窗体"对话框，如图 3-2 所示。

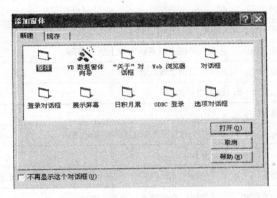

图 3-2　"添加窗体"对话框

（2）"新建"选项卡用于创建一个新窗体，对话框的列表框中列出了各种窗体的类型，选中"窗体"选项用于建立一个空白新窗体，选择其他选项则建立一个预定义了某些功能的窗体。

（3）单击"打开"按钮，一个新窗体被加入到当前工程中，如图 3-3 所示。

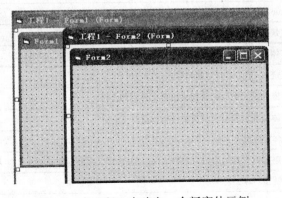

图 3-3　在工程 1 中建立一个新窗体示例

3.1.2　窗体属性

　　用户建立窗体是为了在窗体中添加控件，形成各种各样的对话框、消息框等窗体对象。但窗体名称、标题、颜色、大小等结构特征却各有所异，这就需要用户根据应用的要求设置窗体的属性。

　　窗体属性主要有如下几类：缩放、外观、位置、行为、字体、杂项及 DDL（动态链接）等，约有五十多个。对象的每一个属性系统都预先给定一个隐含值，但用户可根据需要修改它们。对象属性可以使同一种对象有着不同的外观和内在性能。

　　窗体的属性影响窗体的外观和行为。表 3-1 列出了窗体的属性及其含义。

表 3-1　窗体的属性及其含义

属 性 项	说　明
Name	窗体名称
Appearance	外观效果：0—平面；1—3D（立体）
AutoRedraw	True / False，是否自动刷新或重画窗体上所有图形
BackColor	背景颜色，可从弹出的调色板选择
BorderStyle	取值为 0～5，设置边界类型
Caption	标题
ClipControls	True / False，重绘整个对象还是只绘制刚刚露出的区域
ControlBOX	True / False，是否有控制框
DrawMode	设定窗体上绘图、Shape、Line 等控件的输出外观，共有 16 种可选项
DrawStyle	设定绘图相关方法使用的直线样式，共有 6 种可选项
DrawWidth	设定绘图相关方法使用的直线宽度
Enabled	True / False 是否把鼠标或键盘事件发送到窗体
FillColor	填充颜色，可从弹出的调色板中选择
FillStyle	填充样式，共有 7 种可选项
Font	字型，可从弹出的对话框中选择字体及字的大小
FontTransParent	True / False，输出数据是否允许重叠
ForeColor	前景颜色，可从弹出的调色板中选择
Height	窗体高度
HelpContextlD	设定 Help 说明的主题编号
Icon	为窗件设置图标，该图标位于标题栏的左端
KeyPreview	窗体及其对象对于键盘事件响应次序
Left	窗体距左边界的距离
LinkMode	设定窗体与其他应用程序的 DDE 更新模式，共有三种选择
LinkTopic	所链接对象的对象名
MaxButton	True / False，窗体右上角最大按钮是否显示

属 性 项	说 明
MDIChild	True / False，是否会有一个 MDI 子窗体
MinButton	True / False，窗体右上角最小按钮是否显示
MouseIcon	MousePointer=99 时，设定一个自定义的鼠标图标
MousePointer	设置光标在窗体内时的形状，共有 16 种可选项，其中 99 为自定义
Moveable	True / False，是否可移动窗体
NegotiateMenus	True / False，能否将另一个对象的控制菜单综合到本窗体的控制菜单上
OLEDropMode	True / False，能否作为 OLE 对象的拖放区
PaletteMode	调色板模式：0——半色；1——最上层控件；2——自定义
Picture	窗体背景图片
RightToLeft	True / False，文本显示方向是否为自右向左
ScaleHeight	窗体数据区的高度
ScaleLeft	窗体数据区坐标起点
ScaleMode	窗体的度量单位
ScaleTop	窗体数据区距顶部距离
ScaleWidth	窗体数据区的宽度
ShowInTaskbar	窗体或 MDI 窗体是否会出现在工具栏上
StartUpPosition	窗体第一次出现的位置，共有 3 种可选项
Tap	保存程序额外数据
Top	窗体距顶部边界的距离
Visible	True / False，窗体是否可见
WhatsthisButton	True / False，"这是什么？"是否出现在窗体的标题栏上
WhatsThisHelp	True / False，窗体所使用的帮助窗口是否 Win98 Help 窗口
Width	窗体的宽度
WindowState	窗体的状态，0——窗体正常状态；1——窗体最小状态；2——窗体最大状态

下面对几个常用的属性作详细介绍。

1．Name 属性

Name 属性用来设置窗体的名称，窗体名称用于标识窗体。一个窗体必须有一个名称，在程序中对窗体的操作语句都要使用窗体名称，以便告诉系统操作语句是针对哪一个窗体的。

第一个窗体隐含的 Name 属性值是 Form1，这是系统为窗体起的临时名字；若有多个窗体，则根据建立的顺序依次命名为 Form2、Form3 等。通常用户应该给窗体另起一个有一定含义的名字，以利于程序的阅读和维护。

Name 属性值必须是字母开头，由字母、数字、下划线组成，但不能是标点符号，也不能有空格。

在属性窗口的属性名一栏中并没有 Name，而是用"名称"标出的。在 Visual Basic 6.0 中，窗体对象和各控件对象的 Name 属性只能在属性窗口中更改。

2．Caption 属性

Caption 属性归类于外观。Caption 属性设置窗体的标题，是用来显示在窗体标题栏上的标题，它是为了让用户识别窗体的。

建立一个窗体时，系统为 Caption 属性预设一个与 Name 属性值相同的标题。当窗体的标题超出窗体标题栏的长度时，超出部分会被截断。

设置标题时，可以在某个字符前加上一个"&"符号，则该字符成为访问键（显示时，该字符下面显示一条下划线），同时按下 Alt 键和该字符键时，焦点会被移到该窗体上。

Caption 属性可以在属性窗口中设置，也可以通过程序代码设置，格式为

> 对象名．Caption[=字符串]

若省略"=字符串"，则返回窗体的当前标题。

Caption 属性与 Name 属性不是一回事，注意：不要把二者混淆。

3．BackColor 属性

BackColor 属性用来设置窗体的背景颜色。属性值是一个十六进制常量，每种颜色对应一个常量。系统隐含窗体背景颜色为灰色。

在设计程序时，通常利用调色板来设置背景颜色：选择属性窗口中的 BackColor 属性项，单击右端的箭头，从弹出的对话框中选择"调色板"选项，即可显示一个"调色板"，如图 3-4 所示。单击调色板中的某个颜色块，即可将这种颜色设置为窗体的背景色。

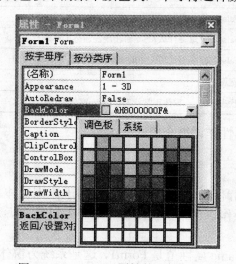

图 3-4　BackColor 属性的"调色板"

4．AutoRedraw 属性

AutoRedraw 属性用来控制屏幕图像的重建，即设置窗体是否具有自动重画功能，主

要用于多窗体设计中。

AutoRedraw 属性可以在属性窗口中设置，也可以在程序中设置，格式为

> 对象名．AutoRedraw[=Boolean]

其中，

对象名：可以是窗体或图片框。

Boolean：属性值，只能取值 True 或 False。

属性值为 True，则当一个窗体被其他窗体覆盖，又回到该窗体时，将自动刷新或重画该窗体上的所有图形。设置为 False，则没有此项功能。

该属性的默认值为 False。若省略"= Boolean"，将返回对象当前的 AutoRedraw 属性值。

5．BorderStyle 属性

BorderStyle 属性用来设置窗体边界的类型。Form 对象和 Textbox 控件在运行时是只读的，因此就不能在程序中设置。

BorderStyle 属性可以在属性窗口中设置，选中属性窗口中的 BordrStyle 属性项，单击右侧的箭头按钮，弹出下拉列表，如图 2-2 所示，从中选择所需的类型。

窗体边界共有 6 种边界类型，若设置为无边界，则窗体的标题栏连同标题栏上的控制图标和控制按钮都消失。表 3-2 列出了 BorderStyle 属性的取值与含义。

表 3-2　BorderStyle 属性的取值与含义

属 性 值	常 量	含 义
0	vbNone	窗体无边框和标题栏
1	vbFixedSingle	窗体具有单线边框，运行时不能改变大小
2	vbSizable	默认值，窗体具有双线边框，大小可以手动调整
3	vbFixedDoubleialong	窗体为固定对话框风格，大小不可调
4	vbFixedToolWindow	工具栏风格窗体，大小不可调
5	vbSizableToolWindow	工具栏风格窗体，大小可调

系统隐含的边框样式为"Sizable"（代号 2），是一种最完整的可调整的边框样式。

6．ControlBox 属性

确定程序运行时是否在窗体中显示标题栏左、右两侧的控制框。

属性值为逻辑值，即 True 或 False。系统隐含值为 True，显示标题栏左侧的控制图标和右侧所有的控制按钮。若为 False，则所有控制框都消失。

7．Enabled 属性

确定一个窗体是否能够对用户产生的事件做出反应。属性值为逻辑值，即 True 或 False。系统隐含值为 True，这时窗体处于允许激活状态。若为 False，则不允许窗体对事件做出反应，窗体上的其他控件也不能由用户访问。

8．Picture 属性

用来在窗体上加载图形。VB 支持如下几种图像文件格式：位图文件（*.bmp，*.dib）；GIF 压缩位图文件（*.gif）；JPRG 压缩位图文件（*.jpg）；图元文件（*.wmf,* .emf）；图标文件（*.ico，*.cur）。

Picture 属性可以在属性窗口中设置，选中属性窗口中的 Picture 属性项，单击右侧的"…"按钮，弹出"打开"对话框，从计算机中选取想要添加的图形文件。也可以在程序中设置，格式为

> 对象名．Picture=LoadPicture（"图形所在位置"）

其中 LoadPicture 是一个函数，用来将返回的图片分配给对象。或者当其他对象已经有图片时也可用下面的语句给对象加载图像：

> 对象名．Picture =其他对象名．Picture
> 例如：
> Forml．Picture=LoadPicture（"d：\mypictures\jisuanji．gif"）

9．Height 和 Width 属性

Height 属性用来设置窗体的高度，Width 用来设置窗体的宽度。

属性值为一整型常数。系统隐含值：Height 为 3600；Width 为 4800。单位是 twip（"缇"，发音为"提"，1 缇=1／567cm）。

10．Top 和 Left 属性

Top 属性用来设置窗体顶端与显示屏顶端之间的距离，Left 用来设置窗体左端与显示器左端之间的距离。

属性值为一整型常数，系统隐含值都是 0，单位也是 twip。

11．Font 属性，FontName 和 FontSize 属性

Font 属性用于在属性窗口中，设置窗体在运行时显示文本所用的字体和字体的大小。

FontName 和 FontSize 属性用于程序代码中设置窗体在运行时显示文本所用的字体和字体的大小。

属性值取决于系统。Visual Basic 中可用字体取决于系统配置、显示设备和打印设备。与字体相关的属性只能设置为真正存在的字体或字号的值。隐含值取决于系统。

如果要在属性窗口中设置 Font 属性，打开属性窗口后，选择"Font"属性项，单击右侧的"…"按钮，会弹出"字体"对话框，如图 3-5 所示。在对话框中选择所需要的字体、字体样式和大小后，单击"确定"按钮。

如果要在程序中设置窗体上输出的字体和字号，其格式为

> 对象名．FontName[=Font]
> 对象名．FontSize[=Points]

其中，Font 即为图 3-5 "字体"对话框中"字体"下拉列表栏中的选项（如 FontName="黑体"），而 Points 为一整型常量，最大值为 2160 磅（如 FontSize=18）。

在设置 FontSize 之前，要先设置 FontName 属性。

12．CurrentX 和 CurrentY 属性

设置下一次在窗体上开始打印或绘图时的水平坐标值和垂直坐标值。

属性值为一个整型数。单位取决于 ScaleMode 属性项的取值，ScaleMode 属性可以在属性窗口中设置。

在窗体的属性窗口中没有 CurrentX 和 CurrentY 这两个属性项，这两个属性只能用程序方式设置，格式为

> 对象名．CurrentX[=X]
>
> 对象名．CurrentY[=Y]
>
> 例如：
>
> Forml．CurrentX=1000
>
> Forml．CurrentY=1500

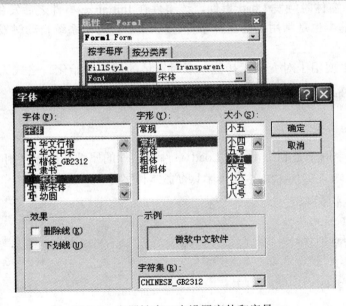

图 3-5　在属性窗口中设置字体和字号

ScaleMode 属性项用以设置窗体的度量单位。其取值为

| 0——自定义 | 1——twip | 2——磅 | 3——像素 |
| 4——字符 | 5——英寸 | 6——毫米 | 7——厘米 |

13．Visible 属性

控制窗体为可见或不可见（隐藏）。

属性值为逻辑值，即 True 或 False。隐含值为 True。

该属性可以在属性窗口中设置，也可以用程序代码设置。若用代码设置，其格式为

对象名．Visible[=Boolean]

若将该属性设置为 True，则窗体为可见的；若设置为 False，则窗体被隐藏（不可见）。

在程序设计阶段，把该属性设置为 False 时，窗体仍然可见。只有当程序运行时，该属性才起作用。

3.1.3 窗体事件

前面已经介绍过，Visual Basic 采用事件驱动编程机制，VB 应用程序是事件驱动程序，也就是说决定程序的流程不是主程序，而是用户的操作。产生的效果是，一个应用程序的执行过程是动态的，因人因事而异。这要归功于"事件"。窗体所能触发的事件有三十多种。下面介绍一些主要的窗体事件。

1．Load 事件

在装载一个窗体时触发 Load 事件，该事件在 Initialize 事件之后发生。

Load 是最基本也是常用到的窗体事件。Load 事件是由系统自动触发的事件，不能由用户触发。

Load 事件主要用于对变量赋初值，或对窗体的属性初始化。格式为

```
Private Sub Form_Load()
    …
End Sub
```

例 3-1　这个例子是利用 Form_Load 事件对控件的属性初始化。用 Form_Load 事件设置控件属性：设置窗体上文本框 Text1 的字体和字号。

```
Private Sub Form_Load()
Text1．FontSize=20
Text1．FontName="隶书"
End Sub
```

2．Unload 事件

在卸载一个窗体时触发 Unload 事件。Unload 事件可以由用户触发。例如，单击窗口上的"关闭"按钮，将触发 Unload 事件。格式为

```
Private Sub Form_ Unload()
    …
End Sub
```

Unload 事件是与 Load 事件相对应的事件。Unload 事件会卸载一个窗体，同时可以为用户提供存盘等信息。

可以利用 Unload 事件为用户提供一些相关信息或完成一些必要操作。

例 3-2　Unload 事件示例：在窗体卸载后弹出信息框，给出提示信息。

```
Private Sub Form_Unload(Cancel As Integer)
If  Not Saved   Then
MsgBox"请先存盘，否则数据将丢失! "
EndIf
End Sub
```

3．Initialize 事件

在窗体创建时发生 Initialize 事件，这是程序运行时发生的第一个事件，它发生在 Load 事件之前。

Initialize 事件的作用主要是初始化变量。格式为

```
Private Sub Form_Initialize()
...
End Sub
```

例 3-3　Form_Initialize 事件示例：用 Initialize 事件给变量 Data1 和 Data2 赋值。

```
Public Data1 As Integer，Data2 As Boolean
Private Sub Form_Initialize()
Data1=100
Data2=False
End Sub
```

4．Click 事件

单击窗体的空白处，将触发 Form _ Click 事件，称为单击事件。

Click 事件是经常用到的窗体事件，也是大部分控件都能触发的事件。格式为

```
Private Sub Form _ Click()
...
End Sub
```

5．DblClick 事件

双击窗体的空白处，将触发 Form _ DblClick 事件，称为双击事件。

双击必须在系统设定的时间内完成，如果动作超出时间，则系统会识别为两次单击。格式为

```
Private Sub Form _DblC1ick()
...
EndSub
```

例 3-4　单击事件与双击事件示例：在窗体上添加一个标签控件，当单击窗体上时移动标签上的文字，当双击窗体时较大幅度地移动窗体上的文字。

```
Private Sub Form _ Click()
Label1. Move Label1. Top+60，Label1. Left+60
End Sub
Private Sub Form _ DblClick()
Label1. Move Label1. Top+300，Label1. Left+300
End Sub
```

6．Activate（活动），Deactivate（非活动）事件

当窗体变为活动窗口时触发 Activate 事件，而在另一个窗体变为活动窗口前触发 Deactivate 事件。通过操作可以把窗体变为活动窗体，例如，单击窗体或在程序中执行 Show 方法等。

3.1.4　窗体的方法

窗体上常用的方法有 Print、Cls 和 Move 等，其中 Print 方法在第 2 章 2.1.4 节中已向大家介绍，下面介绍 Move 方法、Cls 方法、Hide 方法和 Show 方法。

1．Move 方法

Move 方法的格式如下：

- 对象名．Move left[,[top][,[width][,height]]]

各参数作用如下：

- left：指示对象左边的水平坐标（x 轴）。
- top：可选项，指示对象顶边的垂直坐标（y 轴）。
- width：可选项，指示对象新的宽度。
- height：可选项，指示对象新的高度。

例如，运行时单击窗体 form1，使窗体向右移动 100 twip。可以通过如下代码实现：

```
Private Sub Form _click( )
forml. Move forml. Left+100
End Sub
```

2．Cls 方法

Cls 方法的格式如下：

```
对象名．Cls
```

功能：将窗体、立即窗口、图片框等内部的文本内容清除。它默认的对象是窗体。

3．Hide 方法

Hide 方法的格式如下：

```
对象名．Hide
```

功能：调用此方法是隐藏窗体，同时 Visual Basic 会把窗体的 Vsible 属性设置为 False。窗体被隐藏之后就不再响应用户的操作了。

此方法无参数。

4．Show 方法

Show 方法的格式如下：

> 对象名．Show[Style]

功能：此方法用于显示窗体。其中 Style 为参数，用以决定窗体是模式还是无模式显示。

例 3-5　建立一个窗体，单击窗体时，在窗体上输出两行文字。输出结果如图 3-6 所示。

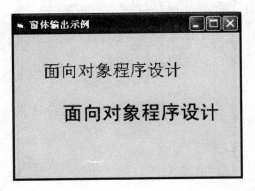

图 3-6　例 3-5 示图

分析：确定在窗体输出位置主要通过两个系统变量来定位，即 CurrentX 和 CurrentY。它们分别代表当前点的 X 坐标和 Y 坐标。

在程序代码中，分别给 CurrentX 和 CurrentY 赋值，以定位输出数据的起始位置。

输出的两行文字字体、字号不同，可分别用 FontName、FontSize 属性赋值来实现。

设计步骤如下：

（1）选择"文件"下拉菜单的"新建工程"选项，创建一个新工程。

（2）单击窗体，弹出快捷菜单，选择"属性窗口"选项，打开属性窗口。在属性窗口中把 Caption 属性设为"窗体输出示例"。

（3）双击窗体，打开代码窗口，在代码窗口的对象下拉列表框中选择 Form 对象，在过程下拉列表框中选择 Click 过程，在代码窗口中自动出现相应的 Form _Click()过程的框架：

```
Private Sub Form _Click()
    …
End Sub
```

在这两行语句之间输入要写入的代码就可以了，现在输入如下语句：

```
CurrentX=600
CurrentY=600
FontName="宋体"
FontSize=18
Print"面向对象程序设计"
CurrentX=1000
CurrentY=1500
FontName="黑体"
FontSize=20
Print"面向对象程序设计"
```

编写完代码的代码窗口如图 3-7 所示。

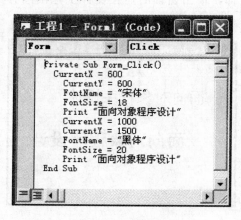

图 3-7　代码窗口

（4）运行程序：单击"启动"工具按钮运行程序，单击窗体任一处，出现如图 3-6 所示的界面。

Visual Basic

3.2　命令按钮控件 CommandButton

几乎每一个对话框中都有命令按钮，命令按钮用来接收用户的操作信息，触发相应的事件过程。它是用户与程序交互的最简便的方法。

3.2.1　命令按钮控件的属性

命令按钮的名称系统隐含为 Command1、Command2 等。

命令按钮常用的属性有 Name 属性、Caption 属性、Default 属性、Cancel 属性、Enabled 属性。其中 Name 属性是不可默认的属性，应该在属性窗口设置 Name 属性值。建议读者以"cmd"开头的字符串作为命令按钮的名称（如 cmdExit），以标识该对象的类型。

命令按钮有近三十个属性项，常用的属性在表 3-3 中列出。

表 3-3 命令按钮控件属性

属　性　项	说　　明
Name	命令按钮名称
Appearance	是否要用立体效果绘制对象：0——平面；1——3D
BackColor	背景颜色，可从弹出的调色板选择
Cancel	设置是否为"取消"按钮
Caption	标题
CauseValidation	True / False，该控件获得焦点时，第二个控件的 Validate 事件是否将发生
Defaule	True / False，设置该命令按钮是否为窗体默认的按钮
DisabledPicture	Style=1 时，此对象在被按下状态时显示的图片
DownPicture	style=1 时，此对象在静止状态时显示的图片
DragIcon	该命令按钮对象在拖动（Drag）过程中鼠标的图标
DragMode	设置拖动该对象的模式：0——Manual；1——Automatic
Enabled	True / False，是否对事件产生回应，设为 False 时，执行时图标模糊
Font	字形，可从弹出的对话框中选择字体及字的大小
Height	命令按钮高度
HelpContexlD	设定 Help 说明的主题编号
Index	在对象数组中的一个成员编号
Left	距离窗体左边框的距离
MaskColor	Style=1 时，对象按下时在透明状态下显示的颜色
MouseIcon	MousePointer=99 时，自定义一个鼠标的图标
MousePointer	设置光标在对象上时的形状，有 0～15 可选，99 为自定义
OLEDropMode	设置此对象是否可以作为 OLE 对象的拖放区
Picture	返回或设置控件中要显示的图片
RightToLeft	True / False，文本显示方向是否为自右向左
Style	设置对象的外观形式：0——Standard； 1——Graphical
TabIndex	设置此对象在父窗体中的对象编号
TabStop	True / False，设置是否可以用 Tab 键选取对象
Trag	保存额外的数据
ToolTipText	设置该对象的提示行
Top	距离窗体顶部边界的距离
UseMaskColor	Style=1 时，是否以 MaskColor 中指定的颜色作为透明区域的颜色
Value	确定命令按钮是否可选，设计时不可用
Visible	True / False，设置此对象的可见性
WhatsthisButton	True / False，"这是什么?"是否出现在窗体的标题栏上
WhatsThisHelplD	此对象使用帮助说明的索引号
Width	设置对象的宽度

3.2.2 命令按钮的事件

命令按钮可以接受许多事件，例如，鼠标单击（Click）事件、鼠标按下（MouseDown）事件、鼠标抬起（MouseUp）事件、键盘按下（KeyDown）或松开（KeyUp）事件（其中鼠标按下事件、鼠标抬起事件、键盘按下或松开事件，将在第 6 章专门介绍）等，其中最常用的是鼠标单击（Click）事件，当在命令按钮上按下然后释放鼠标左键时发生。在程序中将命令按钮的 Value 属性设置为 True 也会触发该事件。

在设计阶段，双击命令按钮，进入代码窗口，直接显示该命令按钮的 Click 事件过程模板。

在程序运行时，可以用以下方法之一触发命令按钮的单击事件。

● 用鼠标单击"命令"按钮。
● 按 Tab 键，把焦点移动到相应的命令按钮上，再按回车键或空格键。
● 按命令按钮的访问键。
● 在程序代码中将命令按钮的 Value 属性值设为 True。如 Command1．Value=True。
● 直接在程序代码中调用命令按钮的 Click 事件。如 Command1_Click。
● 如果指定某命令按钮为窗体的默认按钮，那么即使焦点移到其他控件上，也能通过按回车键单击该命令按钮。
● 如果指定某命令按钮为窗体的默认取消按钮，那么即使焦点移到其他控件上，也能通过按 Esc 键单击该命令按钮。

3.2.3 命令按钮的方法

可以使用 setFocus 方法将焦点定位在指定的命令按钮上。

使用格式如下：

> 对象名．SetFocus

如 Command1．Setfocus 表示将焦点定位到名称为 Command1 的命令按钮上。

例 3-6　在窗体上建立三个按钮和一个标签。程序启动时，只显示三个按钮，单击"开始"按钮显示"欢迎使用 Visual Basic 6.0"，单击"结束"按钮显示"再见"，单击"清除"按钮不显示任何文本。

分析：编写程序代码则着重考虑哪一个对象触发什么事件，事件过程是怎样的。这个程序中，三个命令按钮都要触发一个事件，触发的都是 Click( )事件，而标签对象不会触发事件。无论哪一个按钮触发的事件过程都是使得标签的 Caption 属性获得一个字符串常量。

设计步骤如下：

（1）新建一个工程：选择"文件"下拉菜单的"新建工程"选项，打开"新建工程"对话框，选择"标准 EXE"选项后单击"打开"按钮。

（2）添加控件对象：在窗体适当位置添加三个按钮和一个标签。

（3）设置对象属性：打开属性窗口，分别设置对象的属性如下所述。

将窗体 Form1 的 Caption 属性改为"命令按钮示例"。将按钮 Command1、Command2、Command3 的 Caption 属性分别改为"开始"、"结束"、"清除"。将标签 Label1 的 Caption 属性改为空，Font（字体，字号）属性改为"黑体，四号"。

（4）编写程序代码：

```
Private Sub Command1_Click( )
Label1. Caption="欢迎使用 Visual Basic 6. 0"
End Sub
Private Sub Command2_Click()
Label1. Caption="再   见"
End Sub
Pcivate Sub Command3_Click()
Label1. Caption="  "
End sub
```

（5）运行程序：单击工具栏上的"启动"按钮或按下 F5 功能键。运行结果如图 3-8 所示。

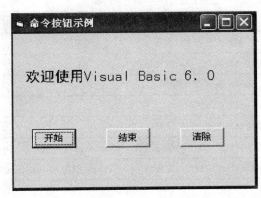

图 3-8　例 3-6 运行示图

3.3　标签控件 Label

标签控件用于输出文本，显示提示信息，输出的文本、提示信息不能编辑、修改。所以 Label 常用来输出标题、显示处理结果、标识窗体上的对象，或标识那些本身不带 Caption 属性的控件，如 TextBox 控件。

Label 控件一般不用来触发事件。

3.3.1　标签控件的属性

Label 控件常用的属性有 Name 属性（不可默认）、Caption 属性（主要属性）、Alignment

属性、Autosize 属性、BackStyle 属性。

其中 Name 属性用于设置 Label 控件的名称，系统的隐含名称为 Label1、Label2 等，在程序中对该控件的操作，都是通过名称来识别对象。Caption 属性用于设置该控件的标题，该属性值就是 Label 控件要显示的内容，它既可以在属性窗口中设定，也可用代码改变控件显示的内容。

表 3-4 列出了标签控件的所有属性及其含义。

表 3-4　LabelBox 属性

属　性　项	说　　明
Name	标签对象名称
Alignment	设置 Catpion 属性文本的对齐方式，0——左对齐，1——右对齐，2——中间对齐
Appearance	是否要用立体效果绘制，0——平面，1——3D
AutoSize	设置控件的大小是否随标题内容的大小自动调整，取值为 True / False
BackColor	设置背景色
Backstyle	设置背景模式，0——不透明，1——透明
BorderStyle	设置边界模式，0——无边界线，1——固定单线框
Caption	设置标题
DataField	设置此对象链接到数据表的字段名称
DataFormat	设置此对象链接到数据表的字段数据格式
DataMember	返回一个对 DataMembers 集合的引用
DataSource	设置该对象链接到数据源的名称
DragIcon	设置该命令按钮对象在拖动过程中鼠标的图标
DragMode	设置拖动该对象的模式，0——Manual，1——Automatic
Enabled	设置控件是否对事件产生响应，取值为 True / False，设为 False 时图标模糊
ForeColor	设置前景颜色
Font	设置字体及字号等
Height	设置对象的高度
Index	设置对象数组中的一个成员编号
Left	设置控件对象距离窗体左边框的距离
LinkItem	与另一个应用程序进行 DDE 链接时，传递给目的端的数据项
LinkMode	设置进行 DDE 联系中使用的链接形态
LinkTimetOut	设置此对象等待 DDE 回应时所能容许的时间
LinkTopic	设置进行 DDE 应用链接的主题
MouseIcon	MousePointer =99 时，自定义一个鼠标的图标
MousePointer	设置光标在对象上时的形状，有 0～15 可选，99 为自定义
OELDropMode	设置此对象是否可以作为 OLE 对象的拖放区
RightToLeft	文本显示的方向是否是自右向左，取值为 True / False

属 性 项	说 明
TabIndex	设置此对象在父窗体中的对象编号
Tag	保存额外的数据
ToolTipText	设置该对象的提示行
Top	设置控件对象距离窗体顶部的距离
UseMnemonic	设置此对象的标题字符"&"后的字符是否可作为快捷键，True / False
Visible	设置此对象的可见性，取值为 True / False
WhatsThisHelpID	此对象使用帮助说明的索引号
Width	设置对象的宽度
WordWrap	设置 Caption 属性的内容是否可自动扩充，取值为 True / False。AutoSize 属性为 True 时，如果希望内容自动换行并垂直扩展，可将 WordWrap 属性值设为 True；如果文字只进行水平扩展，则应将 WordWrap 属性值设为 False

例 3-7 标签应用示例。建立一个计算机等级考试报名登记界面。窗体上有 5 个标签三个文本框，三个命令按钮。其中文本框 1 中输入姓名，文本框 2 中输入班级，文本框 3 中输入等级，标签 5 上将考生的信息全部显示出来。

分析：本题的难点在于如何将三个文本框中的内容连接起来，以作为标签 5 的 Caption 属性值。这里引入一个字符型变量 str，用来存放字符串连接运算的结果，Chr（10）表示产生换行符。

设计步骤如下：

（1）如上例的第一步，建立一个新工程。

（2）在窗体上创建题目所要求的控件对象，调整它们到所需的位置。

（3）设置窗体及控件对象的属性。如表 3-5 所示。

表 3-5 窗体及控件的属性

控 件	属 性	属 性 值
窗体	Caption	"报名登记"
标签 1	Caption，Font	"计算机等级考试报名登记表"、小四号
标签 2	Caption，Font，BackColor	"姓名"、12、淡蓝色
标签 3	Caption，Font，BackColor	"班级"、12、淡蓝色
标签 4	Caption，Font，BackColor	"等级"、12、淡蓝色
标签 5	Caption，Font，BorderStyle	空、小二号、淡灰
文本框 1	Font，Text	12、空
文本框 2	Font，Text	12、空
文本框 3	Font，Text	12、空
命令按钮 1	Name，Caption	cmdOK、"确定"
命令按钮 2	Name，Caption	cmdClean、"清除"
命令按钮 3	Name，Caption	cmdExit、"退出"

（4）打开代码窗口，编写代码片段。

```
Private Sub cmdOK_Click()
Dim str As String
str="姓名："+Text1.Text+Chr(10)+"班级："+Text2.Text+Chr(10)+"_
等级："+Text3.Text
Label5.Caption=str
End Sub
Private Sub cmdClean_Click()
Text1.Text=" "
Text2.Text =" "
Text3.Text=" "
Label.Caption=" "
End Sub
Private Sub cmdExit _ Click()
End
End Sub
```

（5）运行程序，出现图 3-9 所示的界面，输入数据后结果如图 3-10 所示。

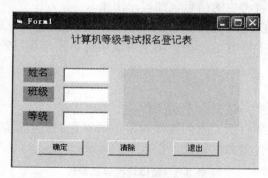

图 3-9　运行程序时的界面

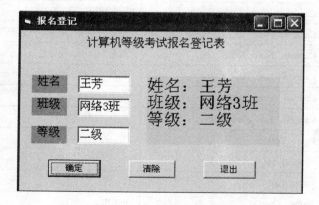

图 3-10　输入数据后结果

注意：在"代码"窗口中可以使用续行符（一个空格后面跟一个下划线）将长语句分成多行。由于使用续行符，无论在计算机上还是打印出来的代码都变得易读。

3.3.2　标签控件的方法

标签控件支持 Move 方法，用于实现标签的移动。

例如，设窗体上有一个标签控件 Label1，运行时，单击该标签控件，使该标签控件向右移动 500 twip。可以通过如下代码实现：

```
Private Sub Label1 _click( )
Label1．Move Label1．Left+500
End Sub
```

Visual Basic

3.4　文本框控件 TextBox

文本框控件用来接收用户输入的信息。通常用做接收输入的参数、变量的初值、查询的信息及程序继续运行所必须的数据。TextBox 接收到的信息会显示在文本框中，在文本框中可以编辑、修改输入的信息。

3.4.1　文本框的属性

TextBox 具有多行显示功能，根据控件尺寸和输入信息的多少自动换行。也可在程序运行时为 Text 属性赋值，起输出信息的作用。

TextBox 控件常用的属性有 Name 属性、Text 属性（主要属性）、Alignment 属性、Enabled 属性、Locked 属性、Multiline 属性、PasswordChar 属性。

其中，Text 属性的内容就是显示在 TextBox 控件上的内容，可将 Locked 属性设为 True 或将 Enabled 属性设为 False，使其变为只读，即 TextBox 中的文本只能被访问，不能被改变；PasswordChar 属性的作用是，将文本的显示内容全部用该属性值替代，这对于设置密码的程序很有用。

表 3-6 列出了文本框的所有属性及其含义。

表 3-6　文本框的属性

属　性　项	说　　　　明
Name	设置文本框对象名称
Alignment	设置 Text 文本的对齐方式，0——左对齐，1——右对齐，2——中间对齐
Appearance	设置是否要用立体效果显示文本，0——平面，1——3D
BackColor	设置背景色
BorderStyle	设置边界模式，0——无边界线，1——固定单线框

续表

属 性 项	说　明
CausesValidation	当该控件获得焦点时，第二个控件的 Validate 文件是否发生，取值 True / False
DataField	设置此对象链接到数据表的字段名称
DataMember	返回一个对 DataMembers 集合的引用
DataSource	设置该对象链接到数据源的名称
DragIcon	设置该对象在拖动过程中鼠标的图标
DragMode	设置拖动该对象的模式，0——Manaul，1——Automatic
Enabled	设置控件是否对事件产生响应，取值为 True / False，设为 False 时图标模糊
ForeColor	设置前景颜色
Font	设置字体及字号等
Height	设置对象的高度
HelpContextID	设置帮助说明的主题编号
HideSelection	设置 MsgBox 在没有停驻点时，其选取范围是否要除去，取值为 True / False
IMEMode	设置输入方法的应用模式，0——无，1——打开，2——关闭，3——暂停
Index	设置对象数组中的一个成员编号
Left	设置控件对象距离窗体左边框的距离
LinkItem	与另一个应用程序进行 DDE 链接时，传递给目的端的数据项
LinkMode	设置进行 DDE 联系中使用的链接形态
LinkTimeOut	设置此对象等待 DDE 回应时所能容许的时间
IinkTopic	设置进行 DDE 应用链接的主题
Locked	设置是否锁住文本框的 Text 属性的内容，取值为 True / False
MaxLength	设置可在文本框中输入的最多字符数
MouseIcon	MousePointer=99 时，自定义一个鼠标的图标
MousePointer	设置光标在对象上时的形状，有 0～15 可选，99 为自定义
MultiLine	设置是否可以输入多行文本，取值为 True / False
OLEDagMode	设置此对象在作为 OLE 拖放区时是否一定要通过过程控制
OLEDropMode	设置此对象是否可以作为 OLE 对象的拖放区
PasswordChar	将 Text 的内容全部显示为该属性值
RightToLeft	文本显示的方向是否是自右向左，取值为 True / False
ScrollBars	设置边框滚动条模式，0——无，1——水平，2——垂直，3——水平和垂直
TabIndex	设置此对象在父窗体中的对象编号
Tag	保存额外的数据
Text	文本框中包含的文本内容，该属性为文本框的默认属性，访问一个对象的默认属性时可以只使用对象名而省略属性名
ToolTipText	设置该对象的提示行
Top	设置控件对象距离窗体项部的距离

属 性 项	说 明
Visible	设置此对象的可见性，取值为 True / False
WhatsThisHelplD	此对象使用帮助说明的索引号
Width	设置对象的宽度

例 3-8　设计两个标签，一个文本框，三个按钮。

文本框用来接收输入的多行字符，在第二个标签中输出其对应的多行字符，三个命令按钮分别为"确定"、"清除"、"退出"。

分析：本实例主要是对文本框属性的使用，只有当 MultiLine 属性为 True 时 ScrollBoars 属性的选项才有意义。ToolTipText 属性是设置当鼠标停留在文本框上时的提示信息。

设计步骤如下：

（1）建立一个工程：选择"文件"下拉菜单的"新建工程"选项，打开"新建工程"对话框，选择"标准 EXE"选项后单击"打开"按钮。

（2）在窗体上添加控件：在窗体适当位置添加两个标签，一个文本框和三个命令按钮。

（3）设置控件对象属性，如表 3-7 所示。

表 3-7　控件对象属性

控 件	属 性 项	属 性 值
Form1	Caption	文本框示例
Label1	Caption	请在下面的文本框中输入文字
Label2	Caption	为空
Text1	Text	为空
	Font	宋体、五号
	MultiLine	True
	ScrollBoars	3—水平和垂直
	ToolTipText	可输入多行的文本框示例
Command1	Caption	确定
Command2	Caption	清除
Command3	Caption	退出

（4）编写程序代码：

```
Private Sub Command1_Click( )
Label2. Caption=Text1. Text
End Sub
Private Sub Command2_Click( )
Text1. Text=" "
Label2. Caption=" "
End Sub
Private Sub Command3_ Click( )
```

```
        End
    End Sub
```

（5）运行程序：单击工具栏上的"启动"按钮或按下 F5 键。输入多行文字，单击"确定"按钮后的运行结果如图 3-11 所示。

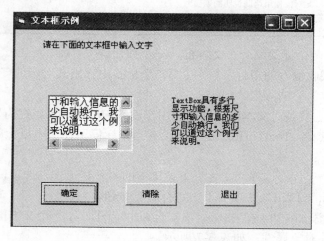

图 3-11 例 3-8 运行结果示意图

3.4.2 文本框的事件

文本框除了支持鼠标的 Click、DblClick 事件外，还支持 Change、GotFocus、LostFocus 等事件。

- Change 事件：当用户向文本框输入新的内容，或在程序代码中对文本框的 Text 属性进行赋值从而改变了文本框的 Text 属性时，将触发 Change 事件。在 Change 事件过程中应避免改变文本框自身的内容。
- GotFocus 事件：当运行时用 Tab 键或用鼠标单击对象，或用 SetFocus 方法设置焦点时，触发该事件，称为"获得焦点"。该事件适用于窗体和大部分可接受键盘输入的控件。
- LostFocus 事件：当按下 Tab 键使光标离开当前对象，或者用鼠标选择窗体的其他对象时触发该事件，称为"失去焦点"。

在设计阶段，双击窗体上的文本框，进入代码窗口，直接显示该文本框的 Change 事件过程模板。

3.4.3 文本框的方法

SetFocus 方法是文本框常用的方法，该方法把光标移到指定的文本框中，使该文本框获得焦点。当在窗体上建立了多个文本框后，可以使用该方法把光标置于所需要的文本框上。

例如，Text1．SetFocus 表示将焦点定位在文本框 Text1 中。

习　题

一、选择题

1. 以下叙述中正确的是_____。

    A. 窗体的 Name 属性指定窗体的名称，用来标识一个窗体

    B. 窗体的 Name 属性的值是显示在窗体标题栏中的文本

    C. 可以在运行期间改变对象的 Name 属性的值

    D. 对象的 Name 属性值可以为空

2. 以下关于窗体的描述中，错误的是_____。

    A. 执行 UnloadForm1 语句后，窗体 Form1 消失，但仍在内存中

    B. 窗体的 Load 事件在加载窗体时发生

    C. 当窗体的 Enabled 属性为 False 时，通过鼠标和键盘对窗体的操作都被禁止

    D. 窗体的 Height、Width 属性用于设置窗体的高和宽

3. 以下叙述中错误的是_____。

    A. 双击鼠标可以触发 DblClick 事件

    B. 窗体或控件的事件的名称可以由编程人员确定

    C. 移动鼠标时，会触发 MouseMove 事件

    D. 控件的名称可以由编程人员设定

4. 程序运行后，在窗体上单击鼠标，此时窗体不会接收到的事件是_____。

    A. MouseDown   B. MouseUp   C. Load   D. Click

5. 如果要改变窗体的标题，则需要设置的属性是_____。

    A. Caption   B. Name

    C. BackColor   D. BorderStyle

6. 窗体的边框类型 BorderStyle 属性默认是 Sizable，表示_____。

    A. 窗体没有边框   B. 窗体是固定单边框

    C. 固定对话框   D. 窗体边框是可调整的

7. 将命令按钮设为窗体的取消按钮要设置的属性是_____。

    A. Quit   B. Cancel

    C. 不能实现   D. 以上都不对

8. 标签控件中，要更改文字对齐方式的属性项是_____。

    A. Justify   B. Font

    C. Alignment   D. 以上都不是

9. 要使文本框可输入多行文字，要更改的默认选项是_____。

    A. ScrollBars 和 MultiLine   B. MultiLine

    C. ScrollBars   D. 以上都不是

10. 下列控件中没有 Pictrue 属性的是_____。

    A．窗体   B．标签

    C．命令按钮   D．以上都不是

二、填空题

1．在 Visual Basic 中，窗体的窗口状态 WindowState 属性有三种，分别是_____、最小化状态和最大化状态。

2．当程序运行装入窗体时，最先触发的是_____事件。

3．在程序运行当中，一个窗体得到焦点时，最先触发的是_____事件。

4．补充下面的程序代码，使得当单击窗体上的命令按钮 Commnmnd1 时，该窗体高度缩小 1/2，宽度增加 1 倍。

```
Private Sub Command1_Click( )
Forml．Height=_____
Forml．Width=_____
End Sub
```

5．补充下面的程序代码，使得当单击窗体上的命令按钮 Command1，该窗体上的文本框对象 Text1 隐藏，再次单击，又重新显示。

```
Private Sub Command1_Click( )
Textl．Visible=_____
End Sub
```

6．补充下面的程序代码，使得当单击窗体上的命令按钮 Command1，该窗体上的标签对象 Label1 失效。

```
Private Sub Command1_Click( )
Label1．Enabled=_____
End Sub
```

三、编程

1．启动 Visual Basic，新建一个标准 EXE 工程，建立三个文本框和两个命令按钮，如图 3-12 所示。运行时，用户在文本框 Text1 中输入内容的同时，文本框 Text2 和 Text3 显示相同的内容，但显示的字体不同（字体自定）。单击"清除"按钮清空三个文本框中的内容，单击"退出"按钮结束程序的运行。

提示：要在 Text1 改变内容时改变 Text2 和 Text3 的内容，需要使用文本框的 Change 事件。

2．设计如图 3-13 所示的界面。运行时按下某命令按钮对文本框中的文字完成相应的设置。

其中，每按一次"增大"或"缩小"按钮将使文本框中的文字增大或缩小 5 磅。

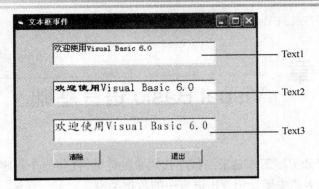

图 3-12 界面设计

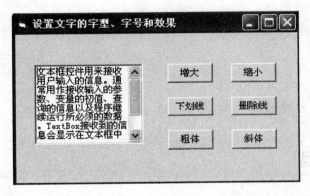

图 3-13 设置文字的字型、字号和效果

提示：其中文本框的字号属性为 FontSize，下划线属性为 FontUnderline，删除线属性为 FontStrikethru，粗体为属性 FontBold，斜体属性为 FontItalic。

第4章

Visual Basic 语言基础

程序中的大部分实际工作是采用程序代码来处理的,任何一个程序设计语言都有一套严格的编程规定。本章主要介绍 VB 语言中的数据类型、常量、变量、运算符、表达式和常用内部函数及它们的使用。

主要内容:
- 数据类型
- 常量与变量
- 表达式
- 常用内部函数
- 程序代码编写规则

Visual Basic

4.1 数据类型

现实生活中我们常常遇到各种不同的类型的数据,例如,描述一个人有姓名、身高、体重、出生日期、婚否等信息,这些信息都有固定的规则进行记录,姓名是字符,而身高和体重要用数字,出生日期要用日期,婚否必须要用是或否来表示。在计算机程序设计语言中,为了更真实地反映现实世界,总是尽量在计算机语言中也使用不同的表示形式来标识和记录这些数据,这就是程序设计语言中的数据类型。

4.1.1 数值型(Numeric)

VB 的数值型数据分为整型数和浮点数两类。整型数又分为整数和长整数;浮点数分为单精度浮点数和双精度浮点数。

(1)整型数(Integer):不带小数点和指数浮号的数都是整型数。

整数:1 个整数占 2 字节内存,取值范围为-32768~32767。

长整数(Long):1 个长整数占 4 字节内存,取值范围为-2147483648~2147483647。

(2)浮点数:带有小数点或写成指数形式的数即为浮点数(也称实行数)。

注:数 12 和数 12.0 对计算机来说是不同的,前者是整数(占 2 字节),后者是浮点数(占 4 字节)。

单精度数(Single):1 个单精度数占 4 字节内存,有效数字精确到 7 位十进制数。其负数的取值范围为 $-3.402823E+38 \sim -1.401298E-45$,正数的取值范围为 $1.401298E \sim$

3.402823E+38（E 表示 10 的次方）。

双精度数（Double）：1 个双精度数占 8 字节内存，有效数字精确到 15 位或 16 位十进制数。其负数的取值范围为-1.7976931348623D+308～-4.940656458412D-324，正数的取值范围为 4.940656458412D-324～1.7976931348623D+308（D 表示为 10 的次方）。

浮点小数通常使用科学计数法来表示，单精度数用"E"或"e"表示指数部分，如 1.234567E+09，双精度数用"D"或"d"表示指数部分，如 1.234567D+09，指数浮号左边的数字部分指定了有效位数，当给定的数字超过有效位数时，系统会自动四舍五入截断多余的位数，例如，给定数为 12.345678E+09，系统会保存为 1.234568E+10。

4.1.2 字符串型（String）

除数字之外，我们更常见的数据类型是字符形式的，它是由标准的 ASCII 字符和扩展 ASCII 字符组成，有英文字符，也有中文字符或数字，可能是一个英文字母或汉字，也可能是一串文字，它们在 VB 中均视作字符串类型，字符型数据必须用双引号括起来。

例如：

> "张三"
> "abc"
> "12345"

提示：如果"12345"不写上双引号，则 12345 就不是字符型数据而是数值型数据了。若双引号中没有任何字符，称为空字符串，长度为 0。两个双引号间不能有空格，否则不是空字符串。

字符串分为两种：定长字符串和变长字符串。

定长字符串：最大长度不超过 65535 个字符。

变长字符串：长度不确定，可以为从 0 到约 21 亿个字符。

4.1.3 货币型数据（Currency）

货币型数据是专门用来表示货币数量的数据类型。其特点是，小数点后的有效位数是确定的，固定为 4 位。计算的结果将小数点后 4 位以后的数字舍去。

货币数据占 8 个字节内存，取值范围为-922337203685477.5808～922337203685477.5807。货币型数据与浮点型数据都是带小数点的数，但二者有区别：货币型数据的小数点是固定的，而浮点数据中的小数点是"浮动"的。

4.1.4 日期型（Date）

日期和时间是具有特殊格式的数字，必须由年、月、日及小时、分、秒组成，共占用 8 字节。日期数据必须用两个##括起，日期型的书写格式为 mm/dd/yyyy 或 mm-dd-yyyy，或是可以辨认的文本日期。取值范围为 100 年 1 月 1 日～9999 年 12 月 31 日。以下都是合法日期：

```
    #12/8/98#
    #2006-2-21   12:00:00   AM#
    #May   1, 2005#
```

4.1.5　对象型（Object）

自从有了面向对象的程序设计后，将事物的属性和可执行的操作封装起来作为一个整体来看待，这就是对象，例如，窗口对象，有高、宽、位置、颜色等属性，能完成变大、变小、移动等操作，所有的控件都是对象。与简单的数据类型不同，对象无法用一个单一的数字或文字表示清楚，所有这样复杂的数据或事物都可以使用对象类型来表示。

当然对象类型有很多特定类型，如窗口和文本框就是不同的特定对象类型，不同特定对象类型之间一般没有相互转换的意义，但它们都属于 Object 类型。

一个对象类型的数据需要占用 4 字节，但这 4 字节只是一个对象的引用，即存放地址，真正的对象内容存放在该地址所指的位置开始的空间里。

4.1.6　布尔型（Boolean）

布尔型数据也称为逻辑型数据，占 2 字节内存。

布尔型数据取值只有两种：Ture（真）和 False（假）。

4.1.7　变体型（Variant）

变体型是 VB 提供的一种万能数据类型，除定长字符串以外，它可以表示上述任何数据类型的数据，根据值的不同可以变化数据类型。当给它赋一个字符型数据，它就是字符型数据，当给它赋一个数值型数据，它又变成数值类型。

变体类型最常用到的地方是取集合中的元素，因为集合本身没有类型的概念，只是一个容器，负责管理一个或多个数据元素，这些数据元素可以是任意的数据类型，当我们一个一个取出集合元素时使用变体类型是最合适的。

4.1.8　自定义类型

当开发特殊的应用时，其数据可能具有与众不同的特点，可以自定义数据类型来管理它们。

VB 允许用户用 Type 语句定义自己的数据类型，称为记录类型。其特点是，这种类型的数据由若干个不同类型的基本类型数据组成。

Type 语句的语法如下：

```
Type  自定义类型名
    元素名 As 数据类型
    元素名 As 数据类型
    元素名 As 数据类型
    …
End Type
```

例 4-1　学生的成绩完成后，总是有一组数据，它们一起出现并且有一定的联系，可以使用 Type 语句设计一种新的数据类型来存放这些指标数据，以下的数据类型用来表示学生的成绩数据。为了提高程序的可读性，复杂的类型一般在每个元素后以单引号开始为其写上注释文字。

```
Type  Score
    Sbj  AS  String   '班级名
    Sxm  AS  String   '姓名
    Syw  AS  Integer  '语文成绩
    Ssx  AS  Integer  '数学成绩
    Syy  AS  Integer  '英语成绩
End Type
```

在后面就可以使用"Score"类型来保存一组数据了。

这里也可以用另种方式定义，这种定义方法可以一次性定义控件的属性，例如：

```
Private Sub Form_Load()
    With Command1
        .Caption = "OK"
        .Visible = True
        .Top = 200
        .Left = 5000
        .Enabled = True
    End With
End Sub
```

Visual Basic

4.2　常量

有一些数据不管在什么情况下都不会发生改变，如圆周率总是 3.14。在程序运行期间其值不会发生改变的量，称为常量。在 VB 中常量有两种形式，一种是直接常量，另种是符号常量。

4.2.1　直接常量

直接常量就是在程序代码中，以直接明显的形式给出的数。根据常量的数据类型分，直接常量又分为字符串常量、数值常量、布尔常量、日期常量等。例如：

> "江西师范大学"为字符串常量,长度为 12
>
> 12345 为数值常量
>
> Ture 为布尔常量
>
> #12/1/2005# 为日期常量

4.2.2 符号常量

符号常量分为内部（系统自定义）常量和符号（用户定义的）常量两种。

内部常量是 VB 和控件提供的，可以在"对象浏览器"查看到内部常量。在 Visual 内部常量又称预定义常量，在编程的过程中可以直接使用。内部常量通常以 VB 打头，例如，VbYesNo，VBYesNoCancel 等。

在程序设计中，经常会遇到一些多次出现或难以记忆的书，在这些情况下，最好使用为常量命名的方法来取代代码中出现的书，从而提高代码的可读性和可维护性。这种命名的常量称为符号常量。符号常量在使用前需要使用 Const 语句进行声明。

声明的格式如下：

> Const　　<常量名>[As <类型>]=<表达式>

Visual Basic
4.3 变量

数值存入内存后，必须用某种方式访问它，才能够执行指定的操作。在 VB 中，可以用名字表示内存单元，这样就能访问内存中的数据。一个有名称的内存单元称为变量。和其他语言一样，Visual Basic 在执行应用程序期间，用变量临时存储数值，变量的值可以发生变化。每个变量都有名字和数据类型，通过名字来引用一个变量，而通过数据类型来确定该变量的存储方式。

简单的来说变量就是在程序运行过程中其值可以改变的量。

1．变量的命名规则

（1）VB 变量名只能用字母、数字和下划线组成，变量名中不能包含小数点。

（2）VB 变量名的第一个字符必须是字母或汉字，最后一个字符可以是类型说明符，且组成变量名的字符数不得超过 255 个字符。

（3）不得使用 VB 的保留名或保留名后加上类型说明符来作为变量名。

（4）变量名在同一个范围内必须是唯一的。

（5）为了增加程序的可读性，一般在变量名前加上一个表示该变量数据类型的前缀。

2．变量声明

1）用类型说明符表示变量

将类型说明符放在变量名的尾部，可以表示不同的变量，如%表示整型、&表示长整型、!表示单精度型、#表示双精度型、@表示货币型，$表示字符串型。例如：

| strName$ | dblNum% | curWage@ |

2）用声明语句声明变量

用声明语句声明变量的语法为

[Dim|Private|Static|Public|Redim]<变量名 1>[As<类型>][,<变量名 2>[As<类型 2>]]...

注意：Dim|Private|Static|Public|Redim 这几个都是申请变量用的：

Private, Public, Static 也可以用于函数,过程

Dim 可以用于一个模块，当成 private 用（只是申请变量），但主要用于一个过程。函数的申请变量，在模块中申请的变量（看下面 private），在过程、函数中申请的变量，存活时间就限于本过程、本函数，过程函数结束了，这个变量在内存中也不存在了。

Private 用于模块中，是私有的，申请的变量一直存在，除非移除了本模块。

Public 是公共的，可以在整个程序中调用，用于模块，不能用于类模块中来申请变量。

Static 主要就是用于一个过程 / 函数内部，其值会存在内存中，就算过程 / 函数已经执行过了。

Redim 是重新定义变量的声明。

3）隐式声明变量

在默认状态下，VB 中可以不进行变量声明，此时变量类型默认为变体类型，称为隐式声明，但是这样做可能由于变量名的误写而产生不良后果。

4）强制声明变量

如果在代码中写上 option explicit，那么就要把程序中所有变量都要 dim，强制要求声明，不然程序就会报错；但是如果没有 option explicit，就是隐式，意思就是系统会根据需要给你选派变量类型，一般是 variant，就是变体型，但是占的空间比较大。

3. Variant 数据类型（变体型）

Variant 数据类型是所有没被显式声明为其他类型变量的数据类型。

变体型数据可以表示任何的数据，也就是说这种变体数据的类型是可变的。当给它赋一个字符型数据，它就是字符类型，当给他赋一个数值型数据，它又变成数值类型。

4. 关于变量声明的说明

（1）没有被显示声明的变量都被 Visual Basic 定义为变体变量。

（2）用类型说明符声明的变量在使用时可以省略类型说明符。

（3）Dim a,b,c As Integer 是错误的，本意是将 a,b,c 都声明为 Integer，但实际上只有 c 被声明成 Integer，而 a,b 默认为 Variant 类型。

（4）使用不带 As 的 Dim 语句，会被声明为 Variant 类型的变量，例如，Dim x 语句与 Dim x As Variant 语句等价。

4.4 表达式

用运算符将运算对象（或称为操作数）连接起来即构成表达式。表达式表示了某种求值规则。操作数可以是常量、变量、函数、对象等。

1．表达式的组成

表达式由变量、常量、运算符、函数和圆括号按一定的规则组成，表达式的运算结果的类型由参与运算的数据类型和运算符共同决定。

2．表达式的种类

根据表达式中运算符的类别可以将表达式分为算术表达式、字符串表达式、日期表达式、关系表达式和逻辑表达式等。

1）算术表达式

算术运算符用于数学计算，VB 有 8 个算术运算符（其中减号运算符和取负运算符形式相同），在这 8 个算术运算符中，只有取负 "−" 是单目运算符，其他均为双目运算符。

算术表达式也称数值表达式，是用算术运算符把数值型常量、变量、函数连接起来的式子。特别注意的是算术表达式的运算结果是一个数值。表 4-1 为算术运算符列表。

表 4-1　算术运算符列表

运　算　符	作　　　用	运　算　符	作　　　用
^	数值的乘方	−	在数值前加负
*/	数值的乘除运算	\	整除，只取除法后的整数
Mod	取模，即求余数	+−	数值的加减运算

运算符优先级

　　^(乘方) → -(求负) → */ → \ → Mod（取模） →+-
　　　　　　　　　　　　同级左到右

说明：

（1）/ 和 \ 的区别：1 / 2=0.5，1 \ 2=0。

（2）Mod 用来求整型数除法的余数。

　　　例如：9 Mod 7　结果为 2

（3）在表达式中乘号不能省略，如 a*b 不能写成 ab（或 a·b）。

（4）括号不分大、中、小，一律采用圆括号。可以嵌套使用。

　　　例如：x[x(x+1)+1]　→　　x*(x*(x+1)+1)

2）字符串表达式

字符串表达式是采用连接符将两个字符串常量、字符串变量、字符串函数连接起来的式子。

连接符有两个：&和+，其作用都是将两个字符串连接起来，运算结果是一个字符串。

例如：

> "计算机"　&"网络"　　的结果是："计算机网络"
> "123"+　"45"　　　　　　　　的结果是："12345"
> "123"&"ABC"　　　的结果是："123ABC"

3）关系表达式

用一个比较运算符把两个表达式（如算术表达式）连接起来的式子。值为 True（真）和 False（假）。

例如：

> 3*2 < 8　　　　　　　　　　值为真
> "32" <= "3"　& "2"　　　　　值为真
> 6 > 8　　　　　　　　　　　值为假
> 7 >= 9　　　　　　　　　　 值为假
> "ac" = "a"　　　　　　　　　值为假
> 3 <>6　　　　　　　　　　　值为真

说明：

（1）所有比较运算符的优先级都相同。

（2）日期型数据看成"yyyymmdd"的 8 位整数，按数值大小比较。

（3）字符型数据按其 ASCII 码值进行比较。

> "A"　小于 "B"
> "a"　大于　"A"
> "ABC"　大于　"AB2"
> "ABC"　大于"AB"

（4）Like 和 Is

> Like 称为字符串匹配,Is 用来比较两个对象的引用变量

4）逻辑表达式

用逻辑运算符把关系表达式或逻辑值连接起来的式子。

逻辑表达式的值是一个逻辑值

> 例如：数学式 1≤x<3　　可以表示为　1 <=x And x<3

常用逻辑运算符有 And（与）、Or（或）、Not（非）

例如：

> Not (2<3)　　　　　　　2<3 为真,再取反,结果为假
> 3>=3 And 4<5+1　　　　两个关系表达式为真,结果为真
> "3" <= "3" Or 5<3　　　"3"<="3"为真，结果为真

说明：

（1）逻辑表达式的运算顺序如下：

先算术运算或字符串运算，再比较运算，后逻辑运算。括号优先，同级运算从左到右执行。

（2）按 Not、And、Or 的优先次序进行

例如：　　　3<>2　And　Not　4<6　Or　"12" = "123"

先进行 Not 运算，则有，真 And 假 Or 假，再进行 And 运算后进行 Or 运算，结果为假（False）。

5）日期表达式

日期表达式是用运算符（+或−）将算术表达式、日期型常量、日期型变量和函数连接起来的式子。

有以下三种运算方式。

（1）两个日期型数据相减，其结果是一个数值型数据（相差的天数）。

例如：#8/8/2001# - #6/3/2001#　　的结果为：66

（2）日期型数据加上天数，其结果为一个日期型数据。

例如：#12/1/2000#+31　　的结果为：#01/01/2001#

（3）日期型数据减去天数，其结果为一个日期型数据。

例如：#12/1/2000#-32　　的结果为：#10/30/2000#

3. 表达式的书写规则

（1）每个符号占 1 格，所有符号都必须一个一个并排写在同一基准上，不能出现上标和下标。

（2）不能按常规习惯省略的乘号*，如 2x 要写成 2*x。

（3）只能使用小括号（），且必须配对。

（4）不能出现非法的字符，如π。

4. 表达式中不同数据类型的转换

如果表达式中操作数具有不同的数据精度，则将较低精度转换为操作数中精度最高的数据精度，即按 Integer、Long、Single、Double、Currency 的顺序转换，且 Long 型数据和 Single 型数据进行运算时，结果总是 Double 型数据。

5. 运算符的优先级

当表达式中存在多种运算符共存时，按如下优先级的先后进行运算：
算术运算符>字符运算符>关系运算符>逻辑运算符

Visual Basic

4.5　常用内部函数

内部函数是由 VB 系统提供的，每个内部函数完成某个特定的功能。在程序中使用函数称为调用函数.

函数调用的一般格式为

> 函数名（参数 1,参数 2,…）
> 参数(也称自变量)放在圆括号内,若有多个参数,以逗号分隔
> 函数调用后,一般都有一个确定的函数值,即返回值
> 例如：y=Sqr(289)

Sqr 是内部函数名，289 为参数，运行时该语句调用内部函数 Sqr 来求 289 的平方根，其计算结果由系统返回给变量 y。

VB 的内部函数大体上分为四大类：数学函数，字符串函数，日期与时间函数和转换函数。

4.5.1　数学运算函数

VB 中备有各种计算算术函数的子程序，在程序中要使用某个函数时，只要调用该函数就行了。常用的数学运算函数有以下几个。

1．Abs( ) 函数

格式：Abs(x)
功能：计算绝对值。
说明：x 为一个数值型量，函数值是一个大于或等于零的数值型量。

2．三角函数

格式：Sin(x)、Cos(x)、Tan(x)、Atn(x)
功能：计算角度的正弦值、余弦值、正切值和反正切值。
说明：x 为用弧度表示的数值型量，返回一个数值型量。

3．指数和对数函数

格式：Exp(x)、Log(x)
功能：这两个函数与数学中的 e 和自然对数相关，其中 e=2.718282。
说明：x 为一个数值型量。

4．取整函数

格式：Int(x)、Fix(x)、Round(x)

功能：返回参数的整数部分。

说明：Int 和 Fix 函数都会删除 x 的小数部分而只保留整数。但如果 x 为负数，则 Int 返回小于或等于 x 的第一个负整数，而 Fix 则会返回大于或等于 x 的第一个负整数。如 Int 将-8.4 转换成-9，而 Fix 将-8.4 转换成-8。

通常要取整数时，多半会采取四舍五入的方法，利用 Int 进行四舍五入可以使用 "Int(x+0.5)" 的方式。除此之外，也可以使用带有四舍五入功能的 Round 函数。

如 Round(1.5)的值是 2，而 Round(1.532，2)的值是 1.53，其中的 2 是要保留小数的位数。

5. 随机函数

格式：Rnd 或 Rnd(x)

功能：生成一个介于 0 和 1 之间的随机数。

说明：x>0 或默认 x 时，生成随机数；如果 x≤0 时，则生成与上次相同的随机数。

6. Sqr()函数

格式：Sqr(x)

功能：计算 x 的平方根。

说明：x 为一个数值型量，并且 x≥0，返回 x 的平方根。

7. Sgn()函数

格式：Sgn(x)

功能：返回一个整型数，表示参数的正负号。

说明：x 为一个数值型量，当 x>0 时，函数值为 1；x=0 时，函数值为 0；x<0 时，函数值为-1。

使用数学函数的几点说明：

（1）三角函数的自变量单位是弧度。

如 Sin47° 应写成 Sin(47*3.14159/180)。

（2）函数 Int 是求小于或等于 x 的最大整数。

例如： Int(2)=2, Int(-2.5)=-3

当 x≥0 时就直接舍去小数，若 x<0 则舍去小数位后再减 1。

利用 Int 函数可以对数据进行四舍五入。例如，对一个正数 x 舍去小数位时进行四舍五入，可采用如下式子：Int(x+0.5)。

当 x=9.4 时，Int(9.4 + 0.5)=9；

当 x=9.5 时，Int(9.5 + 0.5)=10。

（3）随机函数可以模拟自然界中各种随机现象，它所产生的随机数，可以提供给各种运算或试验使用。

Rnd 通常与 Int 函数配合使用。

生成[a, b]区间范围内的随机整数，可以采用

```
Int((b-a+1)*Rnd + a)
```

例如，Int(4*Rnd+1)可以产生 1～4 之间（含 1 和 4）的随机整数。可以是 1，2，3 或 4，这由 VB 运行时随机给定。

使用 Rnd 函数之前，先用 Randomize 语句来初始化随机数生成器。否则的话，对于同一段程序的多次运行，每次得到的运行结果都是一模一样的。

例 4-2　给定一个两位正整数（如 36），交换个位数和十位数的位置，把处理后的数显示在窗体上。

分析：要将一个两位的正整数交换位置，首先就要将十位数和个位数分别提取出来，再组合在一起就能够实现位置的交换了。因为不用在窗体上添加控件，所以窗体的属性设置可以用默认值，直接打开代码窗口输入代码。

编写的窗体单击事件过程代码如下：

```
Private Sub Form_Click()
        Dim x As Integer, a As Integer
        Dim b As Integer, c As Integer
        x = 36
        a = Int(x / 10)                         '求十位数
        b = x Mod 10                            '求个位数
        c = b * 10 + a                          '生成新的数
        Print "处理后的数: "; c
End Sub
```

运行程序后单击窗体，输出结果如图 4-1 所示。

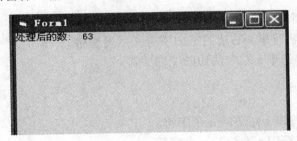

图 4-1　例 4-2 运行结果

例 4-3　通过随机函数产生两个两位正整数，求这两个数之和并显示出来 。

分析：使用随即函数如何控制范围，是随即函数使用的核心，使用随即函数控制范围的公式：生成[a, b]区间范围内的随机整数，可以采用

```
Int((b-a+1)*Rnd + a)
```

编写的窗体单击事件过程代码如下：

```
Private Sub Form_Click()
        Dim a As Integer, b As Integer, c As Integer
        Randomize                               '初始化随机数生成器
        a = Int(90 * Rnd + 10)                  '产生[10,99]区间内的随机整数
```

```
            b = Int(90 * Rnd + 10)
            c = a + b                                              '求两数之和
            Print "产生的两个随机数: "; a, b
            Print "和数: "; c
     End Sub
```

运行程序后单击窗体，输出结果如图 4-2 所示。

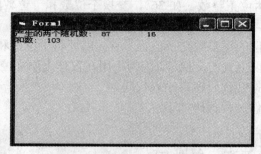

图 4-2　例 4-3 运行结果

4.5.2　字符串函数

字符串函数用于进行字符串处理。

常用字符串函数有以下几个。

1．删除空白字符串函数

LTrim(s)：去掉字符串 s 左边的空白字符（前导空格）。

RTrim(s)：去掉字符串 s 右边的空白字符（后置空格）。

Trim(s)：去掉字符串 s 左右两边的空白字符。

2．取子串函数

Left(s,n)：取字符串 s 左边的 n 个字符。

Right(s,n)：取字符串 s 右边的 n 个字符。

Mid(s,p,n)：从字符串 s 的第 p 个字符开始取 n 个字符。

3．字符串长度函数

Len(s)：返回字符串 s 的长度，即字符串所含字符的个数。

4．生成字符串函数

String(n,s)：取字符串 s 的第一个字符构成长度为 n 的新字符串。

5．生成空格函数

Space(n)：返回 n 个空格。

6．小写字母转换大写字母函数

UCase(s)：将字符串 s 中的小写字母转换为大写字母，其他字符不变。若字符串为 Null 时，返回 Null。

7．大写字母转换小写字母函数

LCase(s)：将字符串 s 中的大写字母转换为小写字母。

8．逆序输出函数

StrReverse(s)：将给定的字符串 s 逆序输出。若为空串，返回空串，若为 Null，则会出错。

9．字符串搜索函数

Instr(f,字符串 1,字符串 2,k)：在字符串 1 中，从第 f 个字符开始，搜索字符串 2 第一次出现的位置。

使用字符串函数的几点说明：

（1）函数 Mid("ABCDEG",3,2)的结果为"CD"。

若省略 n，则得到的是从 P 开始的往后所有字符，如 Mid("ABCDE",2)的结果为 "BCDE"

（2）在函数 Instr 中，f 和 k 均为可选参数，f 表示开始搜索的位置（默认值为 1），k 表示比较方式，若 k 为 0（默认），表示区分大小写；若 k 为 1，则不分大小写。

例如，Instr(3, "A12a34A56", "A") 的结果为 7

　　　　Instr(3, "A12a34A56", "A", 1) 的结果为 4

　　　　Instr("A12a34A56", "A") 的结果为 1

（3）在函数 String 中，字符也可以用 ASCII 代码来表示。

例如，String(6, 42) 与 String(6, "*")作用相同

例 4-4　先从字符串 a 中找出某个指定字符（本例为空格），再以此字符为界拆分成两个字符串。编写的窗体单击过程代码如下。

分析：字符串中的字符定位要注意的是字符串中有可能会出现相同的字符，所以要注意把字符串分开的字符位置。因为不用在窗体上添加控件，所以窗体的属性设置可以用默认值，直接打开代码窗口输入代码。

```
Private Sub Form_Click()
        Dim a As String, b As String, c As String, n As Integer
        a = "Visual └┘ FoxPro"                ' └┘ 表示空格
        n = InStr(a, " └┘ ")                   '查找空格位置
        b = Left(a, n - 1)                     '取左边部分
        c = Mid(a, n + 1)                      '取右边部分
        Print b                                '显示左边部分
        Print c                                '显示右边部分
End Sub
```

程序运行后单击窗体，输出结果如图 4-3 所示。

图 4-3　例 4-4 运行结果

4.5.3　日期和时间函数

日期/时间函数用于进行日期和时间处理。

常用的日期和时间函数有以下几个。

- Date()：返回当前系统日期。
- Day(x)：返回日期型数据 x 的日期值。
- Month(x)：返回日期型数据 x 的月份值。
- Year(x)：返回日期型数据 x 的年份值。
- Time()：返回当前系统时间。
- Weekday(x)：返回日期型数据 x 的星期值。
- Hour(x)：返回时间数据 x 的小时值。
- Minute(x)：返回时间数据 x 的分钟值。
- Second(x)：返回时间数据 x 的秒值。
- Now()：返回当前系统日期和时间。

说明：

函数 Weekday 返回值 1～7，依次表示星期日到星期六。

例 4-5　使用日期 / 时间函数示例。

```
Private Sub Form_Click()
    x = #1/1/2020#
    a = x – Date()
    b = Weekday(x)
    c = Year(Date())
    d = Month(Date())
    e = Hour(Time())
    f = Minute(Time())
    Print "现在距离 2020 年元旦还有：   "; a; "天"
    Print "2020 年元旦是：星期"; b-1
    Print "本月份是："; c; "年"; d; "月"
    Print "现在是："; e; "时"; f; "分"
End Sub
```

运行程序后单击窗体，输出结果如图 4-4 所示。

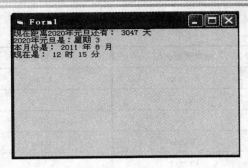

图 4-4　例 4-5 运行结果

4.5.4　类型转换函数

转换函数用于数据类型的转换。

常用的类型转换函数有以下几个。

1）求 ASCII 码值函数

格式：Asc(s)

功能：返回字符串 s 中第一个字符的 ASCII 码值。

2）求 ASCII 码函数

格式：Chr(n)

功能：返回数值 n 所对应 ASCII 字符。

3）字符串转换为数值函数

格式：Val(s)

功能：把字符串 s 转换为数值。

4）数值转换为字符串函数

格式：Str(n)

功能：把数值 n 转换为一个字符串。

说明：

（1）Val 函数将数字字符串转换为数值型数字时，会自动将字符串中的空格去掉，并依据字符串中排列在前面的数值常量来定值，例如：

```
Val("A12") 的值为 0
Val("12A12") 的值为 12
Val("1.2e2") 的值为 120
```

（2）Chr(13)得到一个回车符，Chr(10)得到一个换行符。

同时在程序运行过程中，Visual Basic 还提供了以下几种类型转换函数，见表 4-2，以实现数据类型之间的转换，例如：

```
PayPerMonth=Ccur(Weeks*WeeklyPay)    '将某个值转换为 Currency 类型
```

表 4-2 转换函数列表

转换函数	结果数据类型	转换函数	结果数据类型
CBool	Boolean	CLng	Long
CCur	Currency	CSng	Single
CDate	Date	CStr	String
CDbl	Double	CVar	Variant
CInt	Integer	CVErr	Error

例 4-6 使用转换函数的示例。

```
Private Sub Form_Click()
    x = "123"
    y = 123
    a = Chr(Asc(x) + 5)
    b = Str(Val(x) + 5)
    c = Val(Str(y) + "5")
    Print a,b, c
End Sub
```

运行程序后单击窗体，输出结果如图 4-5 所示。

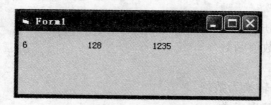

图 4-5 例 4-6 运行结果

4.5.5 判断函数

1）格式：ISArray(变量名)

功能：判断变量是否为数组，返回 Boolean 值。

2）格式：IsDate(表达式)

功能：判断表达式是否为日期，返回 Boolean 值。合法日期为 100 年 1 月 1 日～9999 年 12 月 31 日。

3）格式：IsEmpty(变量)

功能：判断变量是否已被初始化。若没有初始化，返回 1。

4）格式：IsNumeric(表达式)

功能：判断表达式是否为数字型。若是，返回 1。

Visual Basic

4.6　程序代码编码规则

（1）VB 代码不区分字符的大小写，但关键字将会自动转换为大写字母开头，后续字母为小写字母。

（2）一行可以书写多条语句，各语句之间用冒号"："分隔。

（3）一行书写不完的语句，可以在该行后加上续行符（由空格+下划线_组成），然后换行书写。

（4）一行最多为 255 个字符，一条语句最多含 1023 个字符。

（5）用户自定义的变量、过程名等，VB 以第一次定义为准，其后的输入自动转换。

（6）程序中可以使用标号用于程序的转向，标号为以字母开头、冒号结尾的字符串。

（7）注释行以 Rem 或撇号"'"开头，但是只有用撇号引导的注释可以出现在语句之后。可以使用"编辑"工具栏中的"设置注释块"命令将选定的若干行语句或文字设置为注释项，也可以使用"解除注释块"命令将选定的若干行解除注释。

（8）对象名命名约定：每个对象名由三个小写字母组成前缀和表示该对象的作用的缩写字母组成，前缀表明对象的类型，如 cmdExit 为一个退出按钮，cmdEnter 为一个确认命令按钮。

Visual Basic

习　题

一、选择题

1．下列_____符号不能作为 VB 中的变量名。

　A．ABCD
　B．E0065700
　C．123TWJGF
　D．zxy

2．函数 Int(Rnd*100)是在_____范围内的整数。

　A．（0，1）　　　　B．（0，100）　　　　C．（1，100）　　　　D．（1，90）

3．X 是大于 0 小于 45 的数，用 VB 表达式表示正确的是_____。

　A．0<=x<45
　B．0<=x<=45
　C．0<=x and x<45
　D．0<=x or x<45

4．如 x 是一个正实数，对 x 的第二位小数四舍五入的表达式是_____。

　A．0.1*Int(x+0.05)
　B．0.1*Int(10*(x+0.05))
　C．0.1*Int(100*(x+0.5))
　D．0.1*Int(x+0.5)

5．可以同时删除字符串前导和尾部空白的函数是_____。

　A．.Ltrim　　　　B．Rtrim　　　　C．Trim　　　　D．Mid

6．下面语句的输出结果是_____。

Print Format $(12345.6,"000,000.00")

A．12345.6
B．12345.6
C．012345.60
D．12345.60

二、填空题

1．_____是在程序运行过程中，其值不会发生变化，_____是在程序运行过程中，其值可以发生变化的量。

2．Visual Basic 在同一行可以写多条语句，中间用_____分割，单行语句可分为多行书写，在本行最后加入续行符号_____。

3．自定义类型中的元素类型可以是字符串，但该字符串必须是_____。

4．Visual Basic 在数据后面可以加上符号表示不同的数据类型，&表示____，@表示____，!表示_____。

5．表达式 Int(-18.6)的值为_____。

6．字符串运算符"+"连接两边的操作数必须是_____。

三、简答题

1．VB 提供了哪些标准的数据类型？声明类型关键字是什么？

2．在 VB 中对于没有赋值的变量，系统的默认值是多少？

3．根据条件写出 VB 表达式。

a．随即生成 50～100 之间的正整数。

b．表示 x 是 3 或 13 的倍数。

c．x 和 y 中有一个不等于 z。

第5章

程序结构

程序界面设计完成后，就可以编写事件代码来驱动程序运行，编写的代码称为计算机程序。控制结构程序设计是程序设计最重要的组成部分。一个程序总体上是根据解题的思路，按计算或数据处理的先后次序编写的，从而形成了程序的顺序结构，称为顺序控制结构。但有时候需要打破这种执行规则，根据条件进行转移，或跳转到前面去重复执行某些程序行，或跳过某些程序行转移到后面去执行。这就形成了选择结构和循环结构。

本章重点介绍三种基本的程序结构，学会使用 If...else 和 Select...Case 语句执行分支选择，掌握 Do...Loop 和 For...Next 等几种循环语句的用法。

主要内容

- 顺序结构
- 选择结构
- 循环结构

Visual Basic

5.1 顺序结构

顺序结构是一种最简单的程序结构。这种结构是按"从上到下"的顺序依次执行语句的，中间既没有跳转语句，也没有循环语句。

一个计算机程序通常分为输入、处理和输出三部分，计算机通过输入操作接收数据，然后对数据进行处理，并将处理完的数据以完整有效的方式提供给用户。VB 的输出、输入操作有着十分丰富的内容和形式。

5.1.1 数据输出

程序运行结果的输出方法有多种，这里介绍几种常见的 VB 程序数据输出的方法。

1. Print 方法

Print 方法的语法格式为

[对象名.]Print [表达式][;1,]

功能：在窗体、图片框、打印机等对象中，用来显示文本字符串和表达式的值。其中，对象名：窗体、图片框、打印机等对象。

表达式：要打印的数值表达式或字符串表达式。

;（分号）：定位在上一个显示的字符之后。

,（逗号）：定位在下一个打印区开始处。

2．与 Print 方法有关的函数

与 Print 相配合的函数有以下几个。

1）Tab 函数

与 Print 方法一起使用，对输出进行定位。

格式：Tab[(n)]

功能：把光标或打印头位置移到数值 n 所指定的列数，从此列开始输出数据。要输出的内容放在 Tab 函数后面，可以用分号隔开。无参数 Tab 将插入点定位在下一个打印区的起始位置。

当在一个 Print 方法中有多个 Tab 函数时，每个 Tab 函数对应一个输出项，各输入项之间用分号隔开。

例如：

```
Private Sub Form_Click()
    Print "12345678901234567890"
    Print Tab(5); "5"; Tab(10 - 2); "8", '注意这里 10-2>当前位置 5，故同行显示"
    Print Tab(5); "5"; Tab(10 - 6); "4"; Tab(20 - 15); "5"; " '注意这里 10-6<当前位置 5，故换行
显示；20-15>当前位置 4，故同行显示"
    End Sub
```

程序执行结果如图 5-1 所示。程序中已经对程序显示特点做出解释。

图 5-1   Tab 与 Print 结果显示

2）Spc(n)函数

格式：Spc(n)

功能：在显示或打印下一个表达式之前插入 n 个空格，Spc 函数和输出项之间可用分号隔开。

Spc 函数与 Tab 函数的作用类似，可以互相代替。但应注意，Tab 函数从对象的左端开始记数，而 Spc 函数只表示两个输出项之间的间隔。

3）使用位置属性

位置属性 CurrentX 和 CurrentY 常用来把文本精确地输出到窗体、图片框或打印页上。这两个属性分别表示当前输出位置的横坐标与纵坐标。

格式：

```
[对象名称].CurrentX [=x]
[对象名称].CurrentY [=y]
```

3．清除方法 Cls

Cls 将清除图形和打印语句在运行时所产生的文本和图形，清除后的区域以背景色填充。但是设计时在 Form 中使用 Picture 属性设置的背景位图和放置的控件不受 Cls 影响。
语法：

```
[〈对象名称〉.]Cls
```

例如，为了在运行时双击窗体时清除图片框中的文本，编写的程序为

```
Private Sub Form_DblClick()
    Picture1.Cls              '清除图片框中的文本
End Sub
```

如果将代码由 Picture1.Cls 改为.Cls，将无法清除图片框中的文本。

4．使用"标签"控件的输出

标签（Label）是 VB 中最常用的输出文本信息的工具，目前几乎完全取代了 Print 方法。
例 5-1　建立一个 Label 控件和 Command 控件，加入如下代码，运行程序。

```
Private Sub Command1_Click()
    Label1.WordWrap = True
    Label1.AutoSize = True        '自动使用内容
    Label1.BorderStyle = 1        '加上边框
Label1.BackColor = &H80000014      '背景色控制
Label1.Caption="标签框输出示例"
End Sub
```

由运行结果可知，单击命令按钮后，标签控件可以自动适用内容，并自动换行，且加上边框，背景色为白色以突出显示文字。

5．使用 TextBox 控件输出

通过给文本框的 Text 属性赋值来显示数据。
例如，设文本框名字（name）为 Text1，则
Text1.Text="这是一种显示方法"
在文本框中显示：这是一种显示方法。

6．使用 Format 函数设置输出格式

格式输出函数 Format()可以是数值、日期或字符串按用户指定的格式输出。如果要修饰数字的格式，可以利用 Format 函数把数字值转换为文本字符串，从而能够对该字符串

的外观进行控制。例如，可以指定小数的位数、前导和尾部零的格式等。它的语法格式为

格式：Format(表达式[,格式字符串])

功能：将数值型量转换为字符型量，并根据格式字符串中的结构将其格式化。

说明："表达式"参数是要格式化的数值，Format 参数是字符串，它是由一些符号组成的，这些符号用来说明如何确定该数字的格式。表 5-1 列出了一些常用的符号。

表 5-1　常用数值格式化符

符　号	作　用	数值表达式	格式化字符串	显示结果
0	实际数字小于符号位数时，数字前后加 0	1234.567	"00000.0000"	01234.5670
		1234.567	"000.00"	1234.57
#	实际数字小于符号位数时，数字前后不加 0	1234.567	"#####.####"	1234.567
		1234.567	"###.##"	1234.57
.	加小数点	1234	"0000.00"	1234.00
,	加千分位	1234.567	"##,##0.0000"	1,234.5670
%	数值乘 100，加百分号	1234.567	"####.##%"	123456.7%
$	在数字前加$	1234.567	"$###.##"	$1234.57
+	在数字前加+	−1234.567	"+###.##"	+-1234.57
−	在数字前加-	1234.567	"-###.##"	−1234.57
E+	用指数表示	0.1234	"0.00E+00"	1.23E-01
E-	用指数表示	1234.567	".00E-00"	.12E04

除此之外，Format 函数还可以对日期、时间、文本等进行格式化，这里不再介绍。

5.1.2　数据输入

1．使用"文本框"控件进行输入

VB 中，允许用户输入文本信息的最直接的方法是使用文本框。文本框是一个文本编辑区域，用户可以在该区域中输入、编辑和显示文本内容。关于文本框的常用属性，我们在第 3 章中已作了介绍。

2．SetFocus 方法

使某个控件获得焦点，可以有多种方法：

（1）直接单击这一控件。

（2）按 Tab 键（或 Tab+Shfit 组合键）按规定的次序在各控件之间移动焦点。

（3）在代码中使用 SetFocus 方法使得某一控件获得焦点。

使用 SetFocus 方法的格式为

`<对象名称>.SetFocus`

其中，

`<对象名称>`：为对象表达式，其值为可以获得焦点的控件对象名称。

例 5-2　在一个工程中，有三个文本框，增添一个命令按钮，单击该按钮时将清空所有文本框中的内容，并将焦点定位在第一个文本框中，等待数据的输入。

1）增加 Command 命令按钮

在窗体的合适位置增加一个 Command 命令按钮，调整其大小。在窗体上增加三个文本框。

2）设置属性

可以将 Caption 属性值设置为"发送"。设置 Font 属性符合整体风格（见图 5.2）。

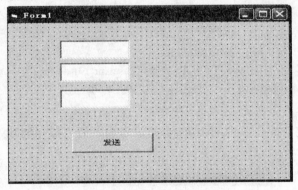

图 5-2　例 5-2 运行界面

3）编写 Command1 的 Click 事件的代码

```
Private Sub Command1_Click()
    Text1.Text = ""
    Text2.Text = ""
    Text3.Text = ""
    Text1.SetFocus          '将焦点定位在第一个文本框中
End Sub
```

3. 与用户交互的函数和过程

1）InputBox 函数

作用：在一对话框中显示提示，等待用户输入正文或按下按钮，并返回包含在文本框中内容。

语法格式：

`[变量 ]=InputBox[$](<提示信息>[,<对话框标题>] [,<默认值>][, x 坐标，y 坐标])`

说明如下：

● [$]：有它时，返回的是字符型数据，否则，返回的是变体型数据。

● 提示信息：字符串表达式，在对话框内显示提示信息，提示用户输入的数据的范围、作用等。如果要显示多行信息，则可在各行行末用回车符 Chr(13)、换行符 Chr(10)、回车换行符的组合 Chr(13)和 Chr(10)来换行。

- 对话框标题：字符串表达式，是可选项，运行时该参数显示在对话框的标题栏中。如果省略，则在标题栏中显示当前的应用程序名。
- 默认值：字符串表达式，是可选项，显示在对话框上的文本框中，在没有其他输入时作为默认值。如果省略，则文本框为空。
- x 坐标，y 坐标：表示对话框左上角在屏幕上出现的位置，如果省略该参数，则对话框出现在屏幕的中央。

例 5-3 在上述实例中，要求单击"发送"命令按钮后，显示如下对话框，提示输入身份证号，并将输入内容保存在变量 strIDcard 中。

增添的代码为

```
Private Sub Command1_Click()
Dim strIDcard As String, strText As String
strText = "请输入您的身份证号并单击"确定"" + Chr(13) + Chr(10) + "重新填写请单击"取消""
strIDcard = InputBox$(strText, "身份证号", , 100, 100)
End Sub
```

如果单击"确定"按钮，则 strIDcard 的值为输入值"123456789"，否则为空字符串（见图 5-3）。

图 5-3　MsgBox 对话框的应用

2）MsgBox 函数和 MsgBox 过程

函数与过程最大的不同，在于函数要用函数名来返回一个值，但如果不关心这个返回值时，可以用调用过程的方式来调用函数（相当于把它的返回值扔掉）。

MsgBox 实际是一个函数，它的调用形式是 var=MsgBox(参数...)。MsgBox 返回的值实际上是用户在 MsgBox 界面按了哪个键的标志值见表 5-2，本例中把它赋予 var 变量，可以进一步用来判断用户的交互情况。

当然，MsgBox 可以作为一个过程来调用，形式是 [Call] MsgBox 参数...。（前面的 Call 可有可无），这里的参数就不能再放在括号中，当然也不会返回任何值了（有关于过程的内容在后面详细介绍）。

MsgBox 函数在对话框中显示信息，等待用户单击按钮，并返回一个整数以标明用户单击了哪个按钮。其语法格式为

```
[变量]=MsgBox(<提示>[, <按钮>] [, <标题>])
MsgBox 语句的用法为：
```

MsgBox <提示>[, <按钮>] [, <标题>]]

其中，

<提示>、<标题>的意义同 InputBox 函数。

<按钮>可选项。整型表达式，指定显示按钮的数目及形式，使用的图标类型，默认按钮的种类及消息框的强制回应等。如果省略，则 <按钮> 的默认值为 0。表 5-3 列出了按钮设置值其意义。

表 5-2　MsgBox 函数的返回值

系统常数	返回值	描述
VbOK	1	确定
VbCancel	2	取消
VbAbort	3	终止
VbRetry	4	重试
VbIgnore	5	忽略
VbYes	6	是
VbNo	7	否

表 5-3　按钮设置值及其意义

分　　组	系统常数	值	描　　述
按钮数目	VbOKOnly	0	只显示 OK 按钮
	VbOKCancel	1	显示 OK 及 Cancel 按钮
按钮数目	VbAbortRetryIgnore	2	显示 Abort、Retry 及 Ignore 按钮
	VbYesNoCancel	3	显示 Yes、No 及 Cancel 按钮
	VbYesNo	4	显示 Yes 及 No 按钮
	VbRetryCancel	5	显示 Retry 及 Cancel 按钮
图标类型	VbCritical	16	显示 Critical Message 图标
	VbQuestion	32	显示 Warning Query 图标
	VbExclamation	48	显示 Warning Message 图标
	VbInformation	64	显示 Information Message 图标
默认按钮	VbDefaultButton1	0	第一个按钮是默认值
	VbDefaultButton2	256	第二个按钮是默认值
	VbDefaultButton3	512	第三个按钮是默认值
模式	VbApplicationModal	0	应用程序强制返回：应用程序一直被挂起，直到用户对消息框作出响应才继续工作
	VbSystemModal	4096	系统强制返回；全部应用程序都被挂起，直到用户对消息框作出响应才继续工作

例 5-4 显示密码出错信息。

第一种方式：

```
Private Sub Form_Load
    MsgBox   "是否重新输入密码?", vbAbortRetryIgnore, "密码出错"
End Sub
```

第二种方式：

```
Private Sub Form_Load
    Dim   intx   As   Integer
    intx =MsgBox ( "是否重新输入密码?", vbAbortRetryIgnore, "密码出错")
End Sub
```

两种方式运行结果完全相同，如图 5-4 所示。

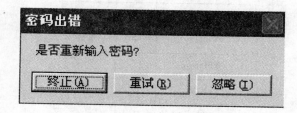

图 5-4　提示对话框

但两种方式有以下几点不同。

● 第一种方式没有返回值，第二种方式有返回值。
● 使用第一种方式不能在 MsgBox 后面使用括号，使用第二种方式则必须使用括号，否则会出现语法错误。使用第二种方式，系统会将返回值存储在整型变量 intx 中；单击"终止"按钮，intx 的值为 3；单击"重试"按钮，intx 的值为 4；单击"忽略"按钮，intx 的值为 5。

5.2　选择结构设计

选择程序结构用于判断给定的条件，根据判断的结果判断某些条件，根据判断的结果来控制程序的流程。

5.2.1　条件表达式

使用选择结构语句时，要用条件表达式来描述条件。
示例：

$$If \quad x = 5 \quad Then \ y = x + 1$$
$$If \quad a>1 \ And \quad b<>0 \quad Then \ x = 1$$

条件表达式可以分为两类：关系表达式和逻辑表达式

条件表达式的取值为逻辑值（也称布尔值）：

真（True）和假（False）

例 5-5　判断某一年是否闰年。

判断条件：

年号（y）能被 4 整除，但不能被 100 整除；或者能被 400 整除，用逻辑表达式来表示这个条件，写成

(y Mod 4=0 And y Mod 100<>0) Or (y Mod 400=0)

也可写成

(Int(y/4)=y/4 And Int(y/100)<>y/100) Or (Int(y/400)=y/400)

5.2.2　条件语句

两种格式的条件语句：

If...Then

If...Then...Else

1．If...Then 语句

格式：

If 条件 Then 语句

或

If 条件　Then
　　　　语句块
End If

功能：若条件成立（值为真），则执行 Then 后面的语句或语句块，否则直接执行下一条语句或"End If"的下一条语句。

If...Then 语句流程图如图 5-5 所示。

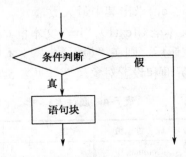

图 5-5　If...Then 条件语句流程图

如果满足条件 CJ<60 时，打印出"成绩不及格"，采用的条件语句为

> If　CJ<60　Then　Print "成绩不及格"

多行代码如下：

> If　CJ<60　Then
> 　　　Print "成绩不及格"
> 　　　Print "请准备补考"
> End If

2．If...Then...Else 语句

格式：

> If　条件　Then
> 　　　语句块 1
> Else
> 　　　语句块 2
> End If

功能：首先测试条件，如果条件成立（即值为真），则执行 Then 后面的语句块 1，如果条件不成立（即值为假），则执行 Else 后面的语句块 2。而在执行 Then 或 Else 之后的语句块后，会从 End If 之后的语句继续执行。

If...Then...Else 语句流程图如图 5-6 所示。

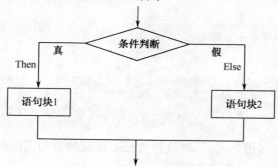

图 5-6　If...Then...Else 条件语句流程图

例 5-6　输入三个数 a、b、c，求出其中最大数。

功能要求：用户在"a="文本框（Text1）、"b="文本框（Text2）和"c="文本框（Text3）中输入数据，单击"判断"按钮后，则在"最大数="文本框（Text4）中输出结果

1）创建应用程序的用户界面和设置对象属性（见表 5-4）

表 5-4　属性表

控　件	属 性 项	属 性 值	控　件	属 性 项	属 性 值
命令	Name	Command1	标签 4	Name	Label4
按钮	Caption	判断		Caption	最大数=

续表

控 件	属 性 项	属 性 值	控 件	属 性 项	属 性 值
标签 1	Name Caption	Label1 a=	文本框 1	Name	Text1
标签 2	Name Caption	Label2 b=	文本框 2	Name	Text2
标签 3	Name Caption	Label3 c=	文本框 3	Name	Text3

2）编写程序代码

程序代码如下：

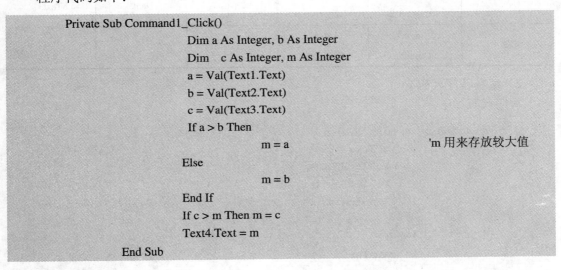

```
Private Sub Command1_Click()
        Dim a As Integer, b As Integer
        Dim  c As Integer, m As Integer
        a = Val(Text1.Text)
        b = Val(Text2.Text)
        c = Val(Text3.Text)
        If a > b Then
                    m = a                    'm 用来存放较大值
        Else
                    m = b
        End If
        If c > m Then m = c
        Text4.Text = m
    End Sub
```

程序运行结果如图 5-7 所示。

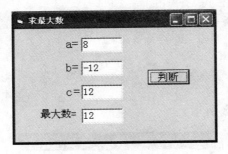

图 5-7 程序运行结果

例 5-7 输入三个数，将它们从大到小排序。

功能要求：用户从上面三个文本框（Text1、Text2、Text3）中输入数据，单击"排序"按钮（Command1），则在第四个文本框（Text4）中显示结果。

1）建立应用程序的用户界面和设置对象属性（见表 5-5）

表 5-5　属性表

控　件	属　性　项	属　性　值	控　件	属　性　项	属　性　值
命令 按钮	Name Caption	Command1 排序	标签 5	Name Caption	Label5 排序结果
标签 1	Name Caption	Label1 三个数从大到小 排序	文本框 1	Name	Text1
标签 2	Name Caption	Label2 第一个数	文本框 2	Name	Text2
标签 3	Name Caption	Label3 第二个数	文本框 3	Name	Text3
标签 4	Name Caption	Label4 第三个数			

2）编写程序代码

程序代码如下：

```
Private Sub Command1_Click()
        a = Val(Text1.Text)
        b = Val(Text2.Text)
        c = Val(Text3.Text)
        If   a < b Then                       '本条件语句实现 a>=b
              t = a: a = b: b = t
        End If
        If   a < c Then                       '本条件语句实现 a>=c
              t = a: a = c: c = t
        End If
        If   b < c Then                       '本条件语句实现 b>=c
              t = b: b = c: c = t
        End If
        Text4.Text = a  &  "," & b  &  "," & c
    End Sub
```

程序运行结果如图 5-8 所示。

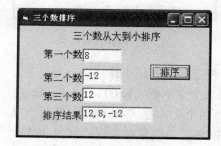

图 5-8　程序运行结果

3. IIf 函数

实现一些简单的条件判断分支结构。

格式：Iif（条件，条件为真时的值，条件为假时的值）

功能：对条件进行测试，若条件成立（为真值），则取第一个值（即"条件为真时的值"），否则取第二个值（即"条件为假时的值"）。

例如，将 a、b 中的小数，放入 Min 变量中。

$$Min=IIf(a<b,a,b=$$

5.2.3　条件语句的嵌套

Then 和 Else 后面的语句块包含另一个条件语句

1. 一般格式

```
If    条件1    Then
      If  条件2    Then
             …
      End If
Else
      …
End If
```

使用条件语句嵌套时，一定要注意 If 与 Else，If 与 End If 的配对关系。

例 5-8　根据不同的时间段发出问候语。例如，0 时～12 时，显示"早上好"。

利用窗体装载（Load）事件，采用 Print 直接在窗体上输出结果。

```
Private Sub Form_Load()
      Dim h As Integer
      Show                                '使 print 输出在窗体上的内容可见
      h = Hour(Time)                      '取系统的时间
      FontSize = 30 :   ForeColor = RGB(255, 0, 0)
      BackColor = RGB(255, 255, 0)
      If    h < 12    Then
             Print   "早上好！"
      Else
             If   h < 18    Then
                    Print   "下午好！"
             Else
                    Print   "晚上好！"
             End If
      End If
End Sub
```

2．ElseIf 格式

```
If      条件 1      Then
                语句块 1
        ElseIf      条件 2      Then
                语句块 2
        ElseIf      条件 3      Then
                语句块 3
            …
        [Else
                语句块 n]
End If
```

先测试条件 1，如果为假，就依次测试条件 2，以此类推，直到找到为真的条件。

一旦找到一个为真的条件时，VB 会执行相应的语句块，然后执行 End If 语句后面的代码。

如果所有条件都是假，那么执行 Else 后面的语句块 n，然后执行 End If 语句后面的代码。

例 5-9　判断成绩的等级。

输入学生成绩（百分制），判断该成绩的等级（优、良、中、及格、不及格）。

1）创建应用程序的用户界面和设置对象属性（见表 5-6）

表 5-6　属性表

控　件	属　性　项	属　性　值
命令	Name	Command1
按钮	Caption	执行
标签 1	Name	Label1
	Caption	成绩
标签 2	Name	Label2
	Caption	""
文本框	Name	Text1

2）编写程序代码

功能：用户从"成绩"文本框（Text1）中输入学生成绩，单击"执行"按钮（Command1）后，经判断得到等级并显示在标签 Label2 上。

程序运行结果如图 5-9 所示。

```
Private Sub Command1_Click()
        Dim score As Integer, temp As String
        score = Val(Text1.Text)
        temp = "成绩等级为："
        If score < 0 Then
```

```
                Label2.Caption = "成绩出错"
            ElseIf score < 60 Then
                Label2.Caption = temp + "不及格"
        ElseIf score <= 69 Then
                Label2.Caption = temp + "及格"
            ElseIf score <= 79 Then
                Label2.Caption = temp + "中"
            ElseIf score <= 89 Then
                Label2.Caption = temp + "良"
        ElseIf score <= 89 Then
                Label2.Caption = temp + "优"
            Else
                Label2.Caption = "成绩出错"
            End If
        End Sub
```

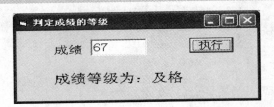

图 5-9　程序运行结果

5.2.4　多分支语句

使用多分支语句 Select Case 也可以实现多分支选择。更有效、更易读，并且易于跟踪调试。

```
        Select Case 表达式
            Case 表达式表 1
                    语句块 1
            [Case 表达式表 2
                    语句块 2]
                    …
            [Case Else
                    语句块 n]
        End Select
```

先计算表达式的值，然后将该值依次与结构中的每个 Case 的值进行比较，如果该值符合某个 Case 指定的值条件时，就执行该 Case 的语句块，然后跳到 End Select，从 End Select 出口。如果没有相符合的 Case 值，则执行 Case Else 中的语句块。

表达式表通常是一个具体值（如 Case 1），每一个值确定一个分支。还有三种方法可以确定设定值。

（1）一组值（用逗号隔开）。示例：

```
Case 1,3,5                      '表示条件在 1,3,5 范围内取值
```

（2）表达式 1 TO 表达式 2。示例：

```
Case 60 To 80                   '表示条件取值范围为 60～80
```

（3）Is 关系式。示例：

```
Case Is<5                       '表示条件在小于 5 范围取值
```

例 5-10　用 Select Case 语句来实现多分支选择功能。

实现例 5-9 所完成的功能，控件属性见表 5-6。

程序代码如下：

```
Private Sub command1_click()
    Dim score As Integer, temp As String
    score = Val(Text1.Text)
    temp = "成绩等级为： "
    Select Case score
        Case 0 To 59
            Label2.Caption = temp + "不及格"
        Case 60 To 69
            Label2.Caption = temp + "及格"
        Case 70 To 79
            Label2.Caption = temp + "中"
        Case 80 To 89
            Label2.Caption = temp + "良"
        Case 90 To 100
            Label2.Caption = temp + "优"
        Case Else
            Label2.Caption = "成绩出错"
    End Select
End Sub
```

例 5-11　求鸡数和兔数。

先在窗体上显示以下考题：

鸡兔同笼，已知鸡和兔总头数为 $h=23$，总脚数为 $f=56$，求鸡兔各有多少只？

再提供输入框由学生回答问题，然后采用输出框显示对答案的评判意见。

设计步骤如下：

（1）在窗体上设置一个命令按钮 Command1。

（2）采用窗体的装载事件 Form_Load，使考题内容直接显示在窗体上。如图 5-10 所示。

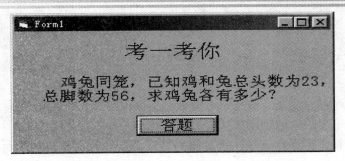

图 5-10　程序运行界面

当用户单击"答题"按钮时，程序提供输入对话框，由用户输入答案，再通过输出框显示评判意见。采用的程序代码如下：

```
Private Sub Form_Load()
        Show
        Print
        FontSize = 18
        Print Spc(9); "考一考你"
        FontSize = 13
        Print
        Print Spc(5); "鸡兔同笼，已知鸡和兔总头数为 23，"
          Print Spc(3); "总脚数为 56，求鸡兔各有多少？"
    End Sub
Private Sub Command1_Click()
                h = 23 : f = 56                          '总头数及总脚数
                j1 = (4 * h - f) / 2                     '求出的鸡数
                t1 = (f - 2 * h) / 2                     '求出的兔数
                j2 = Val(InputBox("鸡的只数是多少？", "请回答"))
                t2 = Val(InputBox("兔的只数是多少？", "请回答"))
                Select Case True                '选择真值
                    Case j1 = j2 And t1 = t2
                            MsgBox ("回答完全正确!")
                    Case j1 = j2
                            MsgBox ("鸡数回答正确，但兔数不对!")
                    Case t1 = t2
                            MsgBox ("兔数回答正确，但鸡数不对!")
                    Case Else
                            MsgBox ("回答错误!")
                End Select
        End Sub
```

Visual Basic

5.3 循环结构设计

采用循环程序可以解决一些按一定规则重复执行的问题。例如，统计一个班几十名学生，甚至全校几千名学生的学期成绩，如求平均分、不及格人数等。

循环是指在指定的条件下多次重复执行一组语句。被重复执行的一组语句称为循环体。

VB 提供的循环语句有如下：

```
Do...Loop
For...Next
While...Wend
For Each...Next
```

最常用的是 For...Next 和 Do...Loop 语句。

5.3.1 For…Next 循环语句

For…Next 循环有一个可当"计数器"的变量，因此可用来设置固定的重复次数，适合循环次数已知的情况。

例 5-12 在窗体上显示 2～10 各偶数的平方数。

采用 Print 直接在窗体上输出结果，程序代码如下：

```
Private Sub Form_Load()
    Dim k As Integer
    Show
    For k = 2 To 10 Step 2
            Print k * k
    Next k
End Sub
```

程序运行结果如图 5-11 所示。

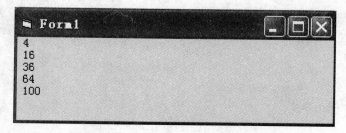

图 5-11　程序运行结果

说明：上述程序，循环变量 k 的初值、终值和步长值分别为 2，10 和 2，即从 2 开始，每次加 2，到 10 为止，控制循环 5 次。每次循环都将循环体（Print k*k）执行一次。

格式：For 循环变量＝初值 To 终值 [Step 步长值]

循环体

Next 循环变量

功能：本语句指定循环变量取一系列数值，并且对循环变量的每一个值把循环体执行一次。

For…Next 循环体流程图如图 5-12 所示。

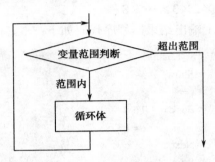

图 5-12　For…Next 循环体流程图

初值、终值和步长值都是数值表达式，步长值可以是正数（称为递增循环），也可以是负数（称为递减循环）。

若步长值为 1，则 Step 1 可以省略。

For…Next 语句的执行步骤如下：

（1）求出初值、终值和步长值，并保存起来。

（2）将初值赋给循环变量。

（3）判断循环变量值是否超过终值（步长值为正时，指大于终值；步长值为负时，指小于终值）。超过终值时，退出循环，执行 Next 之后的语句。

（4）执行循环体。

（5）遇到 Next 语句时，修改循环变量值，即把循环变量的当前值加上步长值再赋给循环变量。

（6）转到（3）去判断循环条件。

例 5-13　求 $S = 1 + 2 + 3 + \cdots + 8$

采用 Print 直接在窗体上输出结果，程序代码如下：

```
Private Sub Form_Load()
        Show
        s = 0
        For k = 1 To 8
                s = s + k
        Next k
        Print "s="; s
End Sub
```

程序运行结果如图 5-13 所示。

图 5-13　程序运行结果

语句 s＝s+k 也称累加器。先将 S 置 0。

例 5-14　求 T = 8! = 1×2×3×…×8。

采用 Print 直接在窗体上输出结果，程序代码如下：

```
Private Sub Form_Load()
        Show
        t = 1
        For c = 1 To 8
                t = t * c
        Next c
        Print "T="; t
End Sub
```

程序运行结果如图 5-14 所示。

图 5-14　程序运行结果

语句 t=t*c 也称累乘器。先将 t 置 1（不能置 0）。

在循环程序中，常用累加器和累乘器来完成各种计算任务

例 5-15　用π/4＝1-1/3+1/5-1/7+…级数求π的近似值（取前 5000 项来进行计算）。

采用 Print 直接在窗体上输出结果，程序代码如下：

```
Private Sub Form_Load()
        Show
        Dim pi As Single, c As Integer, s As Integer
        pi = 0
        s = 1                                          's 表示加或减运算
        For c = 1 To 10000 Step 2
                pi = pi + s / c
                s = -s                                 '交替改变加、减号
        Next c
        Print " π ="; pi * 4
End Sub
```

程序运行结果如图 5-15 所示。

图 5-15　程序运行结果

例 5-16　用 100 元买 100 只鸡，母鸡 3 元 1 只，小鸡 1 元 3 只，问各应买多少只？下面采用"穷举法"来解此题。

其做法是，从所有可能解中，逐个进行试验，若满足条件，就得到一个解，否则不是。直到条件满足或判别出无解为止。

令母鸡为 x 只，小鸡为 y 只，根据题意可知

$$y = 100 - x$$

开始先让 x 初值为 1，以后逐次加 1，求 x 为何值时，条件 $3x+y/3=100$ 成立。如果当 x 达到 30 时还不能使条件成立，则可以断定此题无解。

采用 Print 直接在窗体上输出结果，程序代码如下：

```
Private Sub Form_Load()
        Dim x As Integer, y As Integer
        Show
        For x = 1 To 30
            y = 100 - x
            If   3 * x + y / 3 = 100    Then
                    Print "母鸡只数为:"; x,
                    Print "小鸡只数为:"; y
            End If
        Next x
    End Sub
```

运行结果如图 5-16 所示。

图 5-16　程序运行结果

5.3.2　Do...Loop 循环语句

For...Next 循环主要是用在知道循环次数的情况下，若事先不知道循环次数，可以使用当型循环 Do...Loop。

Do...Loop 有两种格式：前测型循环结构和后测型循环结构。两者区别在于判断条件的先后次序不同。

1．前测型 Do...Loop 循环

格式：

> Do   [{While|Until} 条件]
>   循环体
>   Loop

Do While...Loop 语句的功能：当条件成立（为真）时，执行循环体；当条件不成立（为假）时，终止循环。

Do...Loop 前测型循环体流程图如图 5-17 所示。

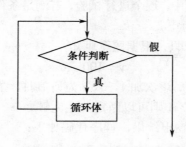

图 5-17　Do...Loop 前测型循环体流程图

Do Until...Loop(直到型循环)语句的功能：

当条件不成立（为假）时，执行循环体，直到条件成立（为真）时，终止循环。

例 5-17　求 $S = 1^2 + 2^2 + \cdots + 100^2$。

采用 Do While...Loop 语句。

采用 Print 直接在窗体上输出结果，程序代码如下：

```
Private Sub Form_Load()
        Dim n As Integer, s As Long
        Show
        n = 1: s = 0
        Do While n <= 100
                s = s + n * n
                n = n + 1
        Loop
        Print "s="; s
End Sub
```

程序运行结果如图 5-18 所示

图 5-18　程序运行结果

例 5-18　用 $\pi/4 = 1 - 1/3 + 1/5 - 1/7 + \cdots$ 级数，求 π 的近似值。当最后一项的绝对值小于 10^{-5} 时，停止计算。

采用 Print 直接在窗体上输出结果，程序代码如下：

```
Private Sub Form_Load()
    Show
    Dim pi As Single, n As Long, s As Integer
    pi = 0 : n = 1 : s = 1
    Do While   1/n>=0.00001
        pi = pi + s / n
        s = -s
        n = n + 2
    Loop
    Print " π ="; pi * 4
End Sub
```

程序运行结果如图 5-19 所示。

图 5-19　程序运行结果

2．后测型 Do...Loop 循环

格式：

```
Do
    循环体
Loop [{While|Until}条件]
```

功能：先执行循环体，然后判断条件，根据条件决定是否继续执行循环。

Do...Loop 后测型循环体流程图如图 5-20 所示。

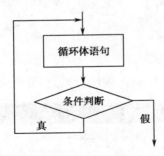

图 5-20　Do...Loop 后测型循环体流程图

注意：本语句执行循环的最少次数为 1，而前测型 Do...Loop 语句的最少次数为 0（即一次都不执行循环）。

例 5-19　输入两个正整数，求它们的最大公约数。

"辗转相除法"算法：求出 m/n 余数 p，若 $p=0$，n 即为最大公约数；若 p 非 0，则把原来的分母 n 作为新的分子 m，把余数 p 作为新的分母 n 继续求解。

设计步骤如下：

（1）创建应用程序的用户界面和设置对象属性（见表 5-7）。

表 5-7　属性表

控　件	属　性　项	属　性　值	控　件	属　性　项	属　性　值
命令 按钮	Name Caption	Command1 计算	标签 4	Name Caption	Label4 最大公约数
标签 1	Name Caption	Label1 输入两个正整数	文本框 1	Name	Text1
标签 2	Name Caption	Label2 m=	文本框 2	Name	Text2
标签 3	Name Caption	Label3 n=	文本框 3	Name	Text3

（2）编写的"计算"按钮 Click 事件过程代码如下：

```
Private Sub Command1_Click()
    Dim m As Integer, n As Integer, p As Integer
    m = Val(Text1.Text)    :    n = Val(Text2.Text)
    If   m <= 0   Or   n <= 0   Then
        MsgBox ("数据错误!")
        End
    End If
    Do
        p = m Mod n
        m = n
        n = p
    Loop While p <> 0
    Text3.Text = m
End Sub
```

若输入的 m 和 n 的值为 85 和 68，则运行结果如图 5-21 所示。

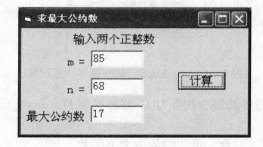

图 5-21　程序运行结果

5.3.3 While...Wend 循环语句

格式：

> While 条件
> 　　　　循环体
> Wend

功能：当条件成立（为真）时，执行循环体；当条件不成立（为假）时，终止循环。本语句与上述 Do While...Loop 循环语句相似。

例 5-20　求 $S = 1^2 + 2^2 + \cdots + 100^2$。

采用 While...Wend 语句。

采用 Print 直接在窗体上输出结果，程序代码如下：

```
Private Sub Form_Load()
        Dim n As Integer, s As Long
        Show
        n = 1: s = 0
        While n <= 100
                s = s + n * n
                n = n + 1
        Wend
        Print "s="; s
End Sub
```

程序运行结果如图 5-22 所示。

图 5-22　程序运行结果

5.3.4　循环出口语句

用于提前退出循环。

格式：　Exit {For|Do}

功能：直接从 For 循环或 Do 循环中退出。

当程序运行时遇到 Exit 语句时，就不再执行循环体中的任何语句而直接退出，转到循环语句（Next、Loop）的下面继续执行。

例 5-21　例 5-19 的循环语句可改为

```
        Do
            p = m Mod n
            If   p=0    Then
                    Exit   Do
            End If
            m = n
            n = p
        Loop While p <> 0
        Text3.Text = n
```

例 5-22   设计一个"加法器"程序，把每次输入的数累加。当输入-1 时结束程序的运行。

（1）创建应用程序的用户界面和设置对象属性；

（2）编写程序代码：

```
        Private Sub Form_Load()
            Show
            Sum = 0
            Do While True                              '条件为真，循环无终止进行下去
                x = Val(InputBox("请输入要加入的数(-1 表示结束)",   "输入数据"))
                If x = -1 Then
                        Exit Do
                End If
                Sum = Sum + x
                Text1.Text = Sum
            Loop
            MsgBox ("累加运算结束")
        End Sub
        以-1 作为"终止循环标志"
```

5.3.5   多重循环

多重循环是指循环体内含有循环语句的循环。

例 5-23   多重循环程序示例。

```
        Private Sub Form_Load()
            Show
        For i = 1 To 3                    '外循环
                For j = 5 To 7                '内循环
                        Print   i,j
                Next j
        Next i
            EndSub
```

程序运行结果如图 5-23 所示。

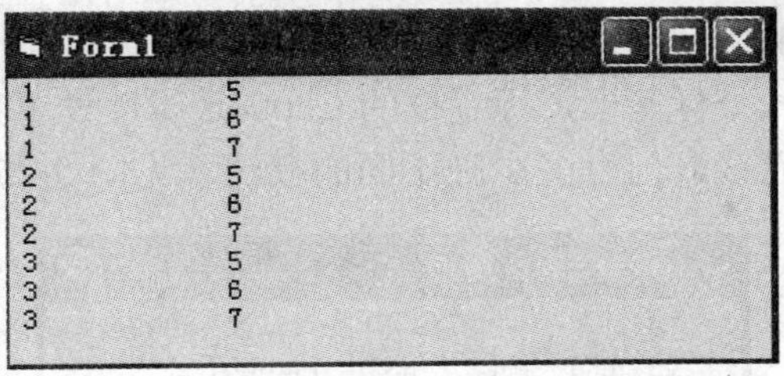

图 5-23　程序运行结果

注意：内、外循环层次要分清，不能交叉。

例 5-24　编一程序，输出图 5-24 所示的图形。

图 5-24　例 5-24 程序运行结果

本例可采用两重循环来实现。外循环控制输出 7 行，内循环控制每行输出要求的字符数。

在进入内循环之前，使用 Print Tab()来对起始输出位置定位，退出内循环后，使用 **Print** 来控制换行。

采用 **Print** 直接在窗体上输出结果，程序代码如下：

```
Private Sub Form_Load()
        Show
        For i = 1 To 7
                Print Tab(10 - i);
                For j = 1 To 2 * i - 1
                        Print Chr(i + 48);
                Next j
                Print
        Next i
End Sub

Print Chr(i+48)与 Print i 有所不同
```

例 5-25　取 1 元、2 元、5 元的硬币共 10 枚，付给 25 元钱，有多少种不同的取法？

（1）分析：设 1 元硬币为 a 枚，2 元硬币为 b 枚，5 元硬币为 c 枚，可列出方程

$$a+b+c=10$$

$$a+2b+5c=25$$

采用两重循环，外循环变量 a 为 0～10，内循环变量 b 为 0～10。

（2）创建应用程序的用户界面。

本题中只需要建立一个标签框，标签框的 Caption 属性设置为取 1 元、2 元、5 元的硬币共 10 枚，付给 25 元钱，问有多少种不同的取法（见图 5-25）？

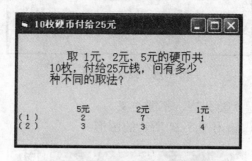

图 5-25　例 5-25 用户界面

（3）编写程序代码。

程序通过 Print 方法把处理结果输出在标签的下方，程序代码如下：

```
Private Sub Form_Load()
    Show
    CurrentX = 0 : CurrentY = 1500            '确定开始显示的坐标
    Print   , "五元", "二元", "一元"
    n = 0                                     '记录解的组数
    For a = 0 To 10
        For b = 0 To 10
            c = 10 - b - a
            If a + 2 * b + 5 * c = 25 And c >= 0 Then
                n = n + 1
                Print "("; n; ")", c, b, a
            End If
    Next b, a
End Sub
```

Visual Basic

习　题

一、选择题

1．在窗体中添加名称为 Command1 和名称为 Command2 的命令按钮测验文本框 Text1，然后编写如下代码：

```
Private Sub Command1_Click()
    Text1.Text="AB"
End Sub
```

```
    Private Sub Command2_Click()
      Text1.Text="CD"
    End Sub
```

首先单击 Command2 按钮，然后再单击 Command1 按钮，在文本框中显示____。

  A．AB　　　　　　　B．CD　　　　　　　C．ABCD　　　　　　D．CDAB

2．在窗体上画一个命令按钮 Command1，然后编写如下事件过程：

```
    Private Sub Command1_click()
      Dim x%,y
      x=5/4
      y=5/4
      Print x;y
    End Sub
```

程序运行后，单击命令按钮，则在窗体上输出的信息是____。

  A．1.25　1　　　　　　　　　　B．1　1

  C．1　1.25　　　　　　　　　　D．1.25　1.25

3．以下 VB 程序段的输出结果是____。

```
    a=Sqr(3) : b=Sqr(2) : c=a>b
    print c
```

  A．-1　　　　　　B．0　　　　　　　C．False　　　　　　D．True

4．在 Visual Basic 中，下列控制结构不能嵌套的是____。

  A．选择控制结构　　　　　　　　B．多分支控制结构

  C．For 循环控制结构　　　　　　D．Do 循环控制结构

5．Print 方法可以在____对象上输出数据。

  A．桌面　　　　　B．标题栏　　　　　C．窗体　　　　　D．状态栏

6．设 $a=6$，则执行 $x=$Iif(a>5,-1,0)后，x 的值为____。

  A．5　　　　　　B．6　　　　　　　C．0　　　　　　　D．-1

二、填空题

1．下面程序的功能是，从键盘上输入一串字符，以"!"结束，并对输入字符中的字母个数和数字个数进行统计。请在____处选择正确的答案将程序补充完整。

```
    Private Sub Form_click()
    Dim ch$, num1%, num2%
    num1% = 0
    num2% = 0
    ch = InputBox("enter a character:")
    While ch <> "!"
      If ch >= "a" And ch <= "z"____ch >= "A" And ch <= "Z" Then
        num1 = num1 + 1
      ElseIf ch >= "0"____ch <= "9" Then
```

```
        num2 = num2 + 1
    End If
    ch = InputBox("enter a character:")
    ____
    Print "Amount of leters;"; num1
    Print "Amount of digits;"; num2
End Sub
```

2．下面程序的功能是，求 100 以内的质数。编程思路是从 2 开始，依次判断每个数是否是质数，如果是就输出，否则继续往下，直到 100 为止。请在____处选择正确的答案将程序补充完整。

```
        Private Sub Form_click()
        Dim value As Integer
        Dim counter As Integer
        Dim num As Integer
        Forml.Cls
        For value = 2 To 100
          For counter = 2 To value - 1
            If value Mod ____ = 0 Then
              Exit For
            End If
          Next
          If counter = ____ Then
          Print value; Tab;
          num = num + 1
          If num Mod 3 = 0 Then Print
          End If
        Next
        End Sub
```

三、编程题

1．小猴在一天摘了若干个桃子，当天吃掉 1/2 多一个，第二天接着吃掉剩下的桃子的 1/2 多一个，以后每天都吃剩下桃子的 1/2 多一个，到第 7 天早上要吃时只剩下一个了，问小猴那天共摘了几个桃子？

2．某次比赛，有 7 个裁判打分，得分是去掉一个最高分，去掉一个最低分，求出平均分为比赛选手的得分。

3．从三个文本框中输入三个数值，并判断能否构成三角形，若能，则显示三角形的特征。

第6章

常用内部控件

在第3章中已经介绍了标签控件、文本框控件、命令按钮控件。本章将介绍 Visual Basic 中的其他常用控件，如选项控件、图像和图片控制件、滚动条控件、计时器控件、框架控件，以及这些控件的常用属性和常用事件。

主要内容

● 介绍单选按钮、复选按钮、列表框、组合框、图像框、图片框、滚动条控件、计时器控件和框架控件
● 介绍这些控件的常用属性和事件
● 重点介绍了键盘事件、鼠标事件、焦点事件

Visual Basic

6.1 框架控件（Frame）

如图 6-1 所示，字体的三个选项放在一个框内，成为一组，颜色的三个选项放在另一个框内，也成为一组。在 Visual Basic 中，这个框是用框架控件实现的。

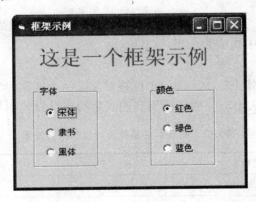

图 6-1　框架示例

框架控件用来放置其他控件对象。框架对象就像是一个控件的容器，可以把不同的对象放在同一个框架中，使这些对象成为可以区分的控件组。例如，图 6-1 中，宋体、隶书、黑体三个单选按钮放在字体框架中成为一组，而红色、绿色、蓝色放在颜色框架中成为另一组，分别控制着标签的字体和颜色。

可以放置其他控件对象的控件，称为容器控件，简称容器。在 Visual Basic 中可作为

容器的控件常用的有框架控件、图片控件等。容器控件的主要作用是对控件进行分组，放在容器中的控件会随容器的移动而移动，随容器的删除而删除。

一般情况下，要把控件对象放置在容器中，要先画容器控件，再在容器中直接画控件对象。若要把事先画好了的控件对象移到容器中来，不能直接使用拖动的方法，应先将事先画好的控件剪切到剪切板中，再选中容器，然后粘贴控件。

框架控件的常用属性有 Name 属性、Caption 属性和 Enabled 属性。表 6-1 列出了框架控件的主要属性。

表 6-1　框架控件的主要属性

属　　性	功能或说明
Name	设置控件对象的名称，习惯以 fra 为前缀
Caption	设置控件对象的标题
Index	设置控件对象在控件数组的成员编号
Left	设置控件对象距窗体左边的距离
Height	设置控件对象的高度
Width	设置控件对象的宽度
Enabled	设置控件对象是否可用，True 为可用，False 为不可用
Visible	设置控件对象是否可见，True 为可见，False 为不可见

框架控件支持常用的事件是 Click 和 DblClick 事件，但它不能接受用户输入，不能显示文本和图形，也不会与图形相关联，所以一般不会使用事件过程。

例 6-1　设计如图 6-1 所示的运行界面，并实现单击字体和颜色可以改变窗体中标签标题的字体和颜色。

分析：由界面可知，宋体、隶书和黑体放在框架容器中，成为一组；红色、绿色和蓝色放在另一个框架容器中也成为一组。

1）界面设计

新建一工程，在窗体上依次添加一个标签对象，两个框架对象，6 个单选按钮对象，并按图 6-1 调整位置和大小。界面中所用到的对象的属性设置如表 6-2 所示。

表 6-2　例 6-1 主要界面对象的属性设置

对象（名称）	属　　性	属　性　值
Form (Form1)	Caption	框架示例
Label (LblDisplay)	Caption	这是一个框架示例
Frame (FraFont)	Caption	字体
Frame (FraColor)	Caption	颜色
OptionButton (OptFont1)	Caption	宋体
	Value	True
OptionButton (OptFont2)	Caption	隶书
OptionButton (OptFont3)	Caption	黑体

续表

对象（名称）	属　　性	属　性　值
OptionButton (OptColor1)	Caption	红色
	Value	True
OptionButton (OptColor2)	Caption	绿色
OptionButton (OptColor3)	Caption	蓝色

2）事件代码编写

本例中的 6 个单选按钮的 Click 事件的代码如下：

```
' 选中宋体
Private Sub OptFont1_Click()
    LblDisplay.FontName = "宋体"
End Sub

' 选中隶书
Private Sub OptFont2_Click()
LblDisplay.FontName = "隶书"
End Sub

' 选中黑体
Private Sub OptFont3_Click()
LblDisplay.FontName = "黑体"
End Sub

' 选中红色
Private Sub OptColor1_Click()
LblDisplay.ForeColor = vbRed
End Sub

' 选中绿色
Private Sub OptColor2_Click()
LblDisplay.ForeColor = vbGreen
End Sub

' 选中蓝色
Private Sub OptColor3_Click()
LblDisplay.ForeColor = vbBlue
End Sub
```

注意：本例中在向窗体添加对象时要先加入框架对象再加入单选按钮对象。

6.2 选项控件

大多数应用程序需要向用户提供选择，图 6-2 是某学校的学生选课系统中的选课窗口。其中学号、姓名、学院、专业、年级和待选课程是用标签控件做的；也有用文本框控件做的，如内容为 20040624012、王子等；学生基本信息等是用框架做；">"、">>" 等是命令按钮做的。那么窗体中的其他对象又是用什么控件做的呢？其实是用下面即将要学的选项控件做的。 Visual Basic 提供了四种选项控件，它们分别是单选按钮、复选按钮、列表框、组合框。

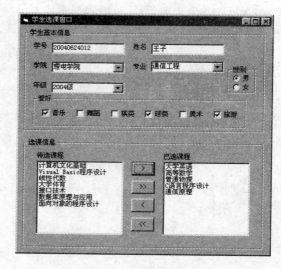

图 6-2　学生选课窗口

6.2.1　单选按钮（OptionButton）

单选按钮在工具箱中的名称为 OptionButton。该控件用于提供一个可以打开或者关闭的选项。在设计时，一般将几个单选按钮合成一组，在同一组中，用户只能选择其中的一项。在同一容器中的单选按钮形成一组，因此在设计时，把几个单选按钮放置在同一容器中即可成组。例如，图 6-1 中的字体选择和颜色选择，图 6-2 中的性别选择都成为单选按钮组。

单选按钮常用的属性有 Name 属性和 Value 属性。表 6-3 列出了 OptionButton 控件的主要属性和事件。

表 6-3　OptionButton 控件的主要属性和事件

属性 / 事件	功能或说明
Name	设置控件对象的名称，习惯用 opt 为前缀

续表

属性 / 事件	功能或说明
Caption	设置控件对象的标题
Enabled	设置控件对象是否可用，True 表示可用，False 表示不可用
Value	值为 True 表示被选中，False 表示未选中
Visible	设置控件对象是否可见，True 表示可见，False 表示不可见
Picture	当属性 Style 设置值为 1 时，返回 / 设置控件中要显示的图形
Style	设置控件的外观，若值为 0 表示 Standard，若为 1 表示 Graphical
事件	
Click	单击单选按钮触发的该事件
DblClick	双击单选按钮触发的该事件

在运行时，无论何时单击单选按钮对象，都会触发 Click 事件。该事件常用于创建一事件过程，检测该控件对象的 Value 属性值，判断它是否被选中，然后进行相应的处理。

例 6-2   设计一个如图 6-3 所示的界面，并实现单击"小"、"中"或"大"选项，可以改变标签对象的字号。

分析：要改变标签对象的标题的大小，只要在相应的单选按钮上单击鼠标时改变标签的 FontSize 属性即可，因此只要编写相应的单选按钮的 Click 事件即可实现。

1）界面设计

新建一工程，在窗体中依次添加一个标签，三个单选按钮，并调整好位置和大小，各控件对象的属性设置如表 6-4 所示。

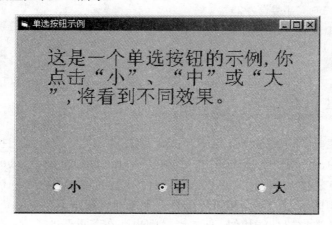

图 6-3   例 6-2 的运行结果

表 6-4   例 6-2 中各控件对象的属性设置

对象（名称）	属性	属性值
Form (Form1)	Caption	单选按钮示例

续表

对象（名称）	属　性	属　选　值
Label (LblDisplay)	Caption	这是一个单选按钮的示例，单击"小"、"中"或"大"，将看到不同效果。
	Font	宋体，12
OptionButton (Option1)	Caption	小
	Value	True
OptionButton (Option2)	Caption	中
OptionButton (Option3)	Caption	大

2）事件代码编写

三个单选按钮的 Click 事件代码如下：

```
'选中"小"时，字号设为 12
Private Sub Option1_Click()
    LblDisplay.FontSize = 12
End Sub


'选中"中"时，字号设为 20
Private Sub Option2_Click()
LblDisplay.FontSize = 20
End Sub


'选中"大"时，字号设为 28
Private Sub Option3_Click()
Lbldisplay.FontSize = 28
End Sub
```

6.2.2　复选按钮（CheckBox）

复选按钮在工具箱中的名称是 CheckBox。该控件表明一个特定的状态是选定还是取消。在应用程序中，使用复选按钮为用户提供了"True/False"或"yes/no"的选择。因为复选按钮彼此独立工作，所以用户可以同时选择任意多个复选按钮。同样可以按功能对复按钮进行分组，但同一组的复选按钮可以有多个被同时选中。

复选按钮与单选按钮功能相似，但二者之间也存在着重要的差别：在同一个容器中可以选择任意多个复选按钮，但在同一个容器中，只能选择一个单选按钮。

复选按钮常用的属性有 Name 属性和 Value 属性。表 6-5 列出了 CheckBox 控件的主要属性和事件。

表 6-5　CheckBox 控件的主要属性和事件

属性／事件	功能或说明
Name	设置控件对象的名称，习惯用 chk 为前缀

续表

属性／事件	功能或说明
Caption	设置控件对象的标题
Enabled	设置控件对象是否可用，True 表示可用，False 表示不可用
Value	值为 0 表示未被选中；值为 1 表示选中；值为 2，变灰，表示不可用
Visible	设置控件对象是否可见，True 表示可见，False 表示不可见
Picture	当属性 Style 设置值为 1 时，返回／设置控件中要显示的图形
Style	设置控件的外观，若值为 0 表示 Standard，若为 1 表示 Graphical
事件	
Click	单击单选按钮触发的该事件

在运行时，无论何时单击复选按钮对象，都会触发 Click 事件。该事件常用于创建一事件过程，检测该控件对象的 Value 属性值（0，1 或 2），判断它是否被选中，然后进行相应的处理。

CheckBox 不支持 Dblclick 事件，如果双击了 CheckBox 对象，也只当做两次单击事件处理。

例 6-3　设计一个如图 6-4 所示的界面，并实现对文本框的内容的字号、字形和颜色的改变。

分析：由界面可知，文本框能容纳多行文本，因此文本框对象的 Multiline 属性值应设为 True，单选按钮和复选按钮是放在框架内的，所以在窗体中添加对象时应先添加框架对象，再添加单选按钮和复选按钮对象。

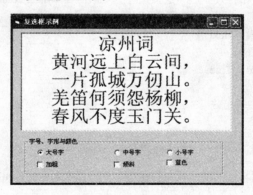

图 6-4　例 6-3 的运行结果

1）界面设计

新建一工程，在窗体中依次添加一个文本框，一个框架，三个单选按钮，三个复选框，并调整好位置和大小，各控件对象的属性设置如表 6-6 所示。

表 6-6　例 6-3 中各控件对象的属性设置

对象（名称）	属　性	属　性　值
Form（Form1）	Caption	复选按钮示例

续表

对象（名称）	属 性	属 性 值
TextBox(Text1)	MultiLine	True
	Text	凉州词
		黄河远上白云间,
		一片孤城万仞山。
		羌笛何须怨杨柳,
		春风不度玉门关。
	Font	宋体，28
	Alignment	2-Center
Frame (Frame1)	Caption	字号、字形与颜色
OptionButton (Option1)	Caption	大字号
	Value	True
OptionButton (Option2)	Caption	中字号
OptionButton (Option3)	Caption	小字号
CheckBox (Check1)	Caption	加粗
CheckBox (Check2)	Caption	倾斜
CheckBox (Check3)	Caption	蓝色

2）事件代码

```
' 单击"加粗"时的事件代码,若复选按钮选中,则设置文本框的 FontBold 属性值为 True,' 否则为
False
Private Sub Check1_Click()
If Check1.Value Then
    Text1.FontBold = True
Else
    Text1.FontBold = False
End If
End Sub


' 单击"倾斜"时的事件代码,若倾斜按钮选中,则设置文本框的 FontItalic 属性值为 True,' 否则为
False
Private Sub Check2_Click()
If Check2.Value Then
    Text1.FontItalic = True
Else
    Text1.FontItalic = False
End If
End Sub


' 单击"蓝色"时的事件代码,若蓝色按钮选中,则设置文本框的 ForeColor 属性值为 vbBlue,
```

```
' 否则为 vbBlack
Private Sub Check3_Click()
If Check3.Value Then
    Text1.ForeColor = vbBlue
Else
    Text1.ForeColor = vbBlack
End If
End Sub


' 单击"大号字"按钮的事件代码,设置文本框的 FontSize 属性的值为 28
Private Sub Option1_Click()
Text1.FontSize = 28
End Sub


' 单击"中号字"按钮的事件代码,设置文本框的 FontSize 属性的值为 20
Private Sub Option2_Click()
Text1.FontSize = 20
End Sub


' 单击"小号字"按钮的事件代码,设置文本框的 FontSize 属性的值为 12
Private Sub Option3_Click()
Text1.FontSize = 12
End Sub
```

说明:

（1）要在文本框中添加多行文本，方法是输入一行文本后，按 Ctrl 键不放，再按回车，光标移到下一行，此时输入下一行文本。

（2）单击"加粗"时的事件代码可以写成如下形式更为简洁。

```
Private Sub Check1_Click()
    Text1.FontBold = Check1.Value
End Sub
```

同理，单击"倾斜"时的事件代码也可以写成上述形式，请读者自行修改。

6.2.3　列表框（ListBox）

列表框控件在工具箱中的名称为 ListBox。列表框控件提供了一个可选项目列表，用户可从其中选择一项或多项。如果项目总数超过了列表框可显示的项目数，列表框会自动出现滚动条（水平、垂直或两者均有）。

列表框中的选项内容是通过 List 属性来设置的，也可以在程序代码中作用"AddItem"方法来添加。在属性窗口设置 List 属性，方法是输入一个项目文本后，按住 Ctrl 键不放，再按回车键，光标移到下一行输入。列表框常用的属性有 Name，Columns 等。表 6-7 列出了列表框控件的主要属性、方法和事件。

表 6-7　列表框控件的主要属性、方法和事件

属性 / 方法 / 事件	描　述
属性	
Name	设置控件对象的名称，习惯用 lst 为前缀
Columns	设置一个值，以决定列表框控件是水平还是垂直滚动，及如何显示项目
Enabled	设置控件对象是否可用，True 表示可用，False 表示不可用
List	字符串数组，用以表示列表框中的各选项的内容，数组中的每一元素都是列表框中的一个选项，数组下标从 0 开始
ListCount	列表框中选项的总项目数
ListIndex	当前所选的项目的数组下标值，若没有选择，则该值为-1
MultiSelect	指定用户能否从列表框中一次选择多个项目，具体用法看示例
SelCount	指出在列表框控件中被选中项的数量
Selected	检测列表框中的某项是否被选中，若选中其值为 True，否则为 False
Sorted	指出列表框各选项是否自动按字母顺序排序
Style	设置列表框的外观，0 表示标准列表框，1 表示带复选框的列表框
Text	返回列表框中选定项目的文本
Visible	设置控件对象是否可见，True 表示可见，False 表示不可见
方法	
AddItem	向列表框中添加项目
Clear	清除列表框中所有项目
RemoveItem	从列表框中删除一个项目
SetFocus	把焦点转移到列表框
事件	
Click	当用户在列表框的项目上单击时调用
DblClick	当用户在列表框的项目上双击时调用
GetFocus	当列表框接收到焦点时调用
LostFocus	当列表框失去焦点时调用

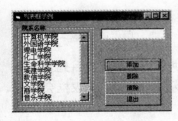

图 6-5　例 6-4 的运行效果图

例 6-4　设计一个如图 6-5 所示的界面，并实现对列表框的项目的添加、删除，以及清除列表框的全部项目的功能。

分析：由界面可知，在文本框中输入名称，单击"添加"按钮，则可把文本框中的内容添加到列表框中。在列表框中选中某院系的名称，单击"删除"按钮，则会从列表框中删除该院系的名称。因此分别要对添加、删除、清除、退出等四个按钮编写单击（Click）事件代码。

1）界面设计

新建一工程，在窗体中依次添加一个框架对象，一个列表框对象，一个文本框对象，四个命令按钮对象，并调整它们的位置和大小。上述对象的

属性设置如表 6-8 所示。

表 6-8 例 6-4 中各对象的属性设置

对象（名称）	属 性	属 性 值
Form (Form1)	Caption	列表框示例
Frame (Frame1)	Caption	院系名称
ListBox (List1)		各属性值均为默认值，没有改变
Text (Text1)	Text	空白字符串
CommandButton (CmdAdd)	Caption	添加
CommandButton (CmdDelete)	Caption	删除
CommandButton (CmdClear)	Caption	清除
CommandButton (CmdExit)	Caption	退出

2）事件代码

四个命令按钮的单击事件的代码如下：

```
' 添加命令按钮代码
Private Sub CmdAdd_Click()
  Call List1.AddItem(Text1.Text)
  Text1.Text = ""
End Sub

' 添加删除按钮代码
Private Sub CmdDelete_Click()
    If List1.ListIndex <> -1 Then
        Call List1.RemoveItem(List1.ListIndex)
    End If
End Sub

' 添加清除按钮代码
Private Sub CmdClear_Click()
  Call List1.Clear
End Sub

' 添加退出按钮代码
Private Sub CmdExit_Click()
  End
End Sub
```

上述代码中用到了列表框对象的 AddItem，RemoveItem，Clear 三个方法，它们的作用分别是给列表框添加项目，删除项目，清除项目。其使用方法如下所述

● AddItem 方法：向列表框添加项目。格式为

```
Object.AddItem   Item[,Index]
```

其中，Object 是列表框对象的名称；Item 是要添加到列表框中的字符串；Index 是要添加的位置（整数值），若默认，表示将项目添加到列表框的末尾。对于 ListBox 或 ComboBox 控件的首项，Index 为 0。

例题中的语句格式为

> Call List1.AddItem(Text1.Text)

的作用是将文本框 Text1 中的文本作为一个项目添加到列表框 List1 中去。注意小括号不能少，因为 Text1.Text 是对象的属性名，是一个变量。

● RemoveItem 方法：从列表框中删除项目。格式为

> Object.RemoveItem Index

其中，Object 是列表框对象的名称；Index 是指要删除项目的顺序号（整数值）。

例题中的语句格式为

> Call List1.RemoveItem(List1.ListIndex)

的作用是删除列表框中所选中的项目。属性 ListIndex 是指列表框中选中项目的下标。

● Clear 方法：删除列表框中的所有项目。格式为

> Object.Clear

其中，Object 是列表框对象的名称。

在本例的界面设计时，没有对列表框对象 List1 的属性进行设置，读者可试着分别改变 Style，Enabled，Text，Visible，MultiSelect 等属性的值，然后运行，看看效果有什么变化。

在本例中，不能同时删除列表框中的多个项目，若要做到这一点，则要对 MultiSelect 进行设置，MultiSelect 属性可取 0，1，2 三个值，表 6-9 列出了 MultiSelect 属性的取值及含义。

表 6-9　MultiSelect 属性的取值及含义

值	描　　　述
0	默认值，表示列表框不允许复选
1	表示列表框允许简单复选。鼠标单击或按下空格键在列表中选中或取消选中项
2	表示列表框允许扩展复选。按下 Shift 键并单击鼠标或按下 Shift 键及一个箭头键，将在以前选中项的基础上扩展选择到当前选中项。按下 Ctrl 键并单击鼠标来在列表中选中或取消选中项

若再实现同时删除多个项目，则把列表框对象 List1 的 MultiSelect 属性值设为 2，删除命令按钮的代码修改如下：

```
' 能同时删除多个所选项目的删除按钮代码
Private Sub CmdDelete_Click()
    Dim i As Integer, flag As Boolean
    flag = True
    Do While flag
```

```
        flag = False
        For i = 0 To List1.ListCount - 1
            If List1.Selected(i) Then
                Call List1.RemoveItem(i)
                flag = True
                Exit For
            End If
        Next
    Loop
End Sub
```

代码中 List1.Selected(i)是用来判断列表框中顺序号为 i 的项目是否被选中，若选中则删除。

6.2.4 组合框（ComboBox）

组合框在工具箱中的名称为 ComboBox。组合框与列表框的功能相似。在结构上，组合框控件是将文本框控件和列表框控件结合在一起，所以，组合框控件的特性也是将文本框控件和列表框控件的特性结合在一起，既可以在组合框控件的文本框部分输入信息，也可以在组合框控件的列表框部分选择一项。

组合框的属性，方法和事件也与列表框类似，表 6-10 列出了组合框的主要属性，方法和事件。

表 6-10　组合框的主要属性，方法和事件

属性 / 方法 / 事件	描　　述
属性	
Name	设置控件对象的名称，习惯用 cbo 为前缀
List	字符串数组，用以表示组合框中的各选项的内容，数组中的每一元素都是组合框中的一个选项，数组下标从 0 开始
ListCount	组合框中选项的总个数
ListIndex	当前所选的选项的数组下标值，若没有选择，则该值为−1
Locked	返回或设置一个值，以指定控件是否可被编辑。若为 True，则不能编辑，若为 False，则可以编辑
Sorted	指出组合框各选项是否自动按字母顺序排列
Style	设置组合框的外观，0 表示标准组合框，1 表示带复选框的组合框
Text	返回组合框中选定项目的文本
Visible	设置控件对象是否可见，True 表示可见，False 表示不可见
方法	
AddItem	向组合框中添加项目
Clear	清除组合框中所有项目

续表

属性 / 方法 / 事件	描 述
RemoveItem	从组合框中删除一个项目
SetFocus	把焦点转移到组合框
事件	
Click	当用户在组合框的项目上单击时调用
DblClick	当用户在组合框的项目上双击时调用
Change	当组合框内的文本变化时调用
DropDown	当组合框内下拉列表显示时调用
GetFocus	当组合框接收到焦点时调用
LostFocus	当组合框失去焦点时调用

例 6-5 设计一个如图 6-6 所示的界面，并实现对组合框的内容的添加、删除及清除组合框的全部项目。

分析：该例与例 6-4 相似，把例 6-4 中的列表框换成组合框即可。

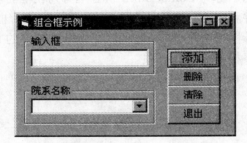

图 6-6 例 6-5 的运行效果图

1）界面设计

新建一工程，在窗体中依次添加两个框架对象，一个文本框对象，一个组合框对象，四个命令按钮对象，并调整它们的位置和大小。上述对象的属性设置如表 6-11 所示。

表 6-11 例 6-5 中各对象的属性设置

对象（名称）	属 性	属 性 值
Form（Form1）	Caption	列表框示例
Frame（Frame1）	Caption	输入框
Frame（Frame2）	Caption	院系名称
Text（Text1）	Text	空白字符串
ComboBox（Combo1）		各属性值均为默认值，没有改变
CommandButton（CmdAdd）	Caption	添加
CommandButton（CmdDelete）	Caption	删除
CommandButton（CmdClear）	Caption	清除
CommandButton（CmdExit）	Caption	退出

2）事件代码编写

四个命令按钮的单击事件的代码如下：

```
' 添加命令按钮代码
Private Sub CmdAdd_Click()
    Call Combo1.AddItem(Text1.Text)
Combo1.Text = Text1.Text
Text1.Text = ""
End Sub

' 添加删除按钮代码
Private Sub CmdDelete_Click()
    Call Combo1.RemoveItem(Combo1.ListIndex)
Combo1.Text = Combo1.List(0)
End Sub

' 添加清除按钮代码
Private Sub CmdClear_Click()
    Combo1.Clear
End Sub

' 添加退出按钮代码
Private Sub CmdExit_Click()
    End
End Sub
```

例6-6 设计如图6-2所示的学生选课窗口，并实现从待选课程选课到已选课程中去，或把已选的课程移回到待选课程中去。

分析：课程从一个列表框 A 移到另一个列表框 B，其方法是在 B 列表框中添加一个项目，在 A 列表框中删除该项目即可实现。

1）界面设计

新建一工程，在窗体中添加四个框架对象，七个标签对象，两个文本框对象，三个组合框对象，两个单选按钮对象，六个复选框对象，两个列表框对象和四个命令按钮对象。根据图6-2所示，注意对象的添加顺序和包容关系。这些对象的属性设置如表6-12所示。

表 6-12　例 6-6 中各对象的属性设置

对象（名称）	属　性	属　性　值
Form (Form1)	Caption	学生选课窗口
Frame (Frame1)	Caption	学生基本信息
Label (Label1)	Caption	学号
	AutoSize	True
TextBox (Text1)	Text	空

对象（名称）	属　性	属　性　值
Label (Label2)	Caption	姓名
	AutoSize	True
TextBox (Text2)	Text	空
Label (Label3)	Caption	学院
	AutoSize	True
ComboBox (Combo1)	List	数信学院
		理电学院
		化工学院
		生命科学学院
		环资学院
		传播学院
	Text	空
Label (Label4)	Caption	专业
	AutoSize	True
ComboBox (Combo2)	List	应用数学
		信息管理
		通信工程
		化学
		应用化学
		生物工程
		生命科学
		物理学
		教育技术
		新闻与传播
	Text	空
Label (Label5)	Caption	年级
	AutoSize	True
ComboBox (Combo2)	List	2010 级
		2011 级
		2012 级
		2013 级
	Text	空
Frame (Frame2)	Caption	性别
OptionButton(Option1)	Caption	男
	Value	True
OptionButton(Option2)	Caption	女

续表

对象（名称）	属 性	属 性 值
Frame (Frame3)	Caption	爱好
CheckBox (Check1)	Caption	音乐
CheckBox (Check2)	Caption	舞蹈
CheckBox (Check3)	Caption	球类
CheckBox (Check4)	Caption	棋类
CheckBox (Check5)	Caption	美术
CheckBox (Check6)	Caption	旅游
Frame (Frame4)	Caption	选课信息
Label (Label6)	Caption	待选课程
	AutoSize	True
ListBox (List1)	List	大学英语
		高等数学
		普通物理
		计算机文化基础
		Visual Basic 程序设计
		线性代数
		大学体育
		C 语言程序设计
		接口技术
		通信原理
		数据库原理与应用
		面向对象的程序设计
Label (Label7)	Caption	已选课程
	AutoSize	True
ListBox (List2)		均为默认值，不要改
CommandButton (Command1)	Caption	>
CommandButton (Command2)	Caption	>>
CommandButton (Command3)	Caption	<
CommandButton (Command4)	Caption	<<

2）事件代码编写

```
' 把选中的课程添加到已选课程中去,同时在待选课程中删除该课程
Private Sub Command1_Click()
If List1.ListIndex <> -1 Then
    Call List2.AddItem(List1.Text)    ' 把 List1 中选中的选项添加到 List2 中去
    Call List1.RemoveItem(List1.ListIndex)
End If
```

```
End Sub

' 把待选课程的课程全部添加到已选课程中去,同时在待选课程中删除这些课程
Private Sub Command2_Click()
Dim i As Integer
For i = 0 To List1.ListCount - 1
    List1.ListIndex = i      ' 设置 ListIndex 的值为 i,即相当于选取第 i 项
    Call List2.AddItem(List1.Text)
Next
Call List1.Clear
End Sub


' 把选定的已选课程移到待选课程中去,同时在已选课程中删除该课程
Private Sub Command3_Click()
If List2.ListIndex <> -1 Then
    Call List1.AddItem(List2.Text)
    Call List2.RemoveItem(List2.ListIndex)
End If
End Sub


' 把已选课程的课程全部移到待选课程中去,同时在已选课程中删除这些课程
Private Sub Command4_Click()
Dim i As Integer
For i = 0 To List2.ListCount - 1
    List2.ListIndex = i
    Call List1.AddItem(List2.Text)
Next
Call List2.Clear
End Sub
```

上例中只是一个单独的界面,若要真的实现选课功能,还必须与数据库进行链接,有关与数据库链接的知识,请读者阅读第 11 章相关内容。

Visual Basic

6.3 图像和图片控件

图像和图片控件是 Visual Basic 中用来显示图像和图片功能的两个控件,在窗体界面适当加入图形和图像,可使界面美观大方,更具有亲和力。可加载到这两个控件上的图像文件格式有位图文件(.bmp,.dib,.cur)、图标文件(.ico)、图元文件(.wmf)、增强型图元文件(.emf)、JPEG 或 GIF 文件。

6.3.1 图像框（Image）

图像框控件在工具箱中的名称为 Image，主要用于显示图像。表 6-13 列出了图像框控件主要的属性。

表 6-13 图像框控件的主要属性

属 性	描 述
Enabled	设置控件对象是否可用，True 表示可用，False 表示不可用
Picture	设置控件对象要显示的图像
Stretch	设置图形是否可以拉伸，True 可以拉伸适应控件的大小，False 不可拉伸

6.3.2 图片框（PictureBox）

图片框控件在工具箱中的名称为 PictureBox，在 VB 中除了可以用来显示图形，还可以作为其他控件的容器，使多个控件对象成为一组。表 6-14 列出了图片控件主要的属性。

表 6-14 图片框控件的主要属性

属 性	描 述
Enabled	设置控件对象是否可用，True 表示可用，False 表示不可用
Picture	设置控件对象要显示的图形
AutoSize	设置控件的大小是否可以自动调整，True 可以，False 不可以

虽然图像控件和图片控件都是用来显示图形的，两者功能非常相似，但两者还是有区别的：

（1）Image 控件使用的系统资源少，重绘图的速度相对较快；

（2）Image 控件支持的属性、方法和事件比 PictureBox 控件少；

（3）Image 控件只能用于显示图形，而 PictureBox 控件除了可以显示图形外，还可以作为其他控件的容器，也可以利用剪切板给 PictureBox 控件添加图形。

（4）Image 控件能够延伸图形的大小，以适应控件的大小；而 PictureBox 控件则不能，但 PictureBox 控件能自动调整控件的大小以使图形全部显示出来。

6.3.3 图形文件的装入

两种控件对象装入要显示的图形有三种方法。

1．设计时装入图形文件

在设计时，可以利用属性窗口的 Picture 属性装入图形文件，操作步骤如下：
单击图像框或图片框使其成为活动控件。

在属性窗口中找到 Picture 属性栏，单击其右的三个小点（...），打开"加载图片"对话框，找到所需图形文件后，单击对话框的"打开"按钮，完成文件的装入。

2．利用剪切板装入图形文件

利用剪切板，可以装入所需的图形文件，方法如下：

（1）利用任何一款图像处理软件，绘制或找到并打开所需文件，并将该文件复制到剪切板中。

（2）使图片框或图像框成为活动状态，然后将剪切板中的图形粘贴到图片框或图像框中。

3．在代码中装入图形文件

在事件代码中，可使用 LoadPicture ()装入图形文件，格式如下：

> Object.Picture= LoadPicture ([FileName])

该语句的作用是把 FileNmae 所指的文件，装入 Object 所指对象中来。其中 Object 是指图片对象或图像对象的名称，文件名是指要装入图形文件的包括路径的文件名，若不包括路径，则指当前路径，文件名也可以省略，此时是指清除指定对象的图形显示。

例 6-7　设计如图 6-7 所示的界面，演示 Image 控件对象的 Stretch 属性和 Picture 控件对象的 Autosize 属性的效果。

分析：Stretch 属性是用于设置图形是否拉伸，若该属性值为 True，表示图形自动拉伸以适应 Image 控件对象的大小，若该属性值为 False，则表示不可拉伸，图形保持原状。PictureBox 控件的 Autosize 属性是用于设置控件的大小是否可自动调整，当 Autosize 属性为 True 时，表示控件大小会自动调整到图形的大小。若 Autosize 属性值为 False，则 PictureBox 对象不会自动调整大小至图形。

1）界面设计

新建一工程，在窗体上添加两个框架对象，一个图像对象，一个图片对象和两个命令按钮对象。如图 6-7 所示按排其位置和大小，表 6-15 列出了各对象的属性设置。

表 6-15　例 6-7 中各对象的属性设置

对象（名称）	属　　性	属　性　值
Frame (Frame1)	Caption	Image 对象的演示框
Frame (Frame2)	Caption	Picture 对象的演示框
Image (Image1)	Stretch	True
CommandButton (Command1)	Caption	Stretch 属性设为 False
CommandButton (Command2)	Caption	AutoSize 属性设为 True
PictureBox (Picture1)	AutoSize	False

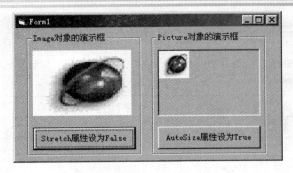

图 6-7　例 6-7 的运行效果图

2）事件代码编写

```
Private Sub Command1_Click()
    Image1.Stretch = False
    Command1.Enabled = False
End Sub

Private Sub Command2_Click()
    Picture1.AutoSize = True
    Command2.Enabled = False
End Sub

Private Sub Form_Load()
    Image1.Picture = LoadPicture("C:\windows\hlpglobe.gif")
    Picture1.Picture = LoadPicture("C:\windows\hlpglobe.gif")
End Sub
```

Visual Basic

6.4　滚动条控件

Visual Basic 提供两种滚动条控件：水平滚动条和垂直滚动条。水平滚动条在工具箱中的名称为 HscrollBar，垂直滚动条在工具箱中的名称为 VscrollBar。两种滚动条除了显示方向不同之外，结构和操作方式是一样的。滚动条通常用来辅助显示内容较多的信息，或用来对要显示的内容进行简便的定位，也可作为数量或进度的指示器。

滚动条常用的属性有 Name 属性和 Value 属性，常用的事件有 Change 事件。Change 事件中的代码一般是用来体现滚动条发生变化时用户希望产生的效果。表 6-16 列出了滚动条的常用属性、方法和事件。

表 6-16　滚动条的常用属性、方法和事件

属性／方法／事件	描　　述
属　　性	

属性 / 方法 / 事件	描　　　述
Name	设置控件对象的名称，水平滚动条习惯用 hsb 为前缀，垂直的用 vsb 为前缀
Enabled	设置控件对象是否可用，True 表示可用，False 表示不可用
LargeChange	设置当用户单击滚动条和滚动箭头之间的区域时，Value 属性值的改变量
Max	设置 Value 属性的最大值
Min	设置 Value 属性的最小值
SmallChange	设置当用户单击滚动箭头时，滚动条控件的 Value 属性值的改变量
Value	滑动框所在的位置
Visible	指定滚动条是否可见，值为 True 时可见，值为 False 时不可见
方法	
SetFocus	将焦点转移给滚动条
事件	
Change	当 Value 属性值改变时调用
GotFocus	当滚动条接收到焦点时调用
LostFocus	当滚动条失去焦点时调用
Scroll	当按住滑动框拖动时反复调用

注意表中的 Max 属性和 Min 属性，LargeChange 属性和 SmallChange 属性的区别。

例 6-8　设计一个如图 6-8 所示的运行界面，要求通过移动红绿蓝的滚动条可以改变颜色效果中的色彩，同时文本框会相应显示红绿蓝的值。

分析：颜色效果框架中放置了一个 PictureBox 对象，通过改变 PictureBox 对象的背景色，用户可看到效果。滚动条变化是通过 Value 属性的值体现的。Value 的值是数值数据，即 Value 的变化影响到 PictureBox 对象的背景色的变化，此时要用 RGB()函数来实现。

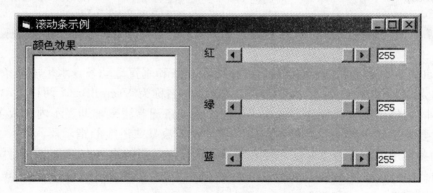

图 6-8　例 6-8 的运行界面

1）界面设计

新建一工程，在窗体中添加一个框架对象，一个图片对象，三个标签对象，三个水平滚动条对象，三个文本框对象。其大小和位置如图所示。各对象的属性设置如表 6-17 所示。

表 6-17 例 6-8 中各对象的属性设置

对象（名称）	属性	属性值
Form (Form1)	Caption	滚动条示例
Frame (Frame1)	Caption	颜色效果
PictureBox (Picture1)	BackColor	&H00FFFFFF&
Label (Label1)	Caption	红
	AutoSize	True
Label (Label2)	Caption	绿
	AutoSize	True
Label (Label3)	Caption	蓝
	AutoSize	True
TextBox (Text1)	Text	255
TextBox (Text2)	Text	255
TextBox (Text3)	Text	255
HScrollBar (Hscroll1、Hscroll2、HScroll3)	LargeChange	32
	SmallChange	4
	Max	255
	Min	0
	Value	255

2）事件代码编写

```
' 红色的滚动条改变事件
Private Sub HScroll1_Change()
    Picture1.BackColor = RGB(HScroll1.Value, HScroll2.Value, HScroll3.Value)
    Text1.Text = HScroll1.Value
End Sub

' 绿色的滚动条改变事件
Private Sub HScroll2_Change()
    Picture1.BackColor = RGB(HScroll1.Value, HScroll2.Value, HScroll3.Value)
    Text2.Text = HScroll2.Value
End Sub

' 蓝色的滚动条改变事件
Private Sub HScroll3_Change()
    Picture1.BackColor = RGB(HScroll1.Value, HScroll2.Value, HScroll3.Value)
    Text3.Text = HScroll3.Value
End Sub
```

注意：RGB 函数的格式是，RGB(R，G，B)。其中 R，G，B 的取值范围都是 0～255，所以，本例中的 HscrollBar 对象的 Min，Max 属性的值分别是 0，255。

本例中的文本框只能用来显示红、绿、蓝的值，不能通过修改文本框的值来改变颜色效果和滚动条的位置，本章后面的例 6-16 给出了通过修改文本框中的值来改变颜色效果的示例。

6.5　计时器控件

计时器控件在工具箱中的名称为 Timer。是一种独立于用户、按一定时间间隔周期性地自动引发事件的控件。计时器控件必须依附在窗体上，在程序运行时，它是不可见的。

Timer 控件通过 Interval 属性设置定时器触发的周期（毫秒数），即触发计时器两个事件之间的毫秒数。该控件会自动检查系统时间是否符合 Interval 属性值，判断是否执行某项任务。表 6-18 列出了计时器控件的常用属性、方法和事件。

表 6-18　计时器控件的常用属性、方法和事件

属性 / 方法 / 事件	描　　述
属　　性	
Name	设置控件对象的名称，习惯用 tmr 为前缀
Enabled	设置控件对象是否对事件产生响应，True 表示响应，False 表示不响应
Interval	定时器事件之间的毫秒数
事件	
Timer	以 Interval 设置的值为间隔的频率，周期性地调用

例 6-9　设计一个界面如图 6-9 所示的窗体，要求显示的时间与系统时间一致，且时间文本在窗体中左右不停地移动。

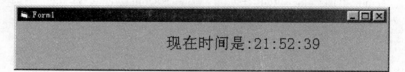

图 6-9　例 6-9 的运行界面

分析：要实现显示的时间与系统时间一致，则必须要用 Timer 控件，要实现文本在窗体中左右移动，即要改变文本对象的 Left 属性值。同理，若要实现上下移动，则要改变对象的 Top 属性值。若要实现对象在窗体中对角移动，应如何改变对象属性的值？请读者自行思考。

1）界面设计

在窗体中添加一个标签对象和一个计时器对象。并将标签对象的 Font 属性设置为宋体，三号字，其他对象的属性值均为默认值。

2）事件代码编写

```
' 在窗体装入时,设置计时器时间间隔为 100ms
```

```
        Private Sub Form_Load()
            Timer1.Interval = 100
        End Sub


        ' 计时器的触发事件,用于更新标签的标题
        Private Sub Timer1_Timer()
            Label1.Caption = "现在时间是:" & Time
            If Label1.Left < Form1.Width Then
                Label1.Left = Label1.Left + 50
             Else
                Label1.Left = 200
            End If
        End Sub
```

本例中通过改变 Label1 对象的 Left 属性来实现标签对象的移动，若 Left 属性的值大于或等于窗体的宽度，则表示标签已经移到了窗体的最右端，此时设置 Label1.Left 的值。让 Label1 又重新从窗体的左边出现。

例 6-10   设计一个模拟抽奖的程序，其界面如图 6-10 所示。要求单击"开始"按钮，则不停地随机产生五组两位数的数字；单击"抽奖"按钮，则确定中奖数字。

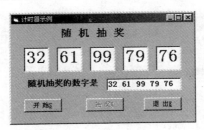

图 6-10   例 6-10 的运行界面

分析：随机数是通过随机函数来产生的，要不断地产生，则要用计时器控件来控制，设置计时器对象的 Interval 属性值，定期产生随机数。要实现单击"开始"按钮，再产生，则表明 Timer 对象的 Enabled 属性设置初始为 False，单击"开始"按钮后，该属性设置为 True。单击"抽奖"按钮，则为再产生随机数，此时表明 Timer 对象的 Enabled 属性又改为 False。

1）界面设计

在窗体上添加 7 个标签控件对象，一个文本框对象，三个命令按钮对象和一个计时器对象，并按图中所示调整好大小和位置。上述对象的属性设置如表 6-19 所示。

表 6-19   例 6-10 中各对象的属性设置

对象（名称）	属　　性	属　性　值
Form (Form1)	Caption	计时器示例
Label (Label1)	Caption	随机抽奖
	Font	宋体 加粗 三号

续表

对象（名称）	属　性	属　性　值
Label（Label2, Label3, Label4, Label5, Label6)	Caption	空字符
	Alignment	2-center
	BorderStyle	Fixed Single
	Font	宋体 加粗 三号
Label（Label7)	Caption	随机抽奖的数字是：
	Font	宋体 加粗 小四号
CommandButton（Command1)	Caption	开始&S
CommandButton（Command2)	Caption	抽奖&X
	Enabled	False
CommandButton（Command3)	Caption	退出&E
	Enabled	False
Timer（Timer1)	Interval	10
	Enabled	False

2）事件代码编写

```
Private Sub Command1_Click()
    Timer1.Enabled = True
    Command2.Enabled = True
    Command1.Enabled = False
End Sub

Private Sub Command2_Click()
    Timer1.Enabled = False
    Text1.Text = Label2.Caption + " " + Label3.Caption + " " + _
    Label4.Caption + " " + Label5.Caption + " " + Label6.Caption
    Command2.Enabled = False
    Command1.Enabled = True
    Command3.Enabled = True
End Sub

Private Sub Command3_Click()
    End
End Sub

Private Sub Timer1_Timer()
    Randomize
    Label2.Caption = Fix(Rnd * 90) + 10
    Label3.Caption = Fix(Rnd * 90) + 10
    Label4.Caption = Fix(Rnd * 90) + 10
```

```
        Label5.Caption = Fix(Rnd * 90) + 10
        Label6.Caption = Fix(Rnd * 90) + 10
    End Sub
```

Visual Basic

6.6 键盘事件

当用户使用键盘键进行交互时，就会产生键盘事件。Visual Basic 提供了三个控制键盘事件的事件过程：KeyPress、KeyDown 和 KeyUp。当按下键时，调用 KeyPress 和 KeyDown；当释放键时，调用 KeyUp。表 6-20 列出了与键盘事件有关的键码常量。

表 6-20 与键盘事件有关的键码常量

常量	ASCII 值	描述
vbKeyA～vbKeyZ	65～90	A～Z 键
vbKeyNumpad0～ vbKeyNumpad9	96～105	小键盘的数字键 0～9
vbKey0～vbKey9	48～57	数字键 0～9
vbKeyF1～vbKeyF16	112～127	功能键 F1～F16
vbKeyDecimal	110	小数点键
vbKeyBack	8	BackSpace 键
vbKeyTab	9	Tab 键
vbKeyReturn	13	Return 键
vbKeyShift	16	Shift 键
vbKeyControl	17	Ctrl 键
vbKeyCaptital	20	Caps Lock 键
vbKeyEscape	27	Escape 键
vbKeySpace	32	空格键
vbKeyInsert	45	Intsert 键
vbKeyDelete	46	Delete 键

6.6.1 KeyPress 事件

当用户按下和松开一个 ANSI 键时发生 KeyPress 事件。ANSI 键包括数字、大小写字母、Enter、Backspace、Esc、Tab 等键。Shift、Ctrl、Alt 和方向键不会产生 KeyPress 事件。

KeyPress 事件过程的语法格式为

格式 1：Private Sub Form_KeyPress(KeyASCII As Integer)

或

格式 2：Private Sub object_KeyPress([Index As Integer,] KeyASCII As Integer)

其中，

格式 1 是指窗体对象的 KeyPress 事件，格式 2 是指其他对象的 KeyPress 事件。

Objeet：对象名称。

Index：是一个整数，若为控件数组，则用来标识一个在控件数组的下标。

KeyASCII：是返回一个标准数字 ANSI 键代码的整数。KeyASCII 通过引用传递，对它进行改变可给对象发送一个不同的字符。将 KeyASCII 改变为 0 时可取消击键，这样一来对象便接收不到字符。

例 6-11 编写一个如图 6-11 所示的简易的键盘指法练习程序。单击"开始"按钮，进行指法练习，同时"开始"按钮变为"结束"按钮。字母在屏幕上向上移动，输入正确则会消失，同时随机产生新的字母。要求能统计正确率和击键次数。

1）界面设计

在窗体上添加四个标签对象，一个命令按钮对象，两个计时器对象。一个用于随机产生字母和控制字母在窗体中的移动，另一个用于计时，当到达一定时间时，即使没有单击"结束"按钮，也会结束指法练习。如图 6-11 所示调整其位置和大小。各对象的初始属性设置如表 6-21 所示。

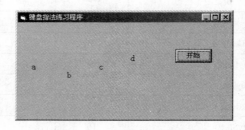

图 6-11 例 6-11 的运行结果界面

表 6-21 例 6-10 中各对象的初始属性设置

对象（名称）	属 性	属 性 值
Form (Form1)	Caption	键盘指法练习程序
	KeyPreview	True
Label (Label1, Label2, Label3, Label4)	Caption	分别为：a,b,c,d
	Font	宋体，小四号
Command (Command1)	Caption	开始
Timer (Timer1)	Enabled	False
	Interval	10
Timer (Timer2)	Enabled	False
	Interval	60000

2）事件代码编写

```
Dim n As Integer, m As Integer   ' m 用于统计击键的次数，n 用于统计击键正确的次数
```

```
Private Sub Command1_Click()
    If Command1.Caption = "开始" Then
        Form1.Cls
        Timer1.Enabled = True
        Timer2.Enabled = True
        Command1.Caption = "结束"
    Else
        Command1.Caption = "开始"
        Timer1.Enabled = False
        Timer2.Enabled = False
        If m > 0 Then Print "正确率为:" & n / m * 100&; "%"
            Print "击键次数:" & m & "次"
    End If
End Sub


Private Sub Form_KeyPress(KeyASCII As Integer)
    m = m + 1
    If Chr(KeyASCII) = Label1.Caption Then
        Label1.Caption = ""
        n = n + 1
    Else
        If Chr(KeyASCII) = Label2.Caption Then
        Label2.Caption = ""
        n = n + 1
        Else
            If Chr(KeyASCII) = Label3.Caption Then
                Label3.Caption = ""
                n = n + 1
            Else
                If Chr(KeyASCII) = Label4.Caption Then
                Label4.Caption = ""
                n = n + 1
                End If
            End If
        End If
    End If
End Sub


Private Sub Timer1_Timer()
    Randomize
    If Label1.Caption = "" Then
        Label1.Top = Form1.ScaleHeight
        Label1.Caption = Chr(CInt(Rnd * 26 + 97))        '随机产生一个小写字母
    Else
```

```
        Label1.Top = Label1.Top - 20
    End If
    If Label2.Caption = "" Then
        Label2.Top = Form1.ScaleHeight
        Label2.Caption = Chr(CInt(Rnd * 26 + 97))
    Else
        Label2.Top = Label2.Top - 20
    End If
    If Label3.Caption = "" Then
        Label3.Top = Form1.ScaleHeight
        Label3.Caption = Chr(CInt(Rnd * 26 + 97))
    Else
        Label3.Top = Label3.Top - 20
    End If
    If Label4.Caption = "" Then
        Label4.Top = Form1.ScaleHeight
        Label4.Caption = Chr(CInt(Rnd * 26 + 97))
    Else
        Label4.Top = Label4.Top - 20
    End If
    If Label1.Top <= 0 Then Label1.Top = Form1.ScaleHeight
    If Label2.Top <= 0 Then Label2.Top = Form1.ScaleHeight
    If Label3.Top <= 0 Then Label3.Top = Form1.ScaleHeight
    If Label4.Top <= 0 Then Label4.Top = Form1.ScaleHeight
    End Sub

    Private Sub Timer2_Timer()
        Command1_Click
    End Sub
```

注意：具有焦点的对象都可以接收 KeyPress 事件。一个窗体仅在它没有可视和有效的控件或 KeyPreview 属性被设置为 True 时才能接收该事件。所以例 6-11 中因为窗体中有命令按钮控件，所以要将 Form1 的 KeyPreview 属性设置为 True。如果 From1 的 KeyPreview 属性没有设置为 True，则该窗体上的其他控件先于窗体接收此事件。读者可以在上机实践时设置 Form1 的 KeyPreview 属性的值为 False，再运行，看效果有何不同。

6.6.2　KeyDown 事件和 KeyUp 事件

当一个对象具有焦点且按下一个键时发生 KeyDown 事件，松开一个键时发生 KeyUp 事件。这两个事件接收所有的按键，包括 Shift、Ctrl 和 Alt 及功能键和编辑键。所以当处理 KeyPress 事件不能接收的按键时，要用 KeyDown 事件和 KeyUp 事件来进行处理。

KeyDown 事件的语法格式如下。

格式 1：Private Sub Form_KeyDown(KeyCode As Integer, Shift As Integer)

或

格式 2：Private Sub Object_KeyDown([Index As Integer,]KeyCode As Integer, Shift As Integer)

KeyUp 事件的语法格式如下。

格式 1：Private Sub Form_KeyUp(KeyCode As Integer, Shift As Integer)

或

格式 2：Private Sub Object_KeyUp([Index As Integer,]KeyCode As Integer, Shift As Integer)

其中，

格式 1 是指窗体对象的按下或松开鼠标事件,格式 2 是指其他对象的按下或松开鼠标事件。

Object：是引发该事件的对象名称。

Index：是一个整数，如果对象是控件数组中的一个，则使用 Index 参数标识该控件。

KeyCode：用来返回一个键的代码。键码将键盘上的物理按键与一个数值相对应，并定义了键码常数（见表 6-20）。

Shift：该参数用来响应 Shift、Ctrl 和 Alt 键的状态的一个整数。当 Shift 的值为 0 时，表明 Shift 键、Ctrl 键和 Alt 键都没有按下；当 Shift 的值为 1 时，表明按下了 Shift 键；当 Shift 的值为 2 时，表明按下了 Alt 键；当 Shift 的值为 4 时，表明按下了 Ctrl 键；当 Shift 的值为 3 时，表明同时按下了 Shift 键和 Ctrl 键；当 Shift 的值为 5 时，表明同时按下了 Shift 键和 Alt 键；当 Shift 的值为 6 时，表明同时按下了 Ctrl 键和 Alt 键；当 Shift 的值为 7 时，表明同时按下了 Shift 键、Ctrl 键和 Alt 键。

例 6-12　编写一个程序，在窗体中演示按下不同的组合键，设置不同的前景色，当松开按键时，前景色置为黑色。

分析：要测试组合键要用 KeyDown 事件，松开按键要用 KeyUp 事件。

1）界面设计

新建一工程。在窗体上不要添加任何控件。

2）事件代码编写

```
Private Sub Form_KeyDown(KeyCode As Integer, Shift As Integer)
Select Case Shift
    Case 1
' 若按下了 Shift 键,同时输入字母字符,则这些字符的颜色为黄色
        ForeColor = vbYellow
    Case 2
        ' 若按下了 Alt 键,同时输入字母字符,则这些字符的颜色为红色
ForeColor = vbRed
    Case 4
        ' 若按下了 Ctrl 键,同时输入字母字符,则这些字符的颜色为绿色
ForeColor = vbGreen
    Case 3
        ' 若按下了 Shift+Alt 键,同时输入字母字符,则这些字符的颜色为蓝色
```

```
        ForeColor = vbBlue
        Case 5
                    ' 若按下了 Shift+Ctrl 键,同时输入字母字符,则这些字符的颜色为品红色
        ForeColor = vbMagenta
        Case 6
                    ' 若按下了 Alt+Ctrl 键,同时输入字母字符,则这些字符的颜色为青绿色
        ForeColor = vbCyan
        Case 7
            Call Cls                    ' 若按下了 Shift+Alt+Ctrl 键,则清除窗体上的内容
    End Select
    If KeyCode >= vbKeyA And KeyCode <= vbKeyZ Then
        '若按下的是 A～Z,则输出原字符
        Print Chr$(KeyCode);
    ElseIf KeyCode = vbKeyReturn Then                '若按下的是回车键,则从下一行输出
        Print
    End If
End Sub


Private Sub Form_KeyUp(KeyCode As Integer, Shift As Integer)
' 当按下的 Shift,Ctrl,Alt 等键松开时,再输入字母字符,则这些字符的颜色为黑色
        ForeColor = vbBlack
End Sub
```

Visual Basic

6.7 鼠标事件

由用户操作鼠标所引起的、能够被 Visual Basic 各种对象识别的事件即为鼠标事件。常用的鼠标事件有单击（Click）、双击（DblClick）、按下任意键（MouseDown）、释放任意键（MouseUp）和移动鼠标（MouseMove）等。

6.7.1 Click 事件

此事件是按下然后释放一个鼠标按键时发生。

该事件的语法格式如下。

格式 1：Private Sub Form_Click( )

或

格式 2：Private Sub Object_Click([Index As Integer])

其中，

格式 1 是窗体的单击事件，格式 2 是其他对象的单击事件。

Object：是引发该事件的对象名称。

Index：是一个整数，如果对象是控件数组中的一个，则使用 Index 参数标识该控件。

6.7.2 DblClick 事件

当在一个对象上按下和释放鼠标按键并再次按下和释放鼠标按键时，该事件发生。该事件的语法格式如下。

格式 1：Private Sub Form_DblClick ( )

或

格式 2：Private Sub Object_DblClick ([Index As Integer])

其中，

格式 1 是窗体的双击事件，格式 2 是其他对象的双击事件。

Object：是引发该事件的对象名称。

Index：是一个整数，如果对象是控件数组中的一个，则使用 Index 参数标识该控件。

例 6-13 编写一个程序，在窗体上设计一标签，单击标签标题，则标签标题从右到左移动，双击标签标题，则标题从左到右移动，单击结束按钮，停止移动。

分析：本例主要测试鼠标单击和双击。编写标签的 Click 事件和 DblClick 事件。标题从右到左移动是指标签的 Left 属性递减，标题从左到右移动是指标签的 Left 属性递增。

1）界面设计

新建一工程，在窗体中添加一个标签对象和两个计时器对象，一个命令按钮对象。各对象的位置和大小如图 6-12 所示。各对象的属性设置如表 6-22 所示。

图 6-12 例 6-13 的运行效果

表 6-22 例 6-13 中各对象的属性设置

对象（名称）	属 性	属 性 值
Form (Form1)	Caption	Click 和 DblClick 示例
Label (Label1)	Caption	单击我和双击我，效果不一样哦
	Autosize	True
Timer (Timer1)	Interval	100
	Enabled	False
Timer (Timer2)	Interval	100
	Enabled	False
Command (Command1)	Caption	结束

2）事件代码编写

```
Private Sub Command1_Click()
    Timer1.Enabled = False
    Timer2.Enabled = False
End Sub

Private Sub Label1_Click()
    Timer1.Enabled = True
    Timer2.Enabled = False
End Sub

Private Sub Label1_DblClick()
    Timer1.Enabled = False
    Timer2.Enabled = True
End Sub

Private Sub Timer1_Timer()
    If Label1.Left > 0 Then
        Label1.Left = Label1.Left - 20
    Else
        Label1.Left = Form1.Width
    End If
End Sub

Private Sub Timer2_Timer()
    If Label1.Left < Form1.Width Then
        Label1.Left = Label1.Left + 20
    Else
        Label1.Left = 0
    End If
End Sub
```

6.7.3　MouseMove 事件

此事件在移动鼠标时发生。

MouseMove 事件的语法格式如下。

格式 1：

Private Sub Form_MouseMove(Button As Integer, Shift As Integer, x As Single, y As Single)

或格式 2：

Private Sub object_MouseMove([Index As Integer,] Button As Integer, Shift As Integer, x As Single, y As Single)

其中，

格式 1 是窗体的鼠标移动事件，格式 2 是其他对象的鼠标移动事件。

Object：是引发该事件的对象名称。

Index：是一个整数，如果对象是控件数组中的一个，则使用 Index 参数标识该控件。

Button：该参数返回的是一个整数，它对应鼠标各个按键的状态。当鼠标左键被按下，Button 的返回值为 1；当鼠标右键被按下，Button 的返回值为 4；当鼠标中键被按下，Button 的返回值为 2；当鼠标左、右键同时被按下，Button 的返回值为 5；当鼠标左、中键同时被按下，Button 的返回值为 3；当鼠标中、右键同时被按下，Button 的返回值为 6；当鼠标左、中、右键同时被按下，Button 的返回值为 7。

Shift：该参数用来响应 Shift、Ctrl 和 Alt 键的状态的一个整数。当 Shift 的值为 0 时，表明 Shift 键、Ctrl 键和 Alt 键都没有按下；当 Shift 的值为 1 时，表明按下了 Shift 键；当 Shift 的值为 2 时，表明按下了 Ctrl 键；当 Shift 的值为 4 时，表明按下了 Alt 键；当 Shift 的值为 3 时，表明同时按下了 Shift 键和 Ctrl 键；当 Shift 的值为 5 时，表明同时按下了 Shift 键和 Alt 键；当 Shift 的值为 6 时，表明同时按下了 Ctrl 键和 Alt 键；当 Shift 的值为 7 时，表明同时按下了 Shift 键、Ctrl 键和 Alt 键。

x, y：这两个参数返回一个鼠标指针的当前位置。

6.7.4　MouseDown 事件

此事件是按下鼠标按键时发生的。

MouseDown 事件的语法格式如下。

格式 1：

Private Sub Form_MouseDown(Button As Integer, Shift As Integer, x As Single, y As Single)

或格式 2：

Private Sub Object_MouseDown([Index As Integer,]Button As Integer, Shift As Integer, x As Single, y As Single)

参数与 MouseMove 事件中的参数的意义基本相同。

6.7.5　MouseUp 事件

此事件是松开鼠标按键时发生的。

MouseUp 事件的语法格式如下。

格式 1：

Private Sub Form_MouseUp(Button As Integer, Shift As Integer, x As Single, y As Single)

或格式 2：

Private Sub Object _MouseUp([Index As Integer,]Button As Integer, Shift As Integer, x As Single, y As Single)

参数与 MouseMove 事件中的参数的意义基本相同。

例 6-14　编写一个简单的在窗体中用鼠标绘图的应用程序。

分析：用鼠标绘图的基本过程是按下鼠标左键表示开始启动绘图，此时移动鼠标开始绘制，松开鼠标则关闭绘图，停止绘制。

1）界面设计

新建一工程，在窗体中不要添加其他控件对象，窗体的属性也不要更改。

2）事件代码设计

```
Dim PaintNow As Boolean '声明变量。
Private Sub Form_MouseDown(Button As Integer, Shift As Integer, X As Single, Y As Single)
    PaintNow = True                '启动绘图
End Sub


Private Sub Form_MouseUp(Button As Integer, Shift As Integer, X As Single, Y As Single)
    PaintNow = False               '关闭绘图
End Sub


Private Sub Form_MouseMove(Button As Integer, Shift As Integer, X As Single, Y As Single)
    If PaintNow Then
        PSet (X, Y)                '画一个点
    End If
End Sub


Private Sub Form_Load()
    DrawWidth = 10                 '使用更宽的刷子
    ForeColor = RGB(0, 0, 255)     '设置绘图颜色
End Sub
```

上述程序运行结果如图 6-13 所示。

图 6-13　例 6-14 的运行结果

说明：程序中用了 Pset 方法绘一个点。该方法的格式如下：

Object.PSet [Step] (x, y), [color]

功能：将对象上的点设置为指定颜色。

其中，

Object：可选的项。指对象名称。如果 Object 省略，具有焦点的窗体作为 Object。

Step：可选的。关键字，指定相对于由 CurrentX 和 CurrentY 属性提供的当前图形

位置的坐标。

(x, y)：必选的。Single（单精度浮点数），被设置点的水平（x 轴）和垂直（y 轴）坐标。

Color：可选的。Long（长整型数），为该点指定的 RGB 颜色。如果它被省略，则使用当前的 ForeColor 属性值。可用 RGB 函数或 QBColor 函数指定颜色。

Visual Basic

6.8　焦点事件

6.8.1　GotFocus 事件

当对象获得焦点时产生该事件；获得焦点可以通过诸如 TAB 切换，或单击对象之类的用户动作，或在代码中用 SetFocus 方法改变焦点来实现。

GotFocus 事件的语法格式如下。

格式 1：Private Sub Form_GotFocus( )

或

格式 2：Private Sub Object_GotFocus([Index As Integer])

其中，

格式 1 是指窗体对象获得焦点的事件，格式 2 是指其他对象获得焦点的事件。

Object：是引发该事件的对象名称。

Index：是一个整数，如果对象是控件数组中的一个，则使用 Index 参数标识该控件。

6.8.2　LostFocus 事件

此事件是在一个对象失去焦点时发生，焦点的丢失或者是由于制表键移动或单击另一个对象操作的结果，或者是代码中使用 SetFocus 方法改变焦点的结果。

LostFocus 事件的语法格式如下。

格式 1：Private Sub Form_LostFocus( )

格式 2：Private Sub Object_LostFocus([Index As Integer])

其中，

格式 1 是指窗体对象失去焦点的事件，格式 2 是指其他对象失去焦点的事件。

Object：是引发该事件的对象名称。

Index：是一个整数，如果对象是控件数组中的一个，则使用 Index 参数标识该控件。

例 6-15　编写一个程序，演示获得焦点和失去焦点事件。

1）界面设计

新建一工程，在窗体上添加两个文本框对象和一个标签对象。各对象的属性用默认值，不要更改。其界面如图 6-14 所示。

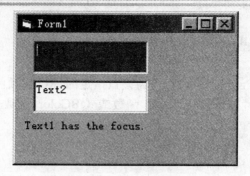

图 6-14 例 6-15 的运行效果

2）事件代码编写

```
Private Sub Text1_GotFocus()
    ' 获得焦点用红色显示
    Text1.BackColor = RGB(255, 0, 0)
    Label1.Caption = "Text1 has the focus."
End Sub

Private Sub Text1_LostFocus()
    ' 用蓝色显示失去焦点
    Text1.BackColor = RGB(0, 0, 255)
    Label1.Caption = "Text1 does't have the focus"
End Sub
```

例 6-16 题目同例 6-8，增加修改相应文本框中的值也可以改变颜色效果。

分析：例 6-8 中的事件代码只把滚动条的变化值反映到文本框中来，没有把文本框中的文本的变化反映到滚动条中去。此处只要实现把文本框中的文本的变化反映到滚动条中去即可实现修改相应文本框中的值也可以改变颜色效果。

1）界面设计

请参见例 6-8。

2）事件代码编写

在例 6-8 的代码基础上增加下列代码：

```
Private Sub Text1_KeyPress(KeyASCII As Integer)
    If KeyASCII = vbKeyReturn Then
        Text2.SetFocus
    End If
End Sub
Private Sub Text2_KeyPress(KeyASCII As Integer)
    If KeyASCII = vbKeyReturn Then
        Text3.SetFocus
    End If
End Sub
```

```
Private Sub Text3_KeyPress(KeyASCII As Integer)
    If KeyASCII = vbKeyReturn Then
        Text1.SetFocus
    End If
End Sub


Private Sub Text1_LostFocus()
    HScroll1.Value = Val(Text1.Text)
    Picture1.BackColor = RGB(HScroll1.Value, HScroll2.Value, HScroll3.Value)
End Sub


Private Sub Text2_LostFocus()
    HScroll2.Value = Val(Text2.Text)
    Picture1.BackColor = RGB(HScroll1.Value, HScroll2.Value, HScroll3.Value)
End Sub


Private Sub Text3_LostFocus()
    HScroll3.Value = Val(Text3.Text)
    Picture1.BackColor = RGB(HScroll1.Value, HScroll2.Value, HScroll3.Value)
End Sub
```

Visual Basic

习　题

一、选择题

1. 当复选按钮被选中时，复选按钮的 Value 属性的值为＿＿＿＿。

    A．0　　　　　　　　B．1　　　　　　　　C．2　　　　　　　　D．3

2. 下列控件中，用于将窗体上的对象分组的是＿＿＿＿。

    A．列表框　　　　　　B．组合框　　　　　　C．文本框　　　　　　D．框架

3. 当把框架的＿＿＿＿属性设置为 False 时，其标题会变灰，框架中所有的对象均被屏蔽。

    A．Name　　　　　　B．Caption　　　　　　C．Enabled　　　　　　D．Visible

4. 如果将列表框设置成每次只能选择一项，应将 MultiSelect 属性设置为＿＿＿＿。

    A．0　　　　　　　　B．1　　　　　　　　C．2　　　　　　　　D．3

5. 在修改列表框内容时，AddItem 方法的作用是＿＿＿＿。

    A．清除列表框中的全部内容

    B．删除列表框中的指定项目

    C．在列表框中插入多行文本

    D．在列表框中插入一行文本

6. 当滚动框位于最左端或最上端时，Value 属性被设置为_____。

    A. Max   B. Min

    C. Max 和 Min 之间   D. Max 和 Min 之外

7. 设置列表框中列项数量的属性是_____。

    A. List   B. ListCount

    C. ListIndex   D. Columns

8. 要清除列表框中的所有列表项时，应使用_____方法。

    A. Remove   B. Clear   C. RemoveItem   D. Move

9. 组合框控件是将_____组合成一个控件。

    A. 列表框控件和文本框控件   B. 标签控件和列表框控件

    C. 标签控件和文本框控件   D. 复选框控件和选项按钮控件

10. 单击滚动条的滚动箭头时，产生的事件是_____。

    A. Click   B. Scroll   C. Change   D. Move

11. 图片框和图像框对象的主要区别是，图片框可以作为其他控件的父控件，而图像框只能显示_____。

    A. 文本内容   B. 文本和图形信息

    C. 图形信息   D. 程序代码

12. 在程序运行期间可以用_____函数把图形装入窗体、图片框或图像框。

    A. AutoSize   B. Stretch

    C. Picture   D. LoadPicture

13. 以下不具有 Picture 属性的对象是_____。

    A. 窗体   B. 图片框   C. 图像框   D. 文本框

14. 为了使计时器控件每隔 5s 产生一个计时器事件（Timer），则应将其 Interval 属性值设置为_____。

    A. 5   B. 500   C. 300   D. 5000

15. 为了使图片框自动适应图形的大小，则应_____。

    A. 将其 AutoSize 属性值设置为 True

    B. 将其 AutoSize 属性值设置为 False

    C. 将其 Stretch 属性值设置为 True

    D. 将其 Stretch 属性值设置为 False

二、填空题

1. 所有控件都具有的共同属性是_____属性。

2. Caption 属性用来设置控件对象的_____。

3. 在运行应用程序代码给图像控件加载图像的语句格式是_____。

4. 用 RemoveItem 方法删除列表框中的项目的格式是_____。

5. 设置计时器控件只能触发_____事件。

6. 设置计时器对象触发事件的时间间隔用_____属性。

7．复选框控件支持 Click 事件，但不支持＿＿＿＿＿事件。

8．滚动条控件的 Value 属性表示＿＿＿＿＿的当前位置。

9．如果要使用计时器控件按秒计时，应将 Interval 属性设置为＿＿＿＿＿。

10．当按下的鼠标键释放后，触发＿＿＿＿＿事件。

三、编程设计题

1．编写一个计算教学工作量的程序，功能是在原始授课学时的基础上根据具体情况计算总工作量。其中辅导工作量为授课学时的 1／2，如果是副教授，则学时数要乘以 1.1，正教授则乘以 1.4，如果是上重复班的课则辅导工作量和授课工作量都乘以 1.3。运行界面如图 6-15 所示。

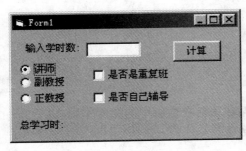

图 6-15　编程题 1 的界面

2．编写一个点菜程序。窗体中显示可选菜列表和已点菜列表，通过双击可选菜列表将该菜增加到已点菜列表中，如果是重复菜则不增加，此外还可以通过双击已点菜列表删除某些点中的菜。

3．编写一个欢迎窗体，窗体中央显示两个大字"欢迎"，字的颜色可以不停地变化，同时窗体底部有一个可以移动的提示条（提示条的内容自拟），提示条总是从右往左滚动显示，待最后一个字滚动超出左边界后，又从窗体的右边界进入。

4．设计绘图程序。要求：单击鼠标左键开始绘制，按下左键并移动鼠标进行绘制，释放鼠标则停止绘制，然后在新的位置开始绘制。用鼠标右键可以绘制较粗的线条。在窗体的左下角显示当前坐标的位置（提示：画直线可用 Line()函数，画圆用 Circle()函数）。

第7章

数　组

本章介绍数组的概念、数组的基本操作及数组的应用，重点介绍静态数组的使用，通过一系列实例，引出了与数组相关的程序设计基本算法，从而使读者加深对数组概念的理解，掌握数组应用的技巧。

主要内容

- 数组的概念
- 数组的定义
- 数组的基本操作
- For Each…Next 循环语句在数组中的特殊作用
- 自定义数据类型数组
- 数组应用实例

Visual Basic

7.1　数组的概念

把具有相同数据类型的若干变量按有序的形式组织起来构成的数据元素的集合称为数组。每一个数组都有唯一的一个名字，称为数组名，数组中的每一个元素都有唯一的索引号，称为下标，数组名加上其对应下标用来表示数组元素。

具有一个下标的数组称为一维数组，具有两个下标的数组称为二维数组，具有三个及三个以上下标的数组称为多维数组。

我们可以利用数组的特点，批量存储具有相同数据类型的数据。数组通常需要与循环语句结合起来使用。

Visual Basic

7.2　数组的定义

静态数组就是在声明时确定了数组大小的数组，有时也称为定长数组。

7.2.1 静态数组的定义

1．一维数组

格式：Dim 数组名(下标)　 [As 数据类型]

上式声明了一个一维静态数组，方括号中的内容为可选项。

例如，Dim a(10) As Integer

声明了一个一维静态数组，数组名为 a，数组元素的类型为整型，数组下标范围为 0~10，共 11 个数组元素，即 a(0)，a(1)，…，a(10)，在内存中存储形式如下：

a(0)	a(1)	a(2)	a(3)	a(4)	a(5)	a(6)	a(7)	a(8)	a(9)	a(10)

又如， Dim b(1 to 20) As Double

声明了一个一维静态数组，数组名为 b，数组元素的类型为双精度型，数组下标范围为 1~20，共 20 个数组元素，即 b(1)，b(2)，…，b(20)。

再如， Dim s(-2 t0 6) As String*10

声明了一个一维静态数组，数组名为 s，数组元素为定长字符串类型，下标范围为-2~6，共 9 个数组元素，即 s(-2)，s(-1)，…，s(6)，每个数组元素最多存放 10 个字符。

说明：

（1）数组名的取名规则与简单变量相同。

（2）数组元素在内存中按顺序连续存储在一起。

（3）如果省略方括号中的内容选项，则表明该数组为变体类型。

（4）数组下标取值范围为-32768~32767，若省略下标下界，其默认值为 0。

（5）声明数组时，下标只能是常量或常量表达式。

例如，Dim n As Integer

n=5

Dim x(n) As Double

这个数组声明是错误的，因为在声明数组时，下标 n 是变量，不是常量或常量表达式。读者需要注意，在使用数组时下标可以是常量，也可以是已赋值的变量。

2．多维数组

格式：Dim 数组名(下标 1[,下标 2…])　 [As 数据类型]

上式声明了一个多维的静态数组，方括号中的内容为可选项。其中，下标的个数决定了数组的维数，在 VB 中数组最多允许 60 维。

例如：Dim dd(2,3) As Single

声明了一个二维静态数组，数组名为 dd，数组元素类型为单精度类型，第 1 个下标取值范围为 0~2，第 2 个下标取值范围为 0~3，共 3×4 即 12 个数组元素，在内存中的存储形式如下：

dd(0,0)	dd(0,1)	dd(0,2)	dd(0,3)
dd(1,0)	dd(1,1)	dd(1,2)	dd(1,3)
dd(2,0)	dd(2,1)	dd(2,2)	dd(2,3)

又如，Dim eee(2,1 to 3,4) As Long

声明了一个三维静态数组，数组名为 eee，数据元素类型为长整型，第 1 个下标的取值范围为 0～2，第 2 个下标的取值范围为 1～3，第 3 个下标的取值范围为 0～4，共 3×3×5 即 45 个数组元素。

值得注意的是，在 VB 中要声明数组时，可以明确标明数组的下界和上界，也可以不标明数组的下界，只标明数组的上界。如果只标明数组上界，没有标明数组下界，那么默认情况下，数组下界为 0；如果希望数组的下界不为 0，可以在"通用中"使用 Option Base n 语句来确定数组的下界。

例如，Option Base 1

Dim c(8) As Integer

表明一维静态数组 c 的下界为 1，上界为 8。

7.2.2 动态数组的定义

有时我们事先无法确定数组的大小，数组的大小是随着实际需要而变化的。可以利用动态数组满足这一需要。动态数组的声明通常分为两步：

第一步：Dim 数组名( )　　[As 数据类型]

声明动态数组名及数组类型，不确定数组大小。

第二步：ReDim　[Preserve] 数组名(下标 1[,下标 2, …])　[As 数据类型]

使用时根据实际需要，重新声明动态数组，确定其大小及维数。

由此可见，声明动态数组时是不给出数组的大小及维数的，当要使用它前，才由 ReDim 语句指定其大小及维数。

说明：

（1）用 ReDim 重定义动态数组时，下标可以是常量，也可以是已赋值的变量。

（2）ReDim 语句中，数据类型通常省略，若不省略，则必须与 Dim 语句声明的数据类型保持一致。

（3）如果不选择 Preserve，那么每次使用 ReDim 语句后，原来数组的值将会丢失。如果选择了 Preserve 选项，那么每次使用 ReDim 语句后，数组数据将能保留，但此时只能改变最后一维的大小，前面几维的大小不能改变。

（4）用 Dim 声明了一个动态数组后，可以多次使用 Redim 语句改变动态数组的大小，也可以改变数组的维数。

使用动态数组的好处是可以根据用户需要，有效地利用存储空间。动态数组在程序执行到 ReDim 语句时分配存储空间，而静态数组在程序编译时分配存储空间。

Visual Basic

7.3 数组的基本操作

7.3.1 数组元素的输入

（1）直接给数组元素赋值。例如：

```
Option Base 1
Dim d(4)    As Integer
Private Sub Form_Load()
    d(1)=90:d(2)=75:d(3)=89:d(4)=80
End Sub
```

（2）利用 InputBox()函数结合循环语句给数组元素赋值。例如：

```
Option Base 1
Dim d(4)    As Integer
Private Sub Command1_Click()
    Dim i As Integer
    For i=1 To 4
        d(i)=Val(InputBox("请输入分数："))
    Next i
End Sub
```

（3）利用 Array()函数给动态变体数组元素赋值。例如：

```
Dim x() As Variant, j As Integer
x()=Array(2, 13, -4, 9, 6, 27)
For j=LBound(x) To UBound(x)
    Print x(j);
Next j
```

此处的 LBound 和 UBound 函数是获得数组的下界和上界函数。

利用 Array()函数给数组元素赋值的同时也确定了数组的大小。

值得注意的是，用 Array()函数给数组元素赋值必须满足两个条件：其一，数组是动态数组；其二，数组类型为变体类型。显然利用 Array()函数给动态变体数组元素赋值，使程序更加简洁、明了。

上例中 Dim x() As Variant 语句可以用 Dim x 替代，此时的 x 是当数组来使用的，省略数组类型即把 x 作为变体类型。

7.3.2 数组元素的输出

通常情况下，利用循环语句及 Print 方法或 MsgBox 函数可以输出数组元素。例如：

```
Option Base 1
Dim d(4)    As Integer
Private Sub Command2_Click()
  Dim i As Integer
  For i=1 To 4
    Print d(i)          "MsgBox d(i)
  Next i
End Sub
```

7.3.3 数组元素的复制

（1）将一个已赋值的数组元素复制给另一个相同数据类型的数组元素。例如：

```
Dim x(1 to 8) As Integer,y(1 to 3) As Integer,i As Integer
For i=1 To 8
  x(i)=i
Next i
y(1)=x(3): y(2)=x(5): y(3)=x(8)    ' 复制数组元素
For i=1 To 3
  Print y(i),
Next i
```

（2）将一个已赋值的数组复制给相同数据类型的另一个动态数组。例如：

```
Dim a(1 To 5) As Integer, n As Integer
Dim b() As Integer    ' 定义动态数组
For n = 1 To 5
  a(n) = 2 * n
Next n
b = a    ' 复制数组
For n =LBound(b) To UBound(b)
  Print b(n);
Next n
```

请注意实现数组整体复制的前提条件。

Visual Basic

7.4 For Each…Next 循环语句在数组中的特殊作用

可以利用 For Each…Next 循环语句来遍历数组中的所有元素。

格式：For Each <变量> In <数组名>

        <语句组 1>

        [Exit For]

        [<语句组 2>]

Next <变量>

说明：

（1）<变量>类型必须为 Variant 变体类型，不能为其他数据类型；

（2）该循环语句首先将数组中的第一个元素赋给<变量>，然后执行一遍循环体，如果数组中还有元素，则将数组中的第二个元素赋给<变量>，再次执行一遍循环体，……，直至数组中所有元素都已遍历为止。

例如，假设一维数组 a 已赋值，要求利用 For Each…Next 循环语句输出所有数组元素。可以用如下程序段来实现：

```
Dim a(10) As Integer, k As Integer
Dim x As Variant
For k = 0 To 10
    a(k) = k
Next k
For Each x In a
    Print x & ",";
Next x
```

同样，对于已赋值的二维数组，也可以利用 For Each…Next 循环语句遍历所有数组元素，方法类似。

请思考并归纳总结一下使用 For Each…Next 循环语句与使用其他循环语句对数组元素的访问的优势与劣势。

Visual Basic

7.5 自定义数据类型数组

如果我们想存储一个班的学生的学号、姓名、性别及语文、数学、英语三门功课的成绩，那么我们可以先自定义一个数据类型，用来描述学生的相关信息，例如：

```
Type student
    sno As String*2
    sname As String*10
    sex As String*1
    grade(1 to 3) As Integer    ' 用来存放三门功课的成绩
End Type
```

再定义一个 student 类型的一维数组用来存放全班学生的信息，例如：

```
Dim st(1 to 30) As student
```

下面利用上述用户自定义数据类型的数组，录入该班学生的所有信息，主要程序段如下：

```
Dim i As Integer
For i=1 to 30
    msgbox "请输入第" & i & "个学生的相关信息"
    st(i).sno=Inputbox("学号：")
    st(i).sname= Inputbox ("姓名：")
    st(i).sex= Inputbox ("性别：")
    st(i).grade(1)= Inputbox ("语文成绩：")
    st(i).grade(2)= Inputbox ("数学成绩：")
st(i).grade(3)= Inputbox ("英语成绩：")
    Next i
```

需要说明的是，用户自定义数据类型必须存放在公共的标准模块中，否则将会出现"错误提示信息"对话框，如图 7-1 所示。

图 7-1 "错误提示信息"对话框

Visual Basic

7.6 数组应用实例

数组是在 Visual Basic 程序设计中使用最多的数据结构之一，利用数组可以帮助我们解决许多实际问题。数组常常与循环语句结合起来使用，既可以简化编写程序的工作量，又使得程序简洁、思路清晰。掌握好数组的使用十分重要。

例 7-1 编程将随机产生的 50 个[1,100]以内的整数存入数组中，并按一行 10 个数的格式输出。

程序代码如下：

```
Private Sub Form_Click()
    Dim x(1 To 50) As Integer   ' 定义静态数组
    Dim s As Integer  ' 用于统计输出的整数个数
    Dim i As Integer    ' 循环变量
    Randomize
    ' 产生 50 个随机整数并存入数组中
    For i = 1 To 50
```

```
        x(i) = Int(Rnd * 100 + 1)
    Next i
    ' 按一行 10 个数的格式输出
    For i = 1 To 50
        Print x(i);
        s = s + 1
        If s Mod 10 = 0 Then Print    ' 输出 10 个数后换行
    Next i
End Sub
```

例 7-2　编程按一行 4 个数的格式输出斐波那契序列的前 *n* 项（*n*≤40）。

分析：斐波那契序列是指序列中的第 1 项和第 2 项均为 1，以后各项均为其前两项的和。因为 *n* 的值未确定，所以存放斐波那契序列的数组设为动态数组。程序代码如下：

```
Option Base 1
Private Sub Form_Click()
    Dim f() As Long      ' 定义动态数组
    Dim n As Integer     ' 输出序列项数
    Dim s As Integer     ' 用于统计输出的项数
    Dim i As Integer     ' 循环变量
    n = Val(InputBox("将要输出的序列项数:"))
    ReDim f(n)           ' 确定动态数组大小
    f(1) = 1: f(2) = 1
    For i = 3 To n
        f(i) = f(i - 2) + f(i - 1)
    Next i
    For i = 1 To n
        Print f(i),
        s = s + 1
        If s Mod 4 = 0 Then Print          ' 输出 4 个数后换行
    Next i
End Sub
```

当 *n*=40 时，输出结果如图 7-2 所示。

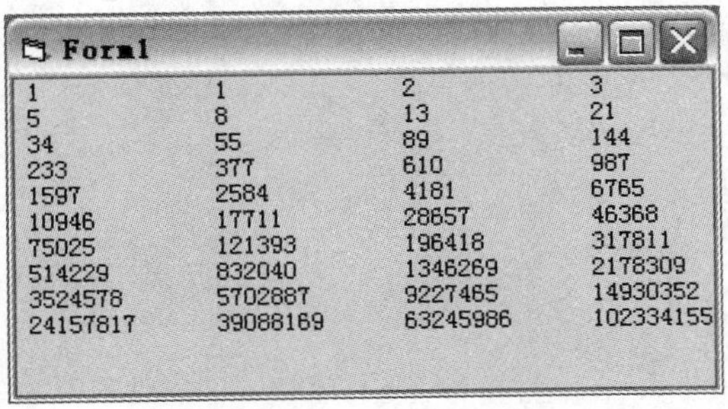

Form1			
1	1	2	3
5	8	13	21
34	55	89	144
233	377	610	987
1597	2584	4181	6765
10946	17711	28657	46368
75025	121393	196418	317811
514229	832040	1346269	2178309
3524578	5702887	9227465	14930352
24157817	39088169	63245986	102334155

图 7-2　例 7-2 输出结果

例 7-3 假设某班有 30 个学生，编程统计该班 VB 程序设计课程的最高分、最低分、平均分及高于平均分的人数。

分析：可声明一个数组，利用 InputBox 函数输入 30 个学生的成绩并存入数组中。设最高分、最低分分别用 max 和 min 变量来表示，将一位同学的成绩作为 max 和 min 的初始值，然后用数组其他元素逐一跟 max 和 min 对比，如果比 max 大，则用大值替换 max 原有的值，如果比 min 小，则用小值替换 min 原有的值，这样，当所有数组元素都比较完成后，max 和 min 中存放的值即为该班的最高分和最低分。求高于平均分的人数，可以先求出平均分，再设一个变量 n，用来统计高于平均分的人数，用数组元素逐一与平均分对比，高于平均分时 n 加 1。界面设计说明如表 7-1 所示。

表 7-1 例 7-3 中各对象属性设置

对象（名称）	属 性	属 性 值
Command1	Caption	输入
Command2	Caption	输出
Command3	Caption	统计 1
Command4	Caption	统计 2

程序代码如下：

```
Option Explicit
Option Base 1    ' 在通用中声明,使数组下标从 1 开始
Const K=6        ' 假设有 6 个学生
Dim score(K) As Integer   ' 存放学生成绩
Dim average As Single     ' 存放平均成绩
' 输入学生成绩并存入数组中
Private Sub Command1_Click()
 Dim i As Integer
 For i = 1 To K
    score(i) = Val(InputBox("第" & i & "学生的成绩"))
 Next i
End Sub
' 输出学生成绩
Private Sub Command2_Click()
 Dim i As Integer
 Print
 Print "学生成绩： "
 For i = 1 To K
    Print score(i);
 Next i
 Print
End Sub
' 统计最高分、最低分及平均分
Private Sub Command3_Click()
```

```
    Dim max As Integer, min As Integer
    Dim sum As Integer
    Dim i As Integer
    max = score(1): min = score(1)
    sum = score(1)
    For i = 2 To K
        If score(i) > max Then max = score(i)
        If score(i) < min Then min = score(i)
        sum = sum + score(i)
    Next i
    average = sum / K
    Print
    Print "最高分:" & max
    Print "最低分:" & min
    Print "平均分:" & average
End Sub
' 统计高于平均分的人数
Private Sub Command4_Click()
    Dim i As Integer, n As Integer
    For i = 1 To K
        If score(i) > average Then n = n + 1
    Next i
    Print
    Print "高于平均分的人数为:" & n
End Sub
```

输入成绩分别为 78、90、86、64、53、93 时，输出及统计结果如图 7-3 所示。

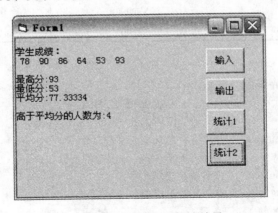

图 7-3　例 7-3 输出及统计结果

例 7-4　利用文本框输入一字符串，编程统计各英文字母出现的次数，不区分字母的大小写。

分析：声明一个具有 26 个元素的一维数组，用来存放不同英文字母出现的次数，第 1 个数组元素存放字母 A 出现的次数，第 2 个数组元素存放字母 B 出现的次数，……，第 26 个数组元素存放字母 Z 出现的次数。输出统计结果时，利用 chr()函数输出对应字母。界面设计及启动后输入、输出结果如图 7-4 所示。

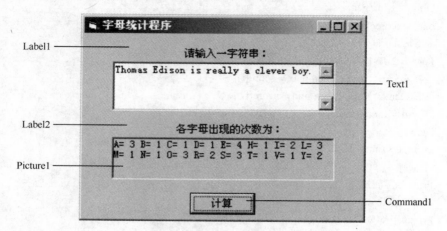

图 7-4　例 7-4 输入、输出结果

界面设计说明如表 7-2 所示。

表 7-2　例 7-4 中各对象属性设置

对象（名称）	属　性	属　性　值
Form1	Caption	字母统计程序
Label1	Caption	请输入一字符串
Text1	MultiLine	True
	ScrollBars	2-Vertical
Label2	Caption	各字母出现的次数为：
Command1	Caption	计算

程序代码如下：

```
Private Sub Command1_Click()
Dim letter(1 To 26) As Integer    ' 存放 26 个字母出现的次数
Dim i As Integer                  ' 循环变量
Dim length As Integer   ' 存放字符串长度或字符总数
Dim j As Integer            ' 存放字母在 letter 数组中的下标
Dim count As Integer     ' 统计输出字符个数
Dim str As String * 1    ' 存放字符串中的一个字符
length = Len(Text1)
' 遍历整个字符串，统计字母出现的次数
For i = 1 To length
    str = UCase(Mid(Text1, i,1))        ' 从文本框中取出一个字符并将字母转换成大写
    If str >= "A" And str <= "Z" Then        ' 找出是字母的字符
        j = Asc(str) - 65 + 1            ' 确定字母在数组中的位置
```

```
                letter(j) = letter(j) + 1           ' 累计相应字母出现的次数
            End If
        Next i
        ' 输出统计结果
        For i = 1 To 26
        If letter(i) > 0 Then            ' 如果字母在字符串中出现
            Picture1.Print Chr(i + 64); "=";letter(i);' 输出对应字母及其出现次数
            count = count + 1                                  ' 统计输出字符个数
            If count Mod 8 = 0 Then Picture1.Print        ' 控制每行输出 8 个
        End If
        Next i
    End Sub
```

例 7-5 用"冒泡法"对一组数按从小到大的顺序进行排序。

分析："冒泡法"排序的基本思想是，在每一趟排序中，都去比较相邻两数的大小，如果与最终排列顺序同反，则交换两数的位置，否则两数的位置不变。这样对于 n 个数，最差情况下，只要排 $n-1$ 趟即可完成排序。

依"冒泡法"排序思想，若对 n 个数按从小到大的顺序排列，第 1 趟排序结果，确定了最大数及其位置；第 2 趟排序结果，确定了次大数及其位置；……；第 $n-1$ 趟排序结果，确定了次小数及其位置；余下最后一个数即为最小数，应排在这组数的第 1 个位置上。假设这组数为 12，7，10，3，8，15，24，6，用"冒泡法"按从小到大的顺序排序过程示意如下：

	12	7	10	3	8	15	24	6
	↓	↓	↓	↓	↓	↓	↓	↓
原始数据：	a(1)	a(2)	a(3)	a(4)	a(5)	a(6)	a(7)	a(8)
第 1 趟排序过程：	7	12	10	3	8	15	24	6
		10	12	3	8	15	24	6
			3	12	8	15	24	6
				8	12	15	24	6
					12	15	24	6
						15	24	6
							6	24
第 1 趟排序结果：	7	10	3	8	12	15	6	24
第 2 趟排序过程：	7	10	3	8	12	15	6	24
		3	10	8	12	15	6	24
			8	10	12	15	6	24
				10	12	15	6	24
					12	15	6	24
						6	15	24
							15	24
第 2 趟排序结果：	7	3	8	10	12	6	15	24

…

第 3 趟排序结果：　3　　　7　　　8　　　10　　　6　　　12　　　15　　　24

…

第 4 趟排序结果：　3　　　7　　　8　　　6　　　10　　　12　　　15　　　24

…

第 5 趟排序结果：　3　　　7　　　6　　　8　　　10　　　12　　　15　　　24

…

第 6 趟排序结果：　3　　　6　　　7　　　8　　　10　　　12　　　15　　　24

…

第 7 趟排序结果：　3　　　6　　　7　　　8　　　10　　　12　　　15　　　24

为此，将要排序的数存放在一个一维数组中，然后利用二重循环实现排序，外层循环控制排序趟数，内层循环控制每趟排序过程。启动程序，输入、输出结果如图 7-5 所示。

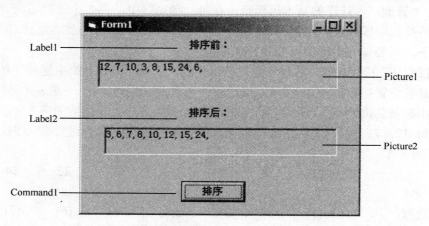

图 7-5　例 7-5 输入、输出结果

界面设计说明如表 7-3 所示。

表 7-3　例 7-5 中各对象属性设置

对象（名称）	属　性	属　性　值
Label1	Caption	排序前：
Label2	Caption	排序后：
Command1	Caption	排序

程序代码如下：

```
Option Base 1                                    ' 在通用中声明
Private Sub Command1_Click()
    Dim a() As Variant              ' 定义一个动态数组用来存放原始数
    Dim i As Integer    j As Integer      ' 循环变量
Dim n As Integer                         ' 存放数组元素个数
Dim t As Integer
```

```
    a() = Array(12,7, 10, 3, 8, 15, 24, 6)    ' 给数组元素赋值
    n = UBound(a)                             ' 求数组元素个数
'  输出原始数
    For i = 1 To n
      Picture1.Print a(i) & ",";
    Next i
    ' 用二重循环实现排序
    For i = 1 To n - 1          ' 排序 n-1 趟
      For j = 1 To n - i          ' 每趟比较 n-i 遍
        If a(j) > a(j + 1) Then     ' 如果前一个数大于后一个数,即与排序结果相反
          t = a(j): a(j) = a(j + 1): a(j + 1) = t       ' 交换两数的位置
        End If
      Next j
    Next i
'输出排序结果
    For i = 1 To n
      Picture2.Print a(i) & ",";
    Next i
End Sub
```

例 7-6　用"选择法"对一组数按从小到大的顺序进行排序。

分析:用"选择法"按从小到大的顺序排序的基本思想是,将这组数存入数组中(假设这组数有 n 个)。第 1 趟,找出最小数所在下标,用该下标对应的数组元素与第 1 个数交换位置;第 2 趟,找出余下未排数中最小数的下标,用该下标对应的数组元素与第 2 个数交换位置;……;第 n-1 趟,找出余下未排数中最小数的下标,与第 n-1 个数交换位置,剩下的最后一个数即为最大数,放在最后一个位置上。声明一个一维数组,用来存放需要排序的原始数,利用二重循环实现排序。

程序代码如下:

```
Option Base 1
Private Sub Form_Click()
Dim a() As Variant      ' 存放原始数
Dim i As Integer, j As Integer     ' 循环变量
Dim t As Integer
Dim n As Integer              ' 存放数组元素个数
Dim min As Integer      ' 存放未排序数中最小数所在下标
    a() = Array(12, 7, 10, 3, 8, 15, 24, 6)
    n = UBound(a)
    Print "排序前: "
    For i = 1 To n
       Print a(i);
    Next i
    Print
    For i = 1 To n - 1
```

```
            min = i                    ' 假设第 i 趟第 i 个数是未排序数中的最小数
            '找出第 i 趟未排序数中最小数所在位置并存入 min 中
            For j = i + 1 To n
                If a(j) < a(min) Then min = j            ' 用较小数所在下标更新 min
            Next j
            t = a(i): a(i) = a(min): a(min) = t          ' 确定第 i 个数所在位置
        Next i
    Print "排序后： "
        For i = 1 To n
            Print a(i);
        Next i
    End Sub
```

例 7-7　编程将如下矩阵转置后输出。

```
1    2    3 4
4    5    6    7
7    8    9    10
```

分析：定义一个 3 行 4 列的二维数组用来存放该矩阵，定义另一个 4 行 3 列的二维数组用来存放转置后矩阵，结合二重循环完成矩阵的输入和输出。

```
    Private Sub Form_Click()
        Dim x(3,4) As Integer    ' 存放原始矩阵
    Dim y(4,3) As Integer  ' 存放转置后矩阵
        Dim i As Integer,j As Integer          ' 循环变量
        ' 将原始数据输入到二维数组 x 中
        For i = 1 To 3
            For j = 1 To 4
                x(i,j) = Val(InputBox("输入对应的数"))
            Next j
        Next i
        Print "转置前矩阵:"
        For i=1 To 3
                For j=1 To 4
                        Print x(i,j);
    Next j
    Print
        Next i
        '将矩阵转置后存入到二维数组 y 中
        For i = 1 To 3
            For j = 1 To 4
                y(j, i) = x(i, j)
            Next j
        Next i
        Print "转置后矩阵:"
```

```
        For i = 1 To 4
            For j = 1 To 3
                Print y(i,j);
            Next j
            Print
        Next i
    End Sub
```

Visual Basic

习　题

一、填空题

1．如果不指定数组下界，默认情况下，数组下界为____；否则，数组下界可由____语句指定。

2．数组的维数由下标个数决定。具有一个下标的数组称为____维数组，具有两个下标的数组称为____维数组，具有三个或三个以上的下标的数组称为____维数组。

3．声明数组时，下标只能是____或____，但在使用数组时下标可以是____，也可以是已赋值的____。

4．ReDim 语句用于重新指定____数组的大小及维数。

5．默认情况下，假设 Dim a(8) As Double，该数组声明了____个数组元素可供使用。如果设 Dim b(4,1 to 9) As Single，则它声明了一个具有____个数组元素的____维数组。

6．利用 Array()函数给数组元素赋值时，数组应该声明为____数组，数组的数据类型必须为变体类型。

7．利用函数____和函数____可以分别求出数组的上界和下界。

二、选择题

1．下列数组声明中，不正确的是____。

 A．Dim x() As Integer   B．Dim x(8)　　As Integer

 C．Dim n%: n = 10: Dim x(n) As Integer D．Dim x%(8)

2．以下说法不正确的是____。

 A．可以通过 ReDim 语句改变动态数组的大小及维数

 B．可以使用 Array()函数给动态变体类型数组元素赋值

 C．数组必须先定义后使用

 D．一个动态数组，不能通过 ReDim 语句多次改变该数组的大小

3．在 VB 中，假设 Dim y(10) As Double, n% 以下数组元素表示正确的是____。

 A．y[10]   B．y(n+1)   C．y10   D．y(-1)

4．数组一经声明 Dim z(1 To 12) As Integer，则以下说法正确的是____。

 A．z 数组中的所有元素值均为 0   B．z 数组中的所有元素值不确定

C．z 数组中的所有元素值均为 Empty　　　D．以上答案均不正确

5．使用 Array 函数给 m 赋值时，m 必须是＿＿＿。

    A．已经声明的静态数组

    B．已经声明的动态数组且数据类型为变体

    C．Variant 类型变量

    D．已经声明的动态数组

6．设有如下程序代码：

```
Private Sub Command1_Click( )
Dim a(-1 To 2) As Integer
      Print LBound(a), UBound(a)
   End Sub
```

程序启动后，单击命令按钮 Command1，输出结果为

    A．-1　　　2　　　B．2　　　　-1　　　C．2 -1　　　　D．-1, 2

7．以下程序代码中 *n* 只能是＿＿＿。

```
...
For Each n In x
      Print n;
   Next n
```

    A．Variant 类型变量　　　　　　　　　B．已声明的动态数组

    C．已声明的静态数组　　　　　　　　　D．整型变量

三、阅读下列程序，给出程序执行结果

1．Private Sub Form_Click()

```
Dim a(10) As Integer, i As Integer
      For i = 0 To 10
       a(i) = 2 * i + 1
      Next i
      Print a(a(3))
End Sub
```

2．Private Sub Command1_Click()

```
Dim M,k As Integer
M = Array("a", "b", "c", "d", "e", "f", "g")
For k=LBound(M) To UBound(M)
Print M(k);
Next k
End Sub
```

3．Private Sub Form_Click()

```
      Dim x(26) As Integer
```

```
        Dim i As Integer
        For i = 1 To 26
            x(i) = 64 + i
        Next i
        For i = 26 To 1 Step -2
            Print Chr(x(i)) & ",";
        Next i
    End Sub
```

4．Private Sub Form_Click()

```
    Dim x(3, 5) As Integer, i As Integer, j As Integer
    For i = 1 To 3
        For j = 1 To 5
            x(i, j) = x(i - 1, j - 1) + i + j
        Next j
    Next i
    Print x(3, 4) ; x(1, 5)
End Sub
```

四、编程题

1．输入一个日期，计算这一天是一年的第几天（提示：每个月的天数可以用一个整数数组保存）？

2．利用随机函数产生 20 个[100,500]范围内的整数，存放到一个一维数组中，按一行 5 个数输出，并找出其中的最大数和最小数。

3．利用数组，编程将一个字符串翻转。如字符串"ABCDEFGHIJK"翻转为"KJIHGFEDCBA"。

4．编程将 10 个随机整数按从大到小的顺序输出。

5．编程将随机产生的 1 个[0,35]范围内的整数插入到有序数组 5,9,11,16,23,28,30 中，使该数组仍然有序。

6．编程输出如图所示的杨辉三角形（要求打印十行）。

```
1
1   1
1   2   1
1   3   3   1
1   4   6   4   1
1   5   10  10  5   1
```

7．编一程序，统计 4 位评委给 5 名参赛歌手的成绩。评分规则：去掉一个最高分和一个最低分，然后计算余下评委的平均分，将该平均分作为参赛歌手的最终成绩。假设评委给参赛歌手的成绩在[0,10]范围内。

第8章

过　　程

本章重点介绍 Function 函数过程和 Sub 过程的概念、定义及使用，简单介绍过程和变量的作用域。本章列举了较丰富并且典型的实例，以便读者加深对自定义过程的理解，掌握自定义过程的实际应用。

主要内容

● Function 函数过程
● Sub 过程
● 参数的传递
● 过程的嵌套调用和递归调用
● 过程、变量的作用域
● 过程应用实例

前面已经学习了系统提供的事件过程，它是过程中的一种。在实际应用中，我们常常会遇到如下类似的问题：

求组合数 $C_m^n = \dfrac{m!}{n!(m-n)!}$ 的值。

显然求该组合数需要求三个阶乘的值，计算阶乘的公式为 k!=1×2×3×…×k。如果用过去的方法求这个组合数，程序中就会出现三处非常相似的求阶乘的程序代码段，显然这样的程序太累赘，不是一个好程序。如果把求阶乘的程序代码独立出来，求组合数时，只要重复调用该程序，则计算组合数的程序变得十分简练。

在程序设计中，把复杂问题分解，分解成功能相对独立的程序代码段，供需要时调用（或多次调用），这就是模块化编程的思想，实现功能相对独立的程序代码段称为过程。用这样的思想编写的程序，编程效率高，代码出错率低，程序易调试、维护。VB 中用户自定义过程有 Function 函数过程和 Sub 过程。

Visual Basic

8.1　Function 函数过程

8.1.1　Function 函数过程的定义

格式：Function　函数名(形参表) [As　数据类型]

$$\left.\begin{array}{l} <语句块> \\ <函数名>=<表达式> \\ [\ Exit\ Function\ ] \\ [<语句块>] \\ [<函数名>=<表达式>] \end{array}\right\} 函数体$$

End Function

说明：

（1）函数名的取名规则与变量相同。

（2）形参的个数由实际问题决定，形参之间用逗号分隔。

（3）通常函数过程会得到一个确定的值，称为函数值。函数值的类型由 As 数据类型决定，如果省略该选项，则函数值为 Variant 类型。

（4）执行 Exit Function 则立即退出函数过程。

（5）函数过程中应该有"函数名=表达式"赋值语句，它的作用是把函数过程的处理结果函数值返回到函数调用处。如果省略该语句，则数值函数过程返回 0 值，字符串函数过程返回空串。

（6）Function 函数过程的定义不能嵌套。

8.1.2　Function 函数过程的调用

Function 函数过程的调用与 VB 内部函数的调用类似。调用时需将一些参数传递给函数过程，函数过程利用这些参数进行计算，然后通过函数过程名将结果返回给调用过程。

格式：函数名([<实参表>])

说明：

（1）因为函数过程调用后将会返回一个函数值，所以函数过程调用不能单独成为一条语句，必须把函数过程调用作为表达式或表达式的一部分构成合法的语句。

（2）实参表中参数间用逗号分隔，函数过程调用时实参依次传递给形参。

（3）实参可以是常量、变量或表达式，如果是数组，则在数组名后必须跟一对圆括号。

例 8-1 求组合数 $C_m^n = \dfrac{m!}{n!(m-n)!}$ 的值。

分析：先定义一个求阶乘的函数过程，显示求阶乘函数过程只需要一个形参，以确定求多少阶乘，计算出阶乘的值作为函数值返回。界面设计如图 8-1 所示。

界面设计说明如表 8-1 所示。

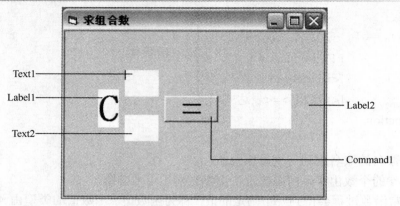

图 8-1　求组合数

表 8-1　例 8-1 中各对象属性设置

对象（名称）	属　性	属　性　值
Form1	Caption	求组合数
Label1	BackColor	&H00FFFFFF&
	Font	字体：宋体，字型：加粗，大小：小初
Label2	BackColor	&H00FFFFFF&
	Font	字体：宋体，字型：粗体，大小：三号
Text1	BackColor	&H00FFFFFF&
	Font	字体：宋体，字型：粗体，大小：三号
Text2	BackColor	&H00FFFFFF&
	Font	字体：宋体，字型：粗体，大小：三号
Command1	Caption	=
	Font	字体：宋体，字型：粗体，大小：小初

程序代码如下：

```
Private Sub Command1_Click()
  Dim m As Integer,n As Integer
  Dim cmn As Double
  n = Val(Text1.Text)
  m = Val(Text2.Text)
  cmn = factorial(m) / (factorial(n) * factorial(m - n))
  Label2 = cmn
End Sub
'求阶乘函数过程的定义
Function factorial(ByVal k As Integer) As Double
  Dim i As Integer
  Dim f As Double
```

```
        f = 1
        For i = 1 To k
            f = f * i
        Next i
        factorial = f
    End Function
```

注意：实参与形参之间的对应关系，另外，阶乘数往往很大，所以这里定义求阶乘函数为双精度数据类型。

关于形参前面的选项 ByVal 会在本章 8.3 节详细说明。

下面再来看一个利用函数过程的例子。

例 8-2　定义函数求两个自然数的最大公约数。

分析：利用辗转相除法求两个自然数的最大公约数。该方法的思想是，对于两个自然数 m 和 n，先求它们相除的余数 r，即 $r=m$ Mod n，若 $r=0$，则 n 为最大公约数；否则，$m=n$，$n=r$，再求此时 m 和 n 相除的余数，……。该函数过程应包含两个形参，而函数值为两个自然数的最大公约数。

程序代码如下：

```
    Private Sub Form_Click()
        Dim m As Integer, n As Integer
        m = Val(InputBox("输入 m 的值："))
        n = Val(InputBox("输入 n 的值："))
        MsgBox m & "和" & n & "的最大约数是：" & gcd(m, n)          ' 调用函数过程
    End Sub
    '求两个数最大公约数函数的定义
    Function gcd(ByVal x As Integer, ByVal y As Integer) As Integer
        Dim r As Integer
        r = x Mod y
        Do While r <> 0
            x = y
            y = r
            r = x Mod y
        Loop
        gcd = y
    End Function
```

Function 函数过程能帮助我们解决不少实际问题，但有些问题使用 Function 函数过程并不方便，例如，要输出一个图形，它不需要返回值；又如，要求调用过程返回的值不止 1 个等，而用 Sub 过程解决这样的问题则显得非常方便。

8.2 Sub 过程

8.2.1 Sub 过程的定义

格式：Sub 过程名 (形参表)
                <语句块>
                [Exit Sub]
                <语句块>
                End Sub

说明：
（1）Sub 过程名的取名规则与变量名相同。
（2）形参的个数由实际问题决定，形参之间用逗号分隔。
（3）Sub 过程可以返回 0 或多个值，这些值通过"形参表"中的参数返回。

8.2.2 Sub 过程的调用

格式 1：Call 过程名[<(实参表)>]
格式 2：过程名 实参表
说明：格式 1 中，若有实参，则实参必须加上圆括号；若无实参，则圆括号可以省略。格式 2 中，实参不能加圆括号。

下面来看一个实例。

例 8-3 自定义 Sub 过程，输出如图 8-2 所示图形。

分析：从图中不难看出图形的输出规律，第 1 行输出一个字母 A，第 2 行输出三个字母 ABC，第 3 行输出五个字母 ABCDE，……，由此可见，所在行数与所输出的字母个数有关，第 i 行输出的字母个数为 $2*i-1$ 个。所以，我们只要知道要输出几行，就能确定图形了，为此自定义 Sub 过程只要一个形参。

程序代码如下：

```
' Sub 过程的定义
Sub prtgraph(ByVal n As Integer)
  Dim i As Integer, j As Integer, m As Integer
  For i = 1 To n
    m = 65
    Print Tab(n + 1 - i);     ' 控制每行输出的起始位置
    For j = 1 To 2 * i - 1
      Print Chr(m);                  ' 输出 ASCII 码对应的字符
      m = m + 1
```

```
        Next j
        Print                 ' 换行
      Next i
  End Sub
  Private Sub Command1_Click()
      Dim n As Integer
      n = Val(InputBox("图形的行数："))
      Call prtgraph(n)           ' 调用 Sub 过程
  End Sub
```

启动程序，单击"命令"按钮，输出结果如图 8-2 所示。

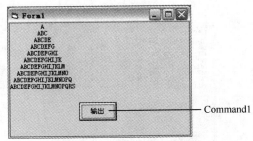

图 8-2　例 8-3 输出结果

注意参数的调用格式，因为使用了 Call 来调用 Sub 过程，所以即使只有一个实参，也必须加上圆括号。

例 8-4　自定义 Sub 过程求两个正整数之间的所有素数。

分析：该 Sub 过程中有两个形参，用来接受实参传递过来的两个正整数，在 Sub 过程中，根据素数的定义求出这两个正整数之间的所有素数并显示输出。

程序代码如下：

```
  Private Sub Form_Click()
      Dim x, y As Integer
      x = Val(InputBox("输入一个整数："))
      y = Val(InputBox("输入另一个整数："))
      Call prime(x, y)                 ' 调用 Sub 过程
  End Sub
  ' 求指定范围内素数的 Sub 过程
  Sub prime(ByVal m As Integer, ByVal n As Integer)
      Dim i As Integer, j As Integer, s As Integer
      Dim sign As Boolean
      Print "[" & m & "," & n & "]范围内的素数有："
      For i = m To n
        sign = True              ' 判断是否为素数标志
        For j = 2 To Sqr(i)
          If i Mod j = 0 Then
            sign = False            ' 改变标志值
            Exit For
```

```
        End If
    Next j
    If sign = True Then          ' 是素数
        Print Space(2) & i;
        s = s + 1
        If s Mod 10 = 0 Then Print        ' 每行输出 10 个数
    End If
    Next i
End Sub
```

启动程序，单击窗体，输入 m 和 n 的值，则范围在[100,500]内的输出结果如图 8-3 所示。

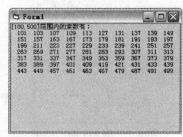

图 8-3　例 8-4 输出结果

8.3　参数的传递

如果过程有参数的话，在调用时会将实参传递给形参，形参表与实参表中对应参数的取名可以相同，也可以不同，但一般要求形参表与实参表中的参数个数、数据类型、顺序必须一一对应。在 VB 中，参数的传递方式有值传递和地址传递两种。

8.3.1　值传递

值传递是指当调用过程时，系统将实参的值复制到一个临时存储单元中，并将临时存储单元与形参结合，完成了实参把值传递给形参的使命。被调用过程的操作是在形参自己的存储单元中进行的。当过程调用结束时，形参所占用的存储单元也同时被释放。所以在过程体内对形参的任何操作，都不会影响到实参。

要实现值传递，在形参表中，相应的参数前必须加上关键字 ByVal。系统默认情况下，参数是按地址方式传递的。以上例子，都采用了按值传递方式。请读者再回过头去细细品味一下上面的例子。

如例 8-4，prime 过程的形参前都加上了 ByVal 选项，所以它们都是按值单向传递的，也就是说，在 prime 过程中改变了 m 和 n 的值，不会影响到调用过程。在调用 prime 过程时，系统临时分配存储空间给形参 m 和 n，当过程调用结束时，形参 m 和 n 所占的存储空间也同时释放了。

8.3.2 地址传递

地址传递是参数传递的另一种方式，它也是系统默认的参数传递方式。按地址传递是指当调用过程时，系统将实参的地址传递给形参。换句话说，此时实参与形参具有相同的地址，这就意味着对形参的任何操作都变成了对相应实参的操作，实参的值会随过程体对形参的改变而改变。

为了区别起见，通常按地址传递时，在形参表相应的参数前加上关键字 ByRef，当然也可以省略该关键字。

例 8-5 比较下列两个过程，分析调用它们后，其结果有什么不同，为什么？

```
Private Sub Form_Click()
    Dim x As Integer,y As Integer
    x = 5
    y = 20
    Print x, y
    Call change1(x, y)
    Print x, y
    Call change2(x, y)
    Print x, y
End Sub
Sub change1(ByVal m As Integer, ByVal n As Integer)
    m = m + 1
    n = n * 2
End Sub
Sub change2(ByRef m As Integer, ByRef n As Integer)
    m = m + 1
    n = n * 2
End Sub
```

该程序运行结果如下：

```
5        20
5        20
6        40
```

因为 Sub 过程 change1 的两个形参都是值传递方式，所以，在 change1 过程体中改变形参 m 和 n 的值不会影响调用过程的实参 x 和 y 的值；而 Sub 过程 change2 的两个形参都是地址传递方式，所以，在 change2 过程体中改变形参 m 和 n 的值就是改变调用过程中相应实参 x 和 y 的值。

例 8-6 分别自定义 Sub 过程和 Function 函数过程，判断某一年是否为闰年。

界面设计及运行结果如图 8-4 所示。

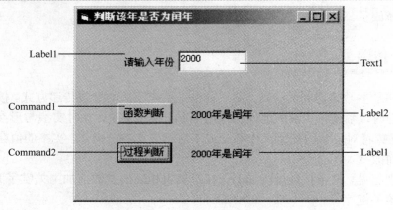

图 8-4　例 8-6 运行结果

界面设计说明如表 8-2 所示。

表 8-2　例 8-6 中各对象属性设置

对象（名称）	属　性	属　性　值
Form1	Caption	判断该年是否为闰年
Label1	Caption	输入年份
Command1	Caption	函数判断
Command2	Caption	过程判断

程序代码如下。

方法一：自定义 Sub 过程。

```
' 定义 Sub 过程判断闰年
Sub isleapyear1(ByVal n As Integer,yn As Boolean)
    If (n Mod 4 = 0 And n Mod 100 <> 0) Or (n Mod 400 = 0) Then
        yn = True
    Else
        yn = False
    End If
End Sub
Private Sub Command1_Click()
    Dim y As Integer
    Dim tf As Boolean
    y = Val(Text1)
    isleapyear1 y, tf            ' 调用 Sub 过程
    If tf = True Then
        Label2 = y & "年是闰年"
    Else
        Label2 = y & "年不是闰年"
    End If
```

```
    End Sub
```

方法二：自定义 Function 函数过程。

```
            ' 定义 Function 函数过程判断闰年
        Function isleapyear2(ByVal n As Integer) As Boolean
            If (n Mod 4 = 0 And n Mod 100 <> 0) Or (n Mod 400 = 0) Then
                isleapyear2 = True            ' 给函数过程赋值
            Else
                isleapyear2 = False
            End If
        End Function
        Private Sub Command2_Click()
            Dim y As Integer
            Dim tf As Boolean
            y = Val(Text1)
            If isleapyear2(y) = True Then        ' 调用函数过程
                Label3 = y & "年是闰年"
            Else
                Label3 = y & "年不是闰年"
            End If
        End Sub
```

上例分别定义了 Function 函数过程及 Sub 过程实现闰年的判断，请注意比较它们之间在使用上的区别。

一般情况下，如果仅仅有一个返回值时，使用 Function 函数过程比较直观、方便，当有多个返回值时，则应当使用 Sub 子过程。能用 Function 函数过程实现的，也一定能用 Sub 过程来实现；反之，如果能用 Sub 过程实现的，不一定能用 Function 函数过程实现。

在实际应用中，究竟应该把形参设置成值传递还是地址传递呢？这要视具体问题来定。但是，如果形参是数组或者是自定义数据类型，则形参必须使用地址传递方式。如果形参是地址传递方式，则相应实参必须是同一数据类型的变量，不能是常量或表达式。

Visual Basic

8.4　过程的嵌套调用和递归调用

8.4.1　过程的嵌套调用

在一个过程执行期间又调用另一个过程，称为过程的嵌套调用。这里的过程包括 Sub 过程和 Function 函数过程。过程嵌套调用示意图如图 8-5 所示。

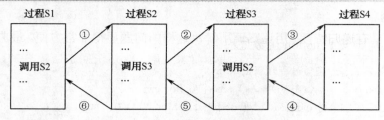

图 8-5　过程嵌套调用示意图

每次调用结束后，总是返回到调用语句的下一条语句继续执行。

例 8-7　定义两个 Function 函数过程，利用过程嵌套调用，求 $\sum\limits_{n=1}^{10} n!$ 的值。

分析：只要定义一个求阶乘的函数过程，一个求和的函数过程，在调用求和函数过程中，调用求阶乘函数，形成过程嵌套调用。

程序代码如下：

```
Private Sub Form_Click()
    Dim n As Integer
    n = InputBox("n=")
    Print "1!到" & n & "!的和为" & sum(n)    ' 调用函数 sum
End Sub
' 求和函数过程的定义
Private Function sum(ByVal n As Integer) As Double
    Dim i As Integer, s As Double
    For i = 1 To n
        s = s + fact(i)              ' 调用函数 fact
    Next i
    sum = s                  ' 给函数名赋值
End Function
' 求阶乘函数过程的定义
Private Function fact(ByVal m As Integer) As Double
    Dim i As Integer, t As Double
    t = 1
    For i = 1 To m
        t = t * i
    Next i
    fact = t                  ' 给函数名赋值
End Function
```

8.4.2　过程的递归调用

过程的嵌套调用指的是一个过程调用另一个不同的过程。如果一个过程直接调用其本身，则称为直接递归调用，如果一个过程通过另一个过程再调用本身，则称为间接递归调用。

有些问题具有递归特性，用递归调用解决这样的问题显得非常方便。最典型的例子就是求阶乘问题和求汉诺塔问题。本书只讲求阶乘问题。汉诺塔问题比较复杂，由于篇幅原因，这里不再展开讨论。如果读者有兴趣可以参考其他书籍。

例 8-8 利用过程的递归调用，求 n 阶乘的值。

分析：因为 $n!=n(n-1)!$，所以我们可以假设一个函数

$$fact(n)=\begin{cases} 1 & n=1 \\ n\,fact(n-1) & n>1 \end{cases}$$

利用函数过程的递归调用来求 n 阶乘的值。

程序代码如下：

```
Private Sub Command1_Click()
    Dim m As Integer
    m = InputBox("m=")
    Print m & "!=" & fact(m)
End Sub
' 递归调用函数求 n!的定义
Public Function fact(ByVal n As Integer) As Double
    If n = 1 Then
        fact = 1
    Else
        fact = n * fact(n - 1)          '递归调用函数 fact
    End If
End Function
```

为了说明函数过程的递归调用全过程，用如图 8-6 示意图加以描述。假设此时 $n=4$。

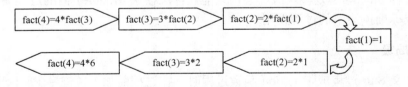

图 8-6　函数过程的递归调用全过程

在递归处理过程中，系统用栈来实现。当递归调用过程开始时，系统将实参、局部变量和调用结束时的返回地址，依次压入栈中，直到递归调用结束。返回时，再不断从栈中弹出当前栈顶的参数，并进行相应的运算，直至栈为空。

Visual Basic
8.5　过程、变量的作用域

在实际应用中，一个 VB 的程序通常由多个过程组成，这些过程一般保存在窗体文件

（.frm）或标准模块文件（.bas）中，而在过程中变量往往是不可缺少的。过程和变量随它们所处的位置不同，可被访问的范围也不一样。过程、变量可被访问的范围称为过程、变量的作用域。弄清过程和变量的作用域对于编写 VB 应用程序十分必要。

8.5.1　过程的作用域

过程的作用域分为窗体级或模块级和全局级两种。

1．窗体级或模块级

如果定义 Sub 过程或 Function 函数过程时，在过程前加上了关键字 Private，则该过程的作用域为窗体级或模块级。

窗体级或模块级过程只能被本窗体或本标准模块中的过程调用。

例如，在窗体 Form1 内定义了 Sub 过程 sub1：

```
Private Sub sub1(ByVal x As Single, y As Double)
…
End Sub
```

因为该 Sub 过程在定义时，其前面加上了一个关键字 Private，所以这个过程是窗体级过程，这个过程只能被窗体 Form1 内的过程调用，不能被其他窗体或标准模块中的过程调用。

又如，在标准模块 Module1 内定义了 Function 函数过程 function1：

```
Private Function function1(ByVal a As Integer, ByVal b As Integer) As Single
…
End Function
```

函数过程 function1 是模块级过程，只能被标准模块 Module1 内的过程调用。不能被其他窗体或标准模块中的过程调用。

2．全局级

如果定义 Sub 过程或 Function 函数过程时，在过程前加上关键字 Public 或省略该关键字，则该过程的作用域为全局级。

全局级过程可供该应用程序内所有窗体和所有标准模块中的过程调用，但根据过程所处的位置不同，其调用方法也有所不同。在窗体定义的全局级过程，外部过程调用时，必须在过程名前加上该过程所在的窗体名。

例如，在窗体 Form1 内定义了 Sub 过程 sub2：

```
Public Sub sub2(ByVal x As Single)
…
End Sub
```

sub2 是定义在窗体 Form1 内的全局级过程，如果在窗体 Form2 中调用，则调用语句为 Call Form1.sub2(x)。

如果 sub2 过程是在标准模块中定义的，且该过程名唯一，则调用该过程的语句为 Call sub2(x)；若该过程名不唯一，则调用该过程时要加上标准模块名，即 Call Moodle1.sub2(x)。

窗体（或模块）级和全局级过程的定义、作用域及调用规则概括如表 8-3 所示。

表 8-3 窗体（或模块）级和全局级过程的定义、作用域及调用规则

作　用　域	窗体（模块）级		全　局　级	
	窗体	标准模块	窗体	标准模块
定义方式	过程名前加上 Private		过程名前加上 Public 或默认	
能否被本窗体或本模块其他过程调用	能	能	能	能
能否被本应用程序其他过程调用	不能	不能	能，但必须在过程名前加上窗体名	能，但必须唯一，否则在过程名前必须加标准模块名

8.5.2 变量的作用域

变量的作用域决定了变量可被访问的范围。变量按作用域可划分为局部变量、窗体（或模块）级变量和全局变量三类。

1. 局部变量

局部变量是指在过程体内用 Dim 声明的变量或不声明直接使用的变量。这类变量只能在声明它的过程中使用，其他过程无法访问。局部变量随过程的调用而被分配存储单元，并进行变量的初始化，在过程体内进行数据的存取；当过程结束时，局部变量自动消失，其所占用的存储单元也随之释放。不同的过程中可以有相同的变量名，它们彼此互不相干，但在同一过程中不能有相同的变量名。

如在事件过程中定义的变量：

```
Private Sub Form_Click()
    Dim x As Integer      'x 为局部变量
    …
    End Sub
```

又如，在 Sub 过程中定义的变量：

```
    Private Sub Temp1( ByVal a As Integer)   'a 为局部变量
    Dim y As Integer      'y 为局部变量
    …
    End Sub
```

再如，在 Function 函数过程中定义的变量：

```
    Public Function Temp2( )
```

```
    Dim z As String        'z 为局部变量
    …
    End Sub
```

2. 窗体（或模块）级变量

窗体（或模块）级变量是指在一个窗体（或模块）的任何过程之外声明的变量，即在"通用"中用 Dim 或 Private 声明的变量。这类变量可被本窗体或本模块中任何过程访问。

如假设在窗体 Form1 的通用声明中定义了变量 z，且在该窗体下还定义了两个自定义过程和一个事件过程：

```
    Dim z As Single        ' 变量 z 在通用中声明,是窗体级变量
    Private Sub Temp3( )
      Dim a As Single    'a 为局部变量
      a=10
      z=z+a
      Print a,z
    End Sub
    Private Sub Temp4( )
      Dim a As Single    'a 为局部变量
      a=2
      z=z*a
      Print a,z
    End Sub
    Private Sub Command1_Click( )
      Call Temp3
      Call Temp4
    End Sub
```

启动程序，单击命令按钮 Command1，输出结果如下：

```
10          10
2           20
```

从中我们不难体会局部变量与窗体（或模块）级变量的区别。

3. 全局变量

全局变量是指在窗体（或模块）或标准模块的任何过程外声明的变量，也就是在"通过"中用 Public 声明的变量。全局变量可被应用程序的任何过程访问。全局变量在整个应用程序中始终不会消失和重新初始化，只有当整个应用程序执行结束时，它才会消失。例如：

```
    Option Explicit
    Public x As Integer
    Private Sub Form_Click()
        x = x + 1
```

```
        Print x
    End Sub
```

程序启动后：

第 1 次单击窗体时，运行结果为 1

第 2 次单击窗体时，运行结果为 2

…

第 10 次单击窗体时，运行结果为 10

x 是全局变量，它只在事件过程 Form_Click 第 1 次调用时被初始化，其后的调用不再重新初始化，x 的值没有随事件过程调用的结束而消失，而是保留上次调用时变化的值。

Visual Basic
8.6 过程应用实例

例 8-9 编写一个函数，实现将一个十进制整数转换成二进制、八进制和十六进制数的功能。

分析：利用辗转相除法将十进制整数 m 转换成 n 进制数，先用 m 除以 n，取其余数，然后再用 m 除以 n 的商除以 n，取其余数，直到商为零，最后逆序取出所有余数即为所求。

程序代码如下：

```
Private Sub Form_Click()
    Dim m As Integer, n As Integer
    m = Val(InputBox("请输入一个十进制整数："))
    n = Val(InputBox("转换进制："))
    Print "十进制整数" & m; "转换成" & n & "进制,结果为：" & dectran(m, n)    ' 调用函数
End Sub
' 进制转换函数的定义
Public Function dectran(ByVal m As Integer, ByVal n As Integer) As Double
    Dim result As String        ' 存放所有余数
    Dim r As Integer            ' 存放余数
    Do While m <> 0
      r = m Mod n
      result = r & result       ' 逆序取余
      m = m\n                    ' 求 m 除以 n 的商
    Loop
    dectran = Val(result)       ' 函数返回值
End Function
```

例 8-10 利用递归求斐波那契序列的前 m 项。

分析：斐波那契序列为 1，1，3，5，8，13，21，34，…。由此可见，已知序列的前两项，即可求得其后一项。

程序代码如下：

```
Private Sub Form_Click()
    Dim n As Integer,i As Integer, s As Integer
    n = InputBox("请输入序列的项数：")
    Print "斐波那契序列的前" & n & "项为："
    For i = 1 To n
        Print fib(i),
        s = s + 1
        If s Mod 4 = 0 Then Print
    Next i
End Sub
' 递归法求斐波那契序列函数的定义
Public Function fib(ByVal n As Integer) As Double
    If n = 1 Then
        fib = 1
    ElseIf n = 2 Then
        fib = 1
    Else
        fib = fib(n - 2) + fib(n - 1)
    End If
End Function
```

程序启动后，单击窗体，序列前 20 项如图 8-7 所示。

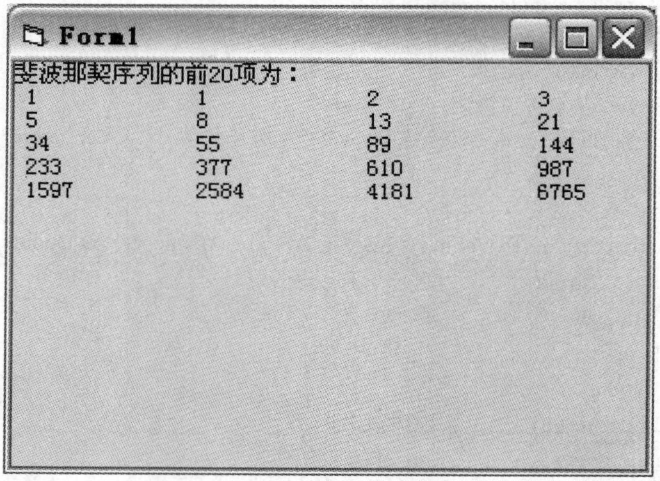

```
🗀 Form1                          _  □  X
斐波那契序列的前20项为：
1          1          2          3
5          8          13         21
34         55         89         144
233        377        610        987
1597       2584       4181       6765
```

图 8-7   例 8-10 结果

例 8-11   假设某班有 30 个学生，某门课程成绩已按从低分到高分的顺序排列，输入一个学生的成绩，用二分查找法判断该成绩是否在其中。

分析：假设学生成绩已存入数组 grade 中，数组的下界与上界分别为 a、b，输入的学生成绩为 cj，二分法的基本思想是计算 $m=(b+a) \backslash 2$，判断 cj=grade(m)是否成立，若成立，则该学生的成绩在其中，查找结束；否则，如果 cj>grade(m)，则令 $a=m+1$，如果 cj<grade(m)，则令 $b=m-1$，重新计算 $m=(b+a) \backslash 2$，重复上述步聚。若 $a>b$，则成绩不在其中，查找结束。

程序代码如下：

```
Option Explicit
Option Base 1
Const K = 30          ' 定义常量
Private Sub Form_Click()
    Dim grade(K) As Integer          ' 存放学生成绩
    Dim i As Integer
    Dim cj As Integer                ' 存放要查找的成绩
    Dim n As Integer
    Dim ft As Boolean
    For i = 1 To K
        grade(i) = Val(InputBox("按顺序输入学生成绩："))
        n = n + 1
        Print grade(i);
        If n Mod 10 = 0 Then Print        ' 控制每行输出 10 个成绩
    Next i
    Print
    cj = Val(InputBox("输入要查找的成绩："))
    Call myfind(grade, cj, ft)
    If ft = True Then
        Print cj & "在该组数中。"
    Else
        Print cj & "不在该组数中。"
    End If
End Sub
' 用二分法实现查找函数的定义
Private Sub myfind(ByRef x() As Integer, ByVal key As Integer, ByRef yn As Boolean)
    Dim a As Integer, b As Integer , m As Integer
    a = LBound(x)
    b = UBound(x)
    Do While a <= b
        m = (b + a) \ 2
        If key = x(m) Then yn = True: Exit Sub      ' 找到
        If key > x(m) Then
            a = m + 1
        Else
            b = m - 1
        End If
    Loop
    yn = False              ' 未找到
End Sub
```

请注意 Sub 过程中参数的定义。

Visual Basic

习　题

一、填空题

1．VB 中，如果要求参数传递按值方式传递，则定义过程时形参前应加上关键字____；如果要求参数传递按地址方式传递，则定义过程时形参前应加上关键字____或不加任何关键字。

2．如果一个过程直接或间接地调用其本身，则称该过程的调用为____调用。

3．变量按作用域划分可分为局部变量、窗体级变量和全局变量三种。局部变量在____声明，窗体级变量在____声明，全局变量声明时在变量前要加上关键字____。

4．过程的作用域分为窗体级和全局级两种，定义窗体级过程，应在过程名前加上____关键字；定义全局级过程，应在过程名前加上____关键字或不加任何关键字。

5．下面函数过程是求 n^k 的，请将函数过程补充完整。

```
Private Function power(ByVal n As Integer, ByVal k As Integer) As Long
    Dim i As Integer
    Dim t As Long
    t = 1
    For i = 1 To k
        ____
    Next i
    ____
End Function
```

6．下面程序实现了计算 $1+2^2+3^3+\cdots+n^n$ 值，请将该程序补充完整。

```
Private Sub Form_Click()
    Dim n As Integer, s As Double
    n = Val(InputBox("输入 n 的值："))
    ____
    Print "其和为：" & s
End Sub
Private Function sum(ByVal n As Integer) As Double
    Dim i As Integer
    Dim t As Double
    For i = 1 To n
        t = t + i ^ i
    Next i
    ____
End Function
```

7．设工程中有一个窗体 Form1 和一个标准模块 Module1，在 Module1 中定义了过程

bb：

```
Sub bb(ByVal x As Single, ByVal y As Single, ByRef z As Single)
z=x*y
End Sub
```

当在 Form1 中单击命令按钮 Command1 时，调用 bb 过程并将计算结果显示在文本框 Text3 中，请在以下程序段中写出相应的调用语句。

```
Private Sub Command1_Click()
    Dim a As Single, b As Single, c As Single
    a=Val(Text1.Text)
    b=Val(Text2.Text)
    Call ____          ' 调用 bb 过程
    Text3.Text=c
End Sub
```

二、选择题

1. 下面过程定义语句合法的是____。

    A．Sub P1(ByVal x())　　　　　　　B．Sub P1(x As Integer) As Single

    C．Function P1(P1)　　　　　　　　D．Function P1(ByVal x)

2. 在窗体模块通用中声明变量时，不能使用____关键字。

    A．Dim　　　　　　　　　　　　　B．Private

    C．Public　　　　　　　　　　　　D．Static

3. 执行"工程"菜单下____命令，可以添加一个标准模块。

    A．添加过程　　　　　　　　　　　B．标准模块

    C．添加模块　　　　　　　　　　　D．通用过程

4. 下面____过程定义语句能实现该过程调用后返回两个值的功能。

    A．Sub PP(ByVal x As Double, ByVal y As Single)

    B．Sub PP(ByRef x As Double, ByVal y As Single)

    C．Sub PP(ByRef x As Double, y As Single)

    D．Sub PP(ByVal x As Double, ByRef y As Single)

5. 运行下面的程序，单击"命令"按钮时，执行结果为____。

```
Private Sub Command1_Click()
    Dim x As Integer, y As Integer, z As Integer
    x = 1: y = 3: z = 5
    Print proc(z, x, y)
End Sub
Private Function proc(a As Integer, b As Integer, c As Integer)
    proc = 2*a + 3*b + 4 *.c
End Function
```

  A. 31   B. 25   C. 20   D. 29

6. 下列程序的执行结果为____。

```
Private Sub Form_Click()
    Dim a As Integer, b As Integer, c As Integer
    a = 10: b = 20
    c=fun(b,a)
    print a,b,c
End Sub
Private Function fun(ByVal x As Integer, y As Integer) As Integer
    x=2*x
    y=y+1
    fun=x-y
End Function
```

  A. 11   20   29   B. 20   21   −1
  C. 10   21   −1   D. 40   11   29

三、阅读下列程序，给出程序执行结果

1.

```
Private Sub Command1_Click()
    Dim s As Integer
    s = p(1) + p(2) + p(3) + p(4)
    Print s;
End Sub
Private Function p(n As Integer) As Integer
    Dim sum As Integer
    Dim i As Integer
    For i = 1 To n
        sum = sum + i
    Next i
    p = sum
End Function
```

2.

```
Private Sub Command1_Click()
    Dim s1 As String, s2 As String
    s1 = "uvwxyz"
    Call invert(s1, s2)
    Print s2
End Sub
Private Sub invert(ByVal str1 As String, ByRef str2 As String)
    Dim temp As String
    Dim i As Integer
```

```
        i = Len(str1)
        Do While i >= 1
            temp = temp + Mid(str1, i, 1)
            i = i - 1
        Loop
        str2 = temp
    End Sub
```

3.

```
    Private Sub Command1_Click()
        proc 2
    End Sub
    Private Sub proc(x As Integer)
        x = x * 2 + 1
        If x < 6 Then
            Call proc(x)
        End If
        x = x * 2 + 1
        Print x;
    End Sub
```

4.

```
    Private Sub Form_Click()
        Dim a As Integer, b As Integer
        a = 12
        b = 18
        Print "a=" & a, "b=" & b
        Call exchange(a, b)
        Print "a=" & a, "b=" & b
    End Sub
    Private Sub exchange(ByRef a As Integer, ByRef b As Integer)
        Dim t As Integer
        t = a: a = b: b = t
    End Sub
```

四、编程题（要求写出完整的程序）

1. 定义 Function 函数过程，求 $1-1/2+1/3-\cdots+1/n$ 的值。

2. 定义 Function 函数过程，求 $1+(1+3)+(1+3+5)+\cdots+(1+3+5\cdots+n)$ 的值。

3. 自定义函数过程，求 $n!$。

4. 编写一个过程，将 1～12 月份转换为对应英文月份。

5. 编写程序，输出如下所示图形，要求图形输出用自定义过程完成。

A
BBB
CCCCC
DDDDDDD

6. 编写一个过程，输入任意一个正整数，判断该数是否为素数。

7. 编写一个函数过程，求[3,99]之间所有素数的和。

8. 编写一个过程，判断该年是否为闰年。

9. 使用过程的递归调用求 20 以内斐波那契数列所有项数的和。

第9章

界 面 设 计

本章主要介绍如何在应用程序窗体上创建菜单、对话框、工具栏、状态栏及多文档界面。

主要内容

- 介绍下拉菜单和弹出式菜单的设计
- 自定义对话框和通用对话框的设计
- 工具栏和状态栏的设计
- 多窗体及多文档界面的设计

Visual Basic

9.1 菜单的设计

在 Windows 应用程序窗口中，所有的操作都可以通过菜单来实现。菜单不仅可以提供人机对话界面，方便用户选择应用程序的各种操作，而且还可以用来管理应用程序，控制各个功能模块的运行。

菜单分为下拉式菜单和弹出式菜单两种基本类型。图 9-1 所示是典型的 Windows 应用程序窗口中典型的下拉式菜单界面，菜单栏中包括"文件"、"编辑"、"格式"、"帮助"4 个主菜单名（即主菜单标题），每个主菜单下可以下拉出一个下级子菜单，子菜单中包含若干菜单项，有的菜单项可以直接执行，称为菜单命令，有的菜单项可以再下拉出一级子菜单，称为子菜单标题，VB 中最多可以包括 6 层下拉子菜单。子菜单中的分隔条用于对功能相似的子菜单项进行分组，菜单项可以有快捷键和热键。

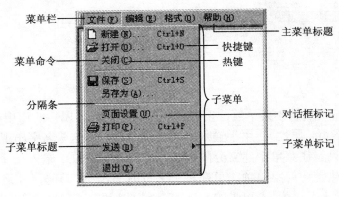

图 9-1 下拉式菜单的组成

弹出式菜单是指通过单击鼠标右键来激活的菜单，弹出式菜单是独立于菜单栏而显示在窗体上的浮动菜单。弹出式菜单上显示的菜单项内容取决于按下鼠标右键时指针所处的位置。

菜单也可以看成一个控件，但菜单控件不在 VB 的工具箱中。VB 的菜单控件也具有外观与行为的属性，这些属性值是在菜单编辑器中设置的。

菜单控件只能响应 Click 事件。

9.1.1　菜单编辑器

用菜单编辑器可以创建新的菜单和菜单栏、在已有的菜单上增加新命令、用自己的命令来替换已有的菜单命令，以及修改和删除已有的菜单和菜单栏。菜单编辑器的打开可以采用下列方法之一：

- 选择"工具"菜单中的"菜单编辑器"命令。
- 单击工具栏中的"菜单编辑器"按钮 。
- 在要建立菜单的窗体上单击鼠标右键，从弹出的快捷菜单中选择"菜单编辑器"命令。

菜单编辑器只能在当前活动窗体上打开，而不能在代码窗口中打开。"菜单编辑器"窗口如图 9-2 所示，分为属性区、编辑区和菜单列表框三部分。

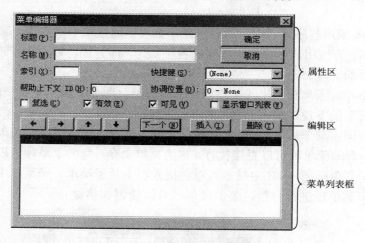

图 9-2　菜单编辑器

1. 属性区

属性区用来输入或修改菜单项，设置菜单项的属性。各属性的作用如下：

- 标题（Caption 属性）：用于输入菜单名或命令名，这些名字出现在菜单栏或菜单项中。如果想在菜单中建立分隔符条，则应在标题框中输入一个连字符（-）。如果要通过热键访问菜单项，可在一个字母前插入 & 符号。在运行时，该字母带有下划线（& 符号是不可见的），对于主菜单标题，按 ALT 键和该字母就可访问菜单或命令；对于子菜单，直接按下该字母键可以访问该菜单项。

- 名称（Name 属性）：用于为菜单项定义控件名，仅用于访问代码中的菜单项，不出现在菜单中。
- 索引（Index 属性）：用于确定菜单控件在控件数组中的位置（注：当若干个菜单控件定义成一个控件数组时，该属性值有效）。
- 快捷键（Shortcut 属性）：用于为每个命令设置快捷键。
- 帮助上下文 ID（HelpContextID 属性）：用于为 Context ID 指定唯一数值。在 HelpFile 属性指定的帮助文件中用该数值查找适当的帮助主题。
- 协调位置（NegotiatePosition 属性）：用于决定是否及如何在容器窗体中显示菜单。
- 复选（Checked 属性）：用于切换菜单项的开关状态，设置菜单项的左边是否显示复选标记 √。该属性取值是 True 或 False，默认值为 False。
- 有效（Enabled 属性）：用于决定是否让菜单项对事件做出响应。该属性取值是 True 或 False，默认值为 True，当该属性值为 False 时，相应的菜单项变成灰色。
- 可见（Visible 属性）：用于设置菜单项是否显示。该属性取值是 True 或 False，默认值为 True，当该属性值为 False 时，相应的菜单项在菜单中不显示。
- 显示窗口列表（WindowList 属性）：在 MDI 应用程序中，该属性用于确定菜单控件是否包含一个打开的 MDI 子窗体列表。

2．编辑区

编辑区有 7 个按钮，用于编辑定义的菜单项。

- ← 按钮：单击时把在菜单列表框中选定的菜单项向右移一个等级，同时在菜单名前显示一个内缩符号（…）。一共可以创建四个子菜单等级。
- → 按钮：单击时把在菜单列表框中选定的菜单项向左移一个等级，同时删除菜单名前内缩符号（…）。
- ↑ 按钮：单击时把在菜单列表框中选定的菜单项在同级菜单内向上移动一个位置。
- ↓ 按钮：单击时把在菜单列表框中选定的菜单项在同级菜单内向上移动一个位置。
- "下一个"按钮：单击时将开始一个新的菜单项。
- "插入"按钮：单击时在菜单列表框中选定的菜单项前插入一个新的同级空白菜单项。
- "删除"按钮：单击时删除在菜单列表框中选定的菜单项。

3．菜单列表框

该列表框显示菜单项的分级列表。将子菜单项以缩进方式指出它们的分级位置或等级。

9.1.2 设计下拉式菜单

下面通过一个例子来说明下拉式菜单的设计过程。

例 9-1 设计一个"下拉式菜单设计示例"窗体，窗体上有一个文本框控件和一个下拉菜单，窗体及各菜单项结构如图 9-3 所示，通过菜单操作来设置文本框的字体、字号、文字颜色和特殊效果，其中，"特殊效果"菜单中的各菜单项具有复选功能。要求：程序运行时，若文本框中没有文字内容，各菜单项必须设置为不可选，而当在文本框中输入了内容后，各菜单项立即变成可选。

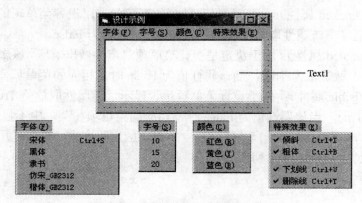

图 9-3 主菜单及各子菜单结构

1．窗体及菜单结构设计

（1）在当前工程中添加一个窗体。

（2）单击工具栏上的"菜单编辑器"按钮，打开"菜单编辑器"对话框。

（3）在"标题"栏输入"字体(&F)"，此时在菜单列表框出现输入的内容，然后在"名称"框内输入"Mfont"。

（4）单击"下一个"按钮，菜单列表框的条形光标下移，同时，属性区清空。

（5）在"标题"栏输入"宋体"，此时在菜单列表框出现输入的内容，然后在"名称"框内输入"Font1"，在"索引"框内输入"1"，在"快捷键"下拉框内选择"Ctrl+S"。

（6）单击编辑区的 ➡ 按钮，菜单列表框的"宋体"左边出现符号"..."，表明"宋体"是"字体(&F)"的下一级子菜单。

按上述步骤，在菜单编辑器中建立所有菜单项，具体设置值如表 9-1 所示。

表 9-1 各菜单项的属性设置

标　题	名　称	索　引	快　捷　键	说　明
字体(&F)	Mfont			定义热键 Alt+F
...宋体	Font1	1	Ctrl+S	定义成控件数组 Font1
...黑体		2		

续表

标 题	名 称	索 引	快 捷 键	说 明
…隶书		3		
…仿宋_GB2312		4		
…楷体_GB2312		5		
字号(&S)	MFontSize			定义热键 Alt+S
…10	Size1	1		
…15		2		定义成控件数组 Size1
…20		3		
颜色(&C)	MColor			定义热键 Alt+C
…红色(&R)	Color1			定义热键 R
…黄色(&Y)	Color2			定义热键 Y
…蓝色(&B)	Color3			定义热键 B
特殊效果(&E)	MEffect			定义热键 Alt+E
…倾体	Effect1		Ctrl+I	
…粗体	Effect2		Ctrl+B	
…-	Effect3			生成分隔条
…下划线	Effect4		Ctrl+U	
…删除线	Effect5		Ctrl+K	

2. 编写程序代码

1）编写窗体的 Load 事件过程

```
Private Sub Form_Load()          '初始文本框中无内容，必须设置各菜单项不可选
    If Len(Text1.Text) = 0 Then
        MFont.Enabled = False
        MFontSize.Enabled = False
        MColor.Enabled = False
        MEffect.Enabled = False
    End If
End Sub
```

2）编写文本框的 Change 事件过程

```
Private Sub Text1_Change()       '当文本框中内容发生变化时，必须设置菜单项是否可选
    If Len(Text1.Text) = 0 Then
        MFont.Enabled = False
        MFontSize.Enabled = False
        MColor.Enabled = False
        MEffect.Enabled = False
    Else
```

```
            MFont.Enabled = True
            MFontSize.Enabled = True
            MColor.Enabled = True
            MEffect.Enabled = True
        End If
    End Sub
```

3）编写各菜单项的 Click 事件过程

用鼠标单击窗体上的各下拉菜单项，或在代码窗口的对象下拉列表框中选择菜单项，都可以打开相应的菜单项的 Click 事件过程，在其中编写代码。

将"字体"菜单下的菜单项设计成一个控件数组 Font1，它们共享以下事件过程：

```
    Private Sub Font1_Click(index As Integer)        '设置文本框字体
        Text1.Font = Font1(index).Caption
    End Sub
```

将"字号"菜单下的菜单项设计成一个控件数组 Size1，它们共享以下事件过程：

```
    Private Sub Size1_Click(index As Integer)        '设置文本框字号
        Text1.FontSize = Size1(index).Caption
    End Sub
```

"颜色"菜单下的各菜单项为独立的菜单控件，分别编写各事件过程如下：

```
    Private Sub Color1_Click()
        Text1.ForeColor = vbRed
    End Sub
    Private Sub Color2_Click()
        Text1.ForeColor = vbYellow
    End Sub
    Private Sub Color3_Click()
        Text1.ForeColor = vbBlue
    End Sub
```

"特殊效果"菜单下的各菜单项具有复选功能，因此，每次单击时必须通过判断当前菜单项的 Checked 属性来确定切换成哪一种状态。各事件过程如下：

```
    Private Sub Effect1_Click()                      '设置文本框中文字是否倾斜
        If Effect1.Checked = True Then
            Text1.FontItalic = False
            Effect1.Checked = False
        Else
            Text1.FontItalic = True
            Effect1.Checked = True
        End If
    End Sub
    Private Sub Effect2_Click()                      '设置文本框中文字是否粗体
```

```
        If Effect2.Checked = True Then
            Text1.FontBold = False
            Effect2.Checked = False
        Else
            Text1.FontBold = True
            Effect2.Checked = True
        End If
    End Sub
    Private Sub Effect4_Click()                    '设置文本框中文字是否带下划线
        If Effect4.Checked = True Then
            Text1.FontUnderline = False
            Effect4.Checked = False
        Else
            Text1.FontUnderline = True
            Effect4.Checked = True
        End If
    End Sub
    Private Sub Effect5_Click()                    '设置文本框中文字是否有删除线
        If Effect5.Checked = True Then
            Text1.FontStrikethru = False
            Effect5.Checked = False
        Else
            Text1.FontStrikethru = True
            Effect5.Checked = True
        End If
    End Sub
```

9.1.3　设计弹出式菜单

弹出式菜单是独立于菜单栏的浮动菜单，通过单击鼠标右键来激活，又称 "快捷菜单"。它可以显示在窗体上任何地方（根据单击鼠标右键时的坐标动态地调整显示位置）。弹出式菜单上显示的菜单项内容取决于按下鼠标右键时指针所处的位置。

弹出式菜单的创建也是在菜单编辑器中完成的。在设计菜单时，将菜单的"可见"属性设置为 False，这样在程序运行时菜单栏中不会显示该菜单，要显示弹出式菜单通过使用 PopupMenu 方法。PopupMenu 方法的语法为

[object.]PopupMenu menuname [, flags [,x [, y [, boldcommand]]]]

其中，

[object.]：指出在哪一个窗体上打开弹出式菜单。若省略，则在当前窗体打开。

Menuname：是指要显示的弹出式菜单名，应至少含有一个菜单项。

flags：是一个数值或常数，用于指定弹出式菜单的位置和行为。flags 参数可以使用的值如表 9-2 所示。

表 9-2 弹出式菜单的标志设置值

常　数	性　质	值	描　述
vbPopupMenuLeftAlign	位置	0	默认值。指定弹出式菜单的左边界定位于 x
vbPopupMenuCenterAlign	位置	4	指定弹出式菜单的中心定位于 x
vbPopupMenuRightAlign	位置	8	指定弹出式菜单的右边界定位于 x
vbPopupMenuLeftButton	行为	0	默认值。只有当鼠标左键单击菜单项时，才显示弹出式菜单
vbPopupMenuRightButton	行为	2	不论鼠标右键还是左键单击菜单项时，都显示弹出式菜单

如果要同时指定位置常数和行为常数，则用 or 操作符将两个参数值连接起来。

x , y：指定弹出式菜单的显示位置。省略时为鼠标的坐标。

Boldcommand：指定弹出式菜单中想以粗体字体显示的菜单控件的名称。省略时弹出式菜单中没有以粗体字出现的菜单项。在弹出式菜单中只能有一个菜单控件被加粗。

因为弹出式菜单是单击鼠标右键时弹出来的，所以在程序中应检测用户是否单击了鼠标右键。检测是否单击鼠标右键可用鼠标事件 MouseDown，该事件过程返回一个整型参数，用来检测该事件的产生是按下鼠标的左键（1）、右键（2）还是中间键（4）导致的。

例 9-2　在例 9-1 的基础上设计文本框的弹出式菜单，用来设置文本框的背景色。运行结果如图 9-4 所示。

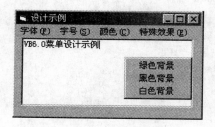

图 9-4　弹出式菜单设计示例

首先，在菜单编辑器中添加如表 9-3 所示的弹出式菜单项的属性设置。

表 9-3 弹出式菜单项的属性设置

标　题	名　称	可　见
文本框背景	MBackColor	不选定
…绿色背景	BackColor1	选定
…黑色背景	BackColor2	选定
…白色背景	BackColor2	选定

然后，编写文本框 Text1 的 MouseDown 事件过程，代码如下：

```
Private Sub Text1_MouseDown(Button As Integer,Shift As Integer,X As Single,Y As Single)
    If Button = 2 Then                    '如果按下鼠标右按钮
        PopupMenu MBackColor              '弹出文本框的快捷菜单
    End If
```

```
        End Sub
        编写弹出式菜单中选择不同的命令,设置文本框背景颜色的代码如下:
        Private Sub BackColor1_Click()
            Text1.BackColor = vbGreen          '设置文本框背景为绿色
        End Sub
        Private Sub BackColor2_Click()
            Text1.BackColor = vbBlack          '设置文本框背景为黑色
        End Sub
        Private Sub BackColor3_Click()
            Text1.BackColor = vbWhite          '设置文本框背景为白色
        End Sub
```

Visual Basic

9.2　对话框的设计

在 Windows 的应用程序中，对话框是一种与窗体类似的特殊窗口，它常常用来提示用户输入应用程序执行所需要的数据，或者向用户显示各种信息。

VB 中对话框可以分为三类：

● 预定义对话框：使用 MsgBox 或 InputBox 函数创建；

● 自定义对话框：使用标准窗体创建；

● 通用对话框：使用 CommonDialog 控件创建。

MsgBox 或 InputBox 函数已介绍过，本节仅介绍自定义对话框和通用对话框。

9.2.1　自定义对话框

自定义对话框就是用户所创建的含有控件的窗体。在自定义对话框中创建的控件包括标签、命令按钮、选项按钮、复选框、文本框、列表框等，通过设置属性值来自定义窗体的外观，使窗体成为对话框，然后编写在运行时显示对话框的代码。

自定义对话框有两种类型：

● 模式对话框：在继续执行应用程序的其他部分之前，必须被关闭（隐藏或卸载）。

● 无模式的对话框：允许在对话框与其他窗体之间转移焦点而不用关闭对话框。

要创建自定义对话框，可以从新窗体着手，或者自定义现成的对话框。如果重复过多，可以创建能在许多应用程序中使用的对话框的集合。

下面介绍创建新的对话框方法，其具体步骤如下：

（1）添加窗体。选择"工程"菜单中的"添加窗体"命令，或单击工具栏上"添加窗体"按钮，在工程中添加一个窗体。

（2）设计窗体外观使其具有对话框风格。因为对话框是临时性的，用户通常不需要对它进行改变尺寸、最大化或最小化等操作，因此，可以通过设置 BorderStyle、ControlBox、MaxButton 和 MinButton 等属性将普通窗体设置成为对话框。

（3）在对话框中添加命令按钮。对话框中通常有两个按钮：一个用于确定用户的设置，而另一个用于取消用户的设置，这两个按钮的 Caption 属性可以设置为"确定"与"取消"，并将"确定"按钮的 Default 属性设置为 True，这样，运行时按下 Enter 键与单击该按钮效果相同，将"取消"按钮的 Cancel 属性设置为 True，这样，运行时按下 Esc 键与单击该按钮效果相同。如果对话框中不需要用户做任何设置或选择，则只要一个"确定"按钮即可；当然，根据需要，也可以设置多个命令按钮。

（4）在对话框中添加其他控件。根据对话框要完成的功能在对话框上添加各种控件，如命令按钮、选项按钮、复选框、文本框、框架、图片框等，并设置相应属性。

（5）编写代码。创建事件过程，组织各对象之间的关系。

（6）在适当的位置编写显示对话框的代码。自定义对话框的显示可以用 Show 方法来实现，在显示模式对话框时需带有参数 vbModal（或 1），而在显示无模式对话框时则无需参数 vbModal（或 0）。为确保对话框可以随其父窗体最小化而最小化，或者随其父窗体关闭而关闭，需要在 Show 方法中定义父窗体。

（7）编写从对话框退出的代码。要卸载或隐藏自定义对话框，可以在对话框的"确定"或"取消"命令按钮的 Click 事件中使用 Unload 方法或 Hide 方法。

例 9-3　设在主窗体 Form1 的菜单中有一"数据输入"菜单项，运行时单击该菜单项打开一个模式对话框 Form2，对话框运行结果如图 9-5 所示。在该对话框上建立 4 个标签；建立 2 个文本框，用于接收从键盘输入的学号和姓名；建立 2 个单选按钮，用于选择学生的性别；建立 3 个命令按钮，单击"确定"按钮将在 Label4 标签处显示输入的内容，单击"取消"按钮将清除所有输入，单击"退出"按钮，卸载对话框返回主窗体 Form1 中。

对话框 Form2 及各控件的属性设置如表 9-4 所示。

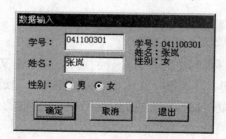

图 9-5　"自定义"对话框

表 9-4　对话框 Form2 及各控件的属性设置

控　件	属　性　项	属　性　值
Form2	Caption	数据输入
	BorderStyle	1
	ControlBox	False
	MaxButton	False
	MinButton	False
Label1	Caption	学号：

续表

控　件	属　性　项	属　性　值
Label2	Caption	姓名:
Label3	Caption	性别:
Label4	Caption	空
Text1	Text	空
Text2	Text	空
Option1	Caption	男
	Value	True
Option2	Caption	女
Command1	Caption	确定
	Default	True
Command2	Caption	取消
	Cancel	True
Command3	Caption	退出

窗体 Form1 的"数据输入"菜单项（设菜单控件名称为 SJRL）的 Click 事件过程中显示对话框 Form2 的代码如下：

```
Private Sub SJRL_Click()
Form2.Show 1
End Sub
```

对话框 Form2 中各命令按钮的 Click 事件代码如下：

```
Private Sub Command1_Click()
Dim Sex As String
Sex = ""
If Option1.Value = True Then Sex = Option1.Caption
If Option2.Value = True Then Sex = Option2.Caption
If Text1.Text = "" Or Text2.Text = "" Then
MsgBox "请输入学号和姓名", , "警告"
Text1.SetFocus
Else
Label4.Caption = "学号: " + Text1.Text + vbCrLf + "姓名: " + Text2.Text + vbCrLf + "性别: " + Sex
End If
End Sub
Private Sub Command2_Click()
Text1.Text = ""
Text2.Text = ""
Option1.Value = True
Label4.Caption = ""
End Sub
```

```
Private Sub Command3_Click()
Unload Form2
End Sub
```

9.2.2 通用对话框

VB 6.0 为用户提供了一组标准的操作对话框，利用这些对话框可以完成打开文件，保存文件，设置打印选项，以及选择颜色和字体等操作，通过运行 Windows 帮助引擎控件还可以显示帮助。由于这组对话框在应用程序中经常使用，因此又称通用对话框。

1．添加通用对话框控件

通用对话框必须用 CommonDialog 控件来创建。CommonDialog 控件属于 ActiveX 控件的一个组件，使用之前必须先添加到工具箱中，具体添加步骤如下：

（1）选择"工程"菜单中的"部件"命令，弹出"部件"对话框；

（2）在"部件"对话框中，选择"控件"标签；

（3）在"控件"列表框中单击"Microsoft Common Dialog Control 6.0"左边的小方框，使方框中出现"√"；

（4）单击"确定"按钮。

通用对话框控件 CommonDialog 被添加到工具箱中，如图 9-6 所示。把 CommonDialog 控件添加到工具箱后，就可以像使用其他标准控件一样，为应用程序添加对象了。

图 9-6　CommanDialog 控件

2．通用对话框控件的方法

使用 CommonDialog 控件可以创建打开文件对话框、保存文件对话框、颜色对话框、字体对话框、打印对话框和帮助对话框。CommonDialog 控件所显示的对话框由控件的方法来确定，表 9-5 列出了控件的显示方法。在运行时，当相应的方法被调用时，将显示对话框或是执行帮助引擎。

表 9-5　CommonDialog 控件的显示方法

方　　法	所显示的对话框
ShowOpen	显示"打开"对话框
ShowSave	显示"另存为"对话框
ShowColor	显示"颜色"对话框
ShowFont	显示"字体"对话框
ShowPrinter	显示"打印"或"打印选项"对话框
ShowHelp	调用 Windows 帮助引擎

应用程序中调用这些显示方法的一般格式是控件名.显示方法。例如，CommonDialog.ShowOpen，CommonDialog.Font。

3．通用对话框控件的属性

（1）CommonDialog 控件的公共属性

● Action 属性：用于返回或设置被显示的对话框的类型。Action 属性只能在程序中赋值，而不能在属性窗口进行设置，它可使用 7 个设置值：0 没有操作，1 显示"打开"对话框，2 显示"另存为"对话框，3 显示"颜色"对话框，4 显示"字体"对话框，5 显示"打印"对话框，6 运行 WINHLP32.EXE。

● CancelError 属性：即取消引发错误，用于返回或设置一个值，该值指示当选取"取消"按钮时是否出错。当 CancelError 属性设置为 False 时，单击"取消"按钮不会产生错误信息，当 CancelError 属性设置为 True 时，单击"取消"按钮，均产生 32755(cdlCancel)号错误。

● Flags 属性：即标志，用于返回或设置每个具体对话框的选项内容。

CommonDialog 控件中每个对话框都还有各自相应的属性，这些属性既可以在属性窗口中设置，也可以在程序代码中设置，还可以在其"属性页"对话框中设置。当在窗体上添加 CommonDialog 控件后，可用鼠标右击该控件，从弹出的快捷菜单中选择"属性"命令，即可打开如图 9-7 所示的"属性页"对话框，根据需要选择相应标签进行属性设置。

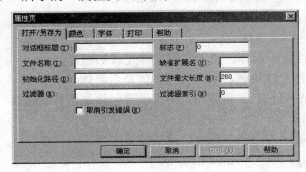

图 9-7　CommonDialog 控件的"属性页"对话框

（2）"打开" / "另存为"对话框使用的属性

● DialogTitle 属性：即对话框标题，用于设置对话框中标题栏的名称。"打开"对话框默认的标题是"打开"；"另存为"对话框默认的标题是"另存为"。

● DefaultExt 属性：即默认扩展名，用于指定默认的扩展文件名，如 .txt 或 .doc。当保存文件时，如果文件名没有指定扩展名，则自动给文件指定由 DefaultExt 属性指定的扩展名。

● FileName 属性：即文件名称，用于返回或设置所选文件的路径和文件名。可以在打开对话框之前设置 FileName 属性以设定初始文件名，当 FileName 属性设置为 0 长度字符串 ("")，表示当前没有选择文件。

● FileTitle 属性：即文件标题，用于返回要打开或保存文件的名称（不包含路径）。

● Filter 属性：即过滤器，用于返回或设置在对话框的文件类型列表框中所显示的文件类型。语法格式：

object.Filter [= description1 |filter1 |description2 |filter2...]

其中，description 为描述文件类型的字符串表达式，filter 为指定文件名扩展的字符串表达式。使用管道(|)符号将 filter 与 description 的值隔开。管道符号的前后都不要加空格。

例如，Text (*.txt)|*.txt|Pictures (*.bmp;*.ico)|*.bmp;*.ico 设置了两种过滤类型，文件类型列表框中显示"Text (*.txt)"和"|Pictures (*.bmp;*.ico)"两项，实际过滤类型为"*.txt"文本文件和"*.bmp;*.ico"含有位图和图标的图形文件。

- FilterIndex 属性：即过滤器索引，当为一个对话框指定一个以上的过滤器时，该属性用于确定哪一个作为默认过滤器显示，默认值为 1。
- InitDir 属性：即初始化路径，用于指定初始路径。如果此属性没有指定，则使用当前目录。

（3）"颜色"对话框使用的属性

- Color 属性：即颜色，用于返回或设置选定的颜色。为了该属性能返回对话框中的一种颜色，必须先设置 Flags 属性为 cdlCCRGBInit。

（4）"字体"对话框使用的属性

- Color 属性：即颜色，用于返回或设置选定的颜色。为了该属性能返回对话框中的一种颜色，必须先设置 Flags 属性为 cdlCFEffects。
- FontName 属性：即字体名称，用于设置字体名称。
- FontSize 属性：即字体大小，用于设置字体大小。
- FontBold 属性：即粗体，用于设置字体是否加粗。
- FontItalic 属性：即斜体，用于设置字体是否斜体。
- FontStrikethru 属性：即删除线，用于设置字体是否有删除线。使用这个属性前必须先设置 Flags 属性为 cdlCFEffects。
- FontUnderline 属性：即下划线，用于设置字体是否有下画线。使用这个属性前必须先设置 Flags 属性为 cdlCFEffects。
- Max、Min 属性：即最大、最小，用于返回或设置在"大小"列表框显示的字体的最大和最小尺寸。使用这些属性前必须先设置 Flags 属性为 cdlCFLimitSize。

（5）"打印"对话框使用的属性

- copies 属性：即复制，用于返回或设置需要打印的份数。
- FromPage、ToPage 属性：即起始页、终止页。用于返回或设置"打印"对话框的 From 和 To 文本框的值。这些属性只有当 cdlPDPageNums 标志被置时才有效。
- PrinterDefault 属性：即默认打印机，用于返回或设置一个选项，确定在"打印"对话框中的选择是否用于改变系统默认的打印机设置。
- Max、Min 属性：即最大、最小，用于返回或设置打印范围允许的最大和最小值。

（6）"帮助"对话框使用的属性

- HelpCommand 属性：即帮助命令，用于返回或设置需要的联机帮助的类型。
- HelpContextID 属性：即帮助上下文，用于返回或设置请求的帮助主题的上下文 ID。与 HelpCommand 属性一起使用该属性（设置 HelpCommand=cdlHelpContext）可指定要显示的帮助主题。

- HelpFile 属性：即帮助文件，确定 Microsoft Windows Help 文件的路径和文件名，应用程序使用这个文件显示 Help 或联机文档。
- HelpKey 属性：即帮助键，用于返回或设置标识请求的帮助主题的关键字。

4．应用举例

CommonDialog 控件在设计时是以图标的形式显示在窗体中，该图标的大小不能改变，但在程序运行时会被隐藏。

例 9-4　设计一个工程，实现通用对话框的基本功能。

首先，设计如图 9-8 所示窗体界面。在该窗体上建立 1 个文本框，1 个通用对话框控件，6 个命令按钮，窗体及各控件的属性设置如表 9-6 所示。

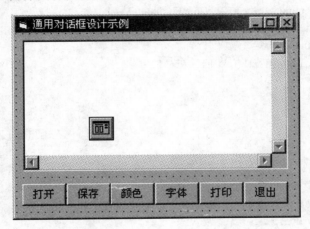

图 9-8　CommonDialog 控件设计示例

表 9-6　窗体及各控件的属性设置

控　件	属　性　项	属　性　值
Form1	Caption	通用对话框设计示例
Text1	Text	空
	MultiLine	True
	ScrollBar	3
Command1	Caption	打开
Command2	Caption	保存
Command3	Caption	颜色
Command4	Caption	字体
Command5	Caption	打印
Command6	Caption	退出

然后编写各命令按钮的 Click 事件代码如下：

```vb
Private Sub Command1_Click()                          ' 将文本文件内容输入到文本框中
  CommonDialog1.CancelError=True                      ' 设置"CancelError"为 True
  On Error GoTo Errhandler                            ' 出错时转向 ErrHandler 处执行
  CommonDialog1.DialogTitle = "打开文本文件"           ' 设置对话框标题
  CommonDialog1.FileName = ""                         ' 设置初始文件名为空
  CommonDialog1.InitDir = "c:\windows"                ' 设置默认目录
  CommonDialog1.Filter = "Text files(*.txt)|*.txt"    ' 设置文件过滤器
  CommonDialog1.ShowOpen                              ' 显示打开文件对话框
  If CommonDialog1.FileName > "" Then                 ' 如果文件被选中
    Text1.Text = ""                                   ' 清空文本框内容
    Open CommonDialog1.FileName For Input As #1       ' 打开顺序文件
    Do While Not EOF(1)                               ' 依次读出文件内容输入到文本框
      Line Input #1, S
      Text1.Text = Text1.Text + S + vbCrLf
    Loop
    Close #1
  End If
Errhandler:                                           ' 用户按了"取消"按钮
  Exit Sub
End Sub
Private Sub Command2_Click()                          ' 保存文本框中的内容到文件中
  CommonDialog1.DialogTitle = "保存文本文件"
  CommonDialog1.Flags = 512
  CommonDialog1.ShowSave
  Open CommonDialog1.FileName For Output As #1
  For i = 1 To Len(Text1.Text)
    Print #1, Text1.Text
  Next i
  Close #1
End Sub
Private Sub Command3_Click()                          ' 设置文本框背景色
  CommonDialog1.Flags = 2                             ' 设置颜色对话框样式
  CommonDialog1.ShowColor                             ' 显示颜色对话框
  Text1.BackColor = CommonDialog1.Color
End Sub
Private Sub Command4_Click()                          ' 设置文本框文本字体
  CommonDialog1.Flags = cdlCFBoth Or cdlCFEffects     ' 设置字体对话框样式
  CommonDialog1.ShowFont                              ' 显示字体对话框
  CommonDialog1.FontName = "宋体"                      ' 设置文本初始字体
  With Text1                                          ' 设置文本框的字体样式
    .FontName = CommonDialog1.FontName
    .FontSize = CommonDialog1.FontSize
    .FontBold = CommonDialog1.FontBold
```

```
        .FontItalic = CommonDialog1.FontItalic
        .FontStrikethru = CommonDialog1.FontStrikethru
        .FontUnderline = CommonDialog1.FontUnderline
        .ForeColor = CommonDialog1.Color
    End With
End Sub
Private Sub Command5_Click()                    ' 打印文本框内容
    CommonDialog1.flags=256                     ' 设置打印对话框样式
    CommonDialog1.ShowPrinter                   ' 显示打印对话框
    For i = 1 To CommonDialog1.Copies           ' 打印文本框内容
        Printer.Print Text1.Text
    Next i
End Sub
Private Sub Command6_Click()
    End
End Sub
```

　　程序运行时，当单击窗体上"打开"按钮，会弹出如图 9-9 所示"打开文件"对话框，从对话框中选择一个文本文件，并将文件内容显示在文本框中；单击"保存"按钮，弹出如图 9-10 所示"保存文件"对话框，可以将文本框中修改的内容保存在指定的文件中；单击"颜色"按钮，弹出如图 9-11 所示"颜色"对话框，设置文本框的背景色；单击"字体"按钮，弹出如图 9-12 所示"字体"对话框，设置文本框中文本的字体；单击"打印"按钮，弹出如图 9-13 所示"打印"对话框，进行打印设置并打印文本框内容，单击"退出"按钮将结束运行并返回。

　　运行时当在对话框中单击"取消"按钮时，将产生一个错误，在代码中使用了 On Error GoTo ErrHandler 对该错误进行处理，转到 ErrHandler 处执行 Exit Sub，退出按钮的事件过程。

图 9-9　"打开文件"对话框

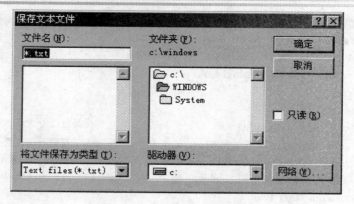

图 9-10 "保存文件"对话框

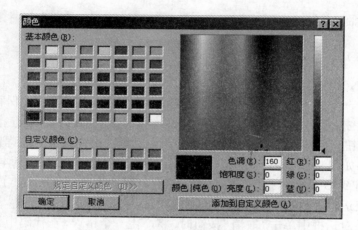

图 9-11 "颜色"对话框

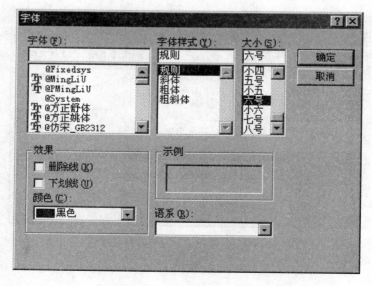

图 9-12 "字体"对话框

图 9-13　"打印"对话框

9.3　工具栏的设计

工具栏是 Windows 应用程序窗口的一个组成部分。通常，是将应用程序中常用的菜单命令制作成按钮的形式放在工具栏中，便于快速访问应用程序最常用的功能和命令。VB 中制作工具栏有两种方法：一种是手工制作，主要是利用图形和命令按钮，但比较麻烦；另一种是通过 ToolBar、ImageList 控件制作。本节主要介绍后一种方法。

由于 Toolbar、ImageList 控件都属于 Active 控件，因此在使用之前，必须先添加到工具箱中，方法如下：

① 选择"工程"菜单中的"部件"命令，弹出"部件"对话框；

② 在"部件"对话框中，选择"控件"标签；

③ 在"控件"列表框中选择"Microsoft Windows Common Control 6.0"左边的小方框，使方框中出现"√"；

④ 单击"确定"按钮。

Toolbar 和 ImageList 控件被添加到工具箱中，如图 9-14 所示。工具栏由按钮（Buttons）对象组成，按钮对象由 Toolbar 控件来创建，每个按钮对象上可以是一个文本，也可以是一个图像，该图像由 ImageList 控件来提供。

通过 Toolbar、ImageList 控件建立工具栏的基本步骤如下：

（1）绘制 Toolbar 控件。如果工具栏中的按钮要添加图片，则转向（2），否则转向（4）。

图 9-14　Toolbar 控件和
ImageList 控件

（2）绘制 ImageList 控件。ImageList 控件不能独立使用，用于向 Toolbar 控件提供图片，程序运行时，该控件不显示。

（3）在 ImageList 控件中添加图片。鼠标右击 ImageList 控件，在弹出的快捷菜单中选择"属性"命令，打开如图 9-15 所示的"属性页"对话框，在对话框中选择"图像"选项卡。该选项卡中包含的选项主要有如下几个方面。

图 9-15 ImageList 控件的"属性页"对话框的"图像"选项卡

● 索引：给每个插入的图片自动编号，以便在 Toolbar 控件中引用。
● 关键字：给每个插入的图片定义一个标识符，以便在 Toolbar 控件中引用。
● 插入图片：在图像框中插入图片，图片文件可以是各种图片类型。
● 删除图片：将图像框中选择的图片删除掉。
● 图像数：当前插入的图片总数。

（4）在 Toolbar 控件中添加按钮。鼠标右击 Toolbar 控件，在弹出的快捷菜单中选择"属性"命令，打开 "属性页"对话框，该对话框包括"通用"、"按钮"和"图片"三个选项卡。

"通用"选项卡

图 9-16 所示为 Toolbar 控件的"属性页"对话框的"通用"选项卡，该选项卡用于为工具栏连接按钮，在选项卡上通用的属性设置有如下几个方面。

● 鼠标指针（MousePointer 属性）：程序运行时，当鼠标指向工具栏时，鼠标指针显示为该属性定义的形状。
● 图像列表（ImageList 属性）：列出事先在窗体上建立的 ImageList 控件名。若工具按钮显示为文本，则该属性选择"无"；否则，当选定 ImageList 控件后，工具栏上的图标按钮就可从 ImageList 控件中保存的图片中选取。
● 可换行的（Wrappable 属性）：若选择该属性，则当工具栏的长度超过窗体宽度时，可以自动换行显示工具按钮。

- 显示提示（ShowTips 属性）：若选择该属性，则当鼠标指向工具栏上按钮时，会出现相关文本提示信息。
- 样式（Style 属性）：用于设置工具栏按钮的外观。选择 0 时按钮呈标准凸起形状；选择 1 时按钮呈平面形状。

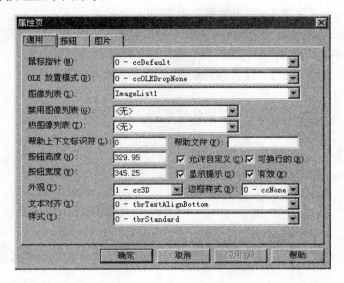

图 9-16　Toolbar 控件的"属性页"对话框的"通用"选项卡

"按钮"选项卡

图 9-17 所示为 Toolbar 控件的"属性页"对话框的"按钮"选项卡，该选项卡用于为工具栏添加按钮并对各个按钮对象的属性进行设置，在选项卡上通用的属性设置有如下几个方面。

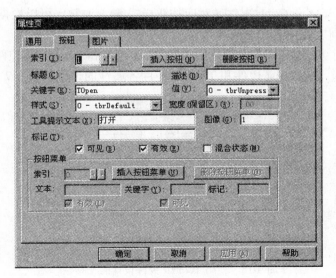

图 9-17　Toolbar 控件的"属性页"对话框的"按钮"选项卡

- "插入"按钮：用于在工具栏上添加一个按钮对象。
- "删除"按钮：用于删除工具栏上由当前索引值指定的按钮对象。
- 索引（Index 属性）：用于给每个插入的按钮自动编号，以便在访问此按钮时引用。
- 标题（Caption 属性）：用于设置工具按钮上显示的文本。
- 关键字（Key 属性）：用于给每个插入的按钮定义一个标识符，以便在访问此按钮时引用。该标识符在整个按钮对象集合的标识符中必须唯一。
- 值（Value 属性）：用于设置按钮的初始状态。取 0 值表示按钮未按下，取 1 值表示按钮按下。
- 样式（Style 属性）：用于设置按钮显示的样式，共有 6 种：

0-tbrDefault 普通按钮

1-tbrCheck 复选按钮

2-tbrButtonGroup 选项按钮组

3-tbrSdeparator 作为有 8 个像素宽的分隔条

4-tbrPlaceholder 占位符

5-tbrDropDown 下拉菜单按钮

- 工具提示文本（ToolTipText 属性）：用于设置显示在工具栏上按钮的提示文本信息。
- 图像（Image 属性）：用于设置工具栏上按钮的图片相关联的图像，其值为 ImageList 控件中插入的图片的索引值或关键字。
- 插入菜单按钮：当样式选择"5"设置按钮为下拉菜单按钮时，单击"插入按钮菜单"按钮用于向下拉菜单按钮增加一个菜单项。

（5）编写 Toolbar 控件的事件代码。Toolbar 控件主要有 ButtonClick 事件（对应按钮样式 0-2）和 ButtonMenuClick 事件（对应按钮样式 5）。通常，可以根据按钮对象的关键字或索引值，识别工具按钮，以响应事件。

例 9-5 在例 9-2 的基础上在窗体中用 Toolbar 控件和 ImageList 控件设计工具栏，界面如图 9-18 所示。ImageList 控件和 Toolbar 控件各属性的设置如表 9-7 所示。

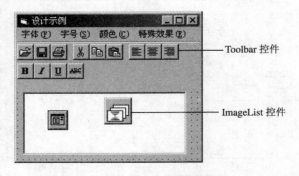

图 9-18 使用 Toolbar 控件设计的工具栏

表 9-7　ImageList 控件和 Toolbar 控件各属性的设置

ImageList 控件属性			Toolbar 控件属性				
索引	关键字	图像（.bmp）	索引	关键字	样式	工具提示文本	图像
1	IOpen	OPEN	1	TOpen	0	打开	1
2	ISave	SAVE	2	TSave	0	保存	2
3	IPrint	PRINT	3	TPrint	0	打印	3
4	ICut	CUT	4	Sp1	3	说明：分隔	
5	ICopy	COPY	5	TCut	0	剪切	4
6	IPaste	PASTE	6	TCopy	0	复制	5
7	ILeft	LFT	7	TPaste	0	粘贴	6
8	ICenter	CTR	8	Sp2	3	说明：分隔	
9	IRight	RT	9	TLeft	2	左对齐	7
10	IBold	BLD	10	TCenter	2	居中	8
11	IItalic	ITL	11	TRight	2	右对齐	9
12	IUnderline	UNDRLN	12	Sp3	3	说明：分隔	
13	IStrikethru	STRIKTHR	13	TBold	1	粗体	10
			14	TItalic	1	倾斜	11
			15	TUnderline	1	下画线	12
			16	TStrikethru	1	删除线	13

设计步骤如下：

（1）在窗体上任意位置绘制一个 Toolbar 控件，这时在菜单栏下部显示一个空白的工具栏，该工具栏占满整个窗体宽度，调整文本框 Text1 到适当位置。

（2）在窗体上任意位置绘制一个 ImageList 控件。

（3）在 ImageList 控件的"属性页"对话框的"图像"选项卡中，单击"插入图片"按钮，打开"选定图片"对话框，选择要插入的图片"Open.bmp"后，单击"打开"按钮，这时插入的图片显示在"图像"框中，同时"索引值"自动定义为"1"，然后在"关键字"框中输入"IOpen"。

（4）按表 9-7 中的属性设置重复步骤（3），依次为 ImageList 控件添加所有图片，如图 9-15 所示。

（5）在 Toolbar 控件的"属性页"对话框的"通用"选项卡中，选择"图像列表"下拉列表中的 ImageList1。

（6）在 Toolbar 控件的"属性页"对话框的"按钮"选项卡中，单击"插入"按钮后，"索引值"自动定义为"1"，然后在"关键字"框中输入"TOpen"，选择"样式"为"0"，在"工具提示文本"框中输入"打开"，在"图像"框中输入"1"，这时"打开"图片按钮被添加到工具栏中。

（7）按表 9-7 中的属性设置重复步骤（6），依次添加所有图片按钮到工具栏中，如图 9-18 所示。

（8）编写工具按钮事件代码。

```
Private Sub Toolbar1_ButtonClick(ByVal Button As MSComctlLib.Button)
Select Case Button.Key
    Case "TOpen"
        CommonDialog1.ShowOpen                    '显示打开文件对话框
    Case "TSave"
        CommonDialog1.ShowSave                    '显示保存文件对话框
    Case "TPrint"
        CommonDialog1.ShowPrinter                 '显示打印对话框
    Case "TCut"
        Clipboard.Clear                           '剪贴板清空
        Clipboard.SetText Text1.SelText           '将文本框中选定的文本放入剪贴板中
        Text1.SelText = ""                        '将文本框中选定的文本清除
    Case "TCopy"
        Clipboard.Clear                           '剪贴板清空
        Clipboard.SetText Text1.SelText           '将文本框中选定的文本放入剪贴板中
    Case "TPaste"
        Text1.SelText = Clipboard.GetText         '将剪贴板中文本粘贴到文本框中
    Case "TLeft"
        Text1.Alignment = 0                       '文本左对齐
    Case "TRight"
        Text1.Alignment = 1                       '文本右对齐
    Case "TCenter"
        Text1.Alignment = 2                       '文本居中
    Case "TItalic"
        Effect1_Click
    Case "TBold"
        Effect2_Click
    Case "TUnderline"
        Effect4_Click
    Case "TStrikethru"
        Effect5_Click
    End Select
End Sub
```

窗体中添加了一个通用对话框控件 CommonDialog，程序中调用了对应方法。程序中，"TOpen"、"Tsave"、…等是工具栏上 13 个按钮对象的"关键字"属性值，在程序中也可以用按钮对象的"索引"属性值来编写。Effect1、Effect2、Effect4、Effect5 是例 9-1 中菜单项的名称，程序中将按钮与菜单项建立联系，不必为按钮单独编写程序代码。

9.4 状态栏的设计

Windows 应用程序一般都提供状态栏，它通常放在窗体的底部，用于显示应用程序的状态信息，诸如提供日期、时间和键盘状态等。

状态栏的设计由 StatusBar 控件来实现，在使用状态栏之前要先将 StatusBar 添加到工具箱中，方法与添加工具栏控件相同。

StatusBar 控件由窗格（Panel）对象组成，每一个 Panel 对象能包含文本或图片。一个 StatusBar 控件最多能被分成 16 个 Panel 对象，这些对象包含在 Panel 集合中，每个 Panel 就是状态栏上的一个区间。

通过 StatusBar 控件建立状态栏的基本步骤如下：

（1）在窗体上画一个状态栏。在窗体上画一个状态栏后，状态栏自动放置在窗体的底部，并自动调整宽度与窗体宽度相同，用户再自行调整其高度。

（2）在 StatusBar 控件的"属性页"的"窗格"选项卡中设置属性。用鼠标右击 StatusBar 控件，在弹出的快捷菜单中选择"属性"命令，打开如图 9-19 所示的"属性页"对话框，在对话框中选择"窗格"选项卡。该选项卡中包含的选项主要有如下几个方面。

● 插入窗格：用于在状态栏上添加一个 Panel 对象。

● 删除窗格：用于删除状态栏上由当前索引值指定的 Panel 对象。

● 索引（Index 属性）：用于给每个 Panel 对象自动编号，以便在访问时引用。

● 文本（Text 属性）：用于设置指定 Panel 中显示的文本信息。

● 工具提示文本（ToolTipText 属性）：用于设置显示在 Panel 上的提示文本信息。

● 关键字（Key 属性）：用于给当前的 Panel 对象定义一个标识符，以便在访问时引用。该标识符在整个 Panel 对象集合的标识符中必须唯一。

● 最小宽度（MinWidth 属性）：设置 Panel 对象的最小宽度，默认值与状态栏的实际宽度的默认值相同。

● 实际宽度（Width 属性）：用于显示当前窗格的实际宽度。

● 对齐（Alignment 属性）：设置窗格中文本的对齐方式，可设置的值有：

0-sbrLeft 文本左对齐

1-sbrCenter 文本居中

2-sbrRight 文本右对齐

● 图片（Picture 属性）：用于显示窗格对象中的图片信息。当单击"浏览"按钮时可以设置窗格中的图片信息；单击"无图片"按钮时可以清除窗格中已有的图片。

● 样式（Style 属性）：用于设置窗格的显示样式，具体的设置值有 8 种：

0- sbrText （默认）。文本和 / 或位图。用 Text 属性设置文本。

1-sbrCaps Caps Lock 键。当激活 Caps Lock 时，用黑体显示字母 CAPS，反之。当停用 Caps Lock 时，显示暗淡的字母。

2- sbrNum Number Lock。当激活数字锁定键时，用黑体显示字母 NUM，反之。当停用数字锁定键时，显示暗淡的字母。

3- sbrIns Insert 键。当激活插入键时，用黑体显示字母 INS。反之，当停用插入键时，显示暗淡的字母。

4- sbrScrl Scroll Lock 键。当激活滚动锁定键时，用黑体显示字母 SCRL。反之，当停用滚动锁定键时，显示暗淡的字母。

5- sbrTime Time。以系统格式显示当前时间。

6- sbrDate Date。以系统格式显示当前日期。

7- sbrKana Kana。当激活滚动锁定时，用黑体显示字母 KANA。反之，当滚动锁定停用时，显示暗淡的字母。

● 斜面（Bevel 属性）：用于设置 Panel 对象的斜面样式，可设置的值有：

0- sbrNoBevel 无。Panel 没有显示斜面，但文本看起来好像是将它显示在状态栏的右边。

1- sbrInset（默认）插入。Panel 似乎沉入到状态栏中。

2- sbrRaised 凸起。Panel 似乎凸出在状态栏上。

● 自动调整大小（AutoSize 属性）：用于设置窗体能否自动调整大小，可设置的值有：

0-sbrNoAutoSize （默认）无。没有自动调整大小出现。Panel 的宽度总是并且准确地由 Width 属性指定。

1-sbrSpring 弹回。当父窗体调整大小并且有附加的可用空间时，所有具有这种设置的父窗体划分空间并相应地增长。但是，面板的宽度决不会低于 MinWidth 属性指定的宽度。

2-sbrContents 目录。调整 Panel 大小以适合它的目录，但是，它的宽度决不会低于 MinWidt 属性指定的宽度。

（3）编写事件代码。状态栏的常用事件有 Click、DblClick、PanelClick、PanelDblClick，但一般不在这些事件过程中编写代码。

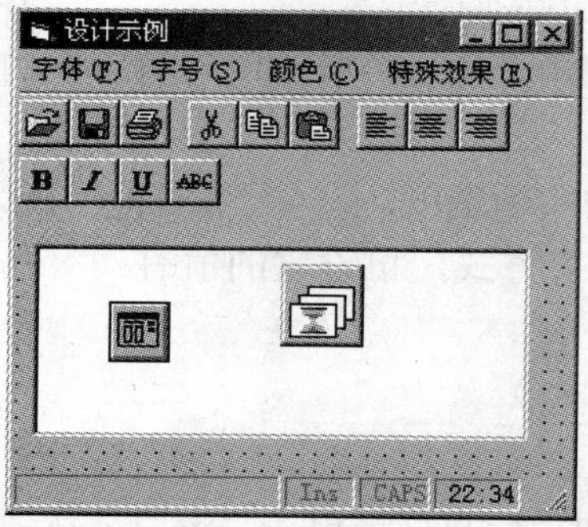

图9-19　使用StatusBar控件设计的状态栏

例 9-6　在例 9-5 的基础上，适当放大窗体的高度，在窗体中用 StatusBar 控件设计的状态栏，界面如图 9-19 所示。状态栏的第 1 个窗格显示当前打开的文件名，第 2 个窗格显示键盘的 Insert 键的状态，第 3 个窗格显示 Caps Lock 键的状态，第 4 个窗格显示系统的当前时间。StatusBar 控件各属性的设置如表 9-8 所示。要求：第 1 个窗格初始时不可见，只有当单击工具栏中"打开"按钮，打开了某个文本文件后，该窗格才会在状态栏中显示。

表 9-8　StatusBar 控件属性设置

索　引	对　齐	样　式	最小宽度	自动调整大小	可　见
1	0	0	1800	1	False

续表

索　引	对　齐	样　式	最小宽度	自动调整大小	可　见
2	1	3	500	0	True
3	1	1	500	0	True
4	1	5	600	0	True

设计步骤如下：

（1）在窗体上任意位置绘制一个 StatusBar 控件。这时，在窗体的底部出现包含一个窗格的状态栏。

（2）鼠标右击 StatusBar 控件，在弹出的快捷菜单中选择"属性"命令，打开 StatusBar 控件的"属性页"对话框，选择"窗格"选项卡，此时"索引"值自动定义为"1"，然后设置窗格的"对齐"属性值为"0"，"样式"属性值为"0"，"最小宽度"属性值为"1800"，"自动调整大小"属性值为"1"，"可见"为"False"。

（3）单击"插入窗格"按钮，选定"索引"属性值为"2"，然后按表 9-8 所示，设置第 2 个窗格的各属性值。

（4）单击"插入窗格"按钮，选定"索引"属性值为"3"，然后按表 9-8 所示，设置第 3 个窗格的各属性值。

（5）单击"插入窗格"按钮，选定"索引"属性值为"4"，然后按表 9-8 所示，设置第 4 个窗格的各属性值。

（6）在单击工具栏中"打开"按钮，打开文本文件后，状态栏会发生变化，所以应在工具按钮的 Click 事件中添加代码。在例 9-5 原代码的基础上添加有关状态栏操作的代码如下：

```
Private Sub Toolbar1_ButtonClick(ByVal Button As MSComctlLib.Button)
  Select Case Button.Key
    Case "TOpen"
      CommonDialog1.Filter = "Text files(*.txt)|*.txt"
      CommonDialog1.ShowOpen
      StatusBar1.Panels(1).Visible = True                '设置第 1 个窗格可见
      StatusBar1.Panels(1).Text = CommonDialog1.FileName '设置第 1 个窗格显示打开的文件名
      Open CommonDialog1.FileName For Input As #1         '将打开文件显示在文本框中
      Do While Not EOF(1)
        Line Input #1, S
        Text1.Text = Text1.Text + S + vbCrLf
      Loop
      Close #1
    Case "TSave"
      …
```

9.5　多窗体设计

Windows 应用程序允许在一个界面上同时显示多个窗体，每一个窗体是各自独立的，可以有不同的界面和程序代码，以实现不同的功能。

9.5.1　建立多窗体

1．添加窗体

如果要在当前工程中创建一个新的窗体，单击工具栏上的"添加窗体"按钮或选择"工程"菜单中的"添加窗体"命令，或在工程资源管理器窗口中，鼠标右击"工程"图标，在弹出的快捷菜单中，选择"添加"选项下的"添加窗体"命令，打开"添加窗体"对话框，然后单击"新建"选项卡，从列表框中选择一种新窗体的类型；或者单击"现存"选项卡，将属于其他工程的窗体添加到当前工程中。注意：添加"现存"窗体时，所添加的窗体名不能与当前工程中的窗体同名。

拥有多个窗体的工程，系统默认第一个创建的窗体 Form1 窗体为开始窗体，以后增加的新窗体的默认名称和标题都是 Form 加上序号组成（由已有的窗体数目自动排列）的，当然，用户在设置窗体的属性时，可以为窗体的名称和标题另起新的名字。

2．删除窗体

如果要从工程中删除窗体，可以先选定要删除的窗体，然后选择"工程"菜单中的"移除 Form"命令或者在工程资源管理器窗口中，鼠标右击要删除的窗体，在弹出的快捷菜单中，选择"移除 Form"命令。

3．保存窗体

要将创建的窗体存盘，可以选择"文件"菜单中的"保存 Form"或"Form 另存为"命令，在打开的"文件另存为"对话框，就可以实现将指定的窗体保存在一个扩展名为.frm 的窗体文件中。

9.5.2　多窗体的执行

1．启动窗体

在含有多个窗体的应用程序中，各个窗体之间是并列的。程序在运行时，首先启动的窗体是系统默认的第一个创建的窗体 Form1，该窗体称为启动窗体。用户可以根据实际需要，指定其他窗体作为启动窗体。

设定启动窗体的方法是，选择"工程"菜单中的"工程属性"命令，或者在工程资源管理器窗口，鼠标右击"工程"图标，在弹出的快捷菜单中，选择"工程属性"命令，这时会打开"工程属性"对话框，如图 9-20 所示。单击"通用"选项卡中的"启动对象"下拉列表框，从中选择要作为启动窗体的窗体名称，然后单击"确定"按钮。

　　只有启动窗体才能在应用程序运行时自动显示出来，其他窗体的显示则需要使用 Show 方法。

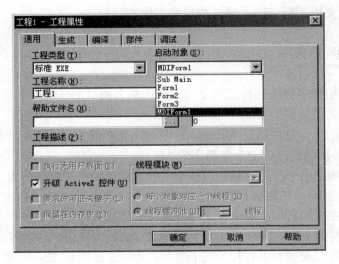

图 9-20　"工程属性"对话框

2．加载与卸载窗体

1）Load 语句

将一个窗体装入内存，但并不显示该窗体，其语法格式是 Load 窗体名称。

2）Unload 语句

将一个窗体从内存中删除，其语法格式是 Unload 窗体名称。

　　如果要关闭窗体自身，可以使用语句 Unload Me，这里 Me 代表 Unload Me 语句所在的窗体。

3．显示与隐藏窗体

1）Show 方法

用于显示一个窗体，语法格式是[窗体名称].Show[窗体模式]。

　　如果省略窗体名，则默认当前窗体。窗体模式用于决定窗体是模式的还是无模式的。默认为 0 时，窗体为无模式的；如果为 1，则窗体是模式的。调用 Show 方法显示指定的窗体时，若该窗体没有装入内存，VB 会自动先将该窗体装入内存，然后显示出来。

2）Hide 方法

用于隐藏一个窗体，但不会使其从内存中删除，语法格式是[窗体名称].Hide。

调用 Hide 方法时若窗体还没有加载，则 VB 会自动将该窗体加载但不显示。

9.6 多文档界面设计

Visual Basic 6.0 也可以设计出多文档界面。多文档与多窗体不是一个概念，多文档由一个父窗体和若干个子窗体组成，父窗体作为子窗体的容器，子窗体包含在父窗体之内，用来显示各自的文档，所有的子窗体都具有相同的功能。

9.6.1 文档界面样式

Windows 应用程序界面的样式主要有三种：单文档界面（SDI）、多文档界面（MDI）和资源管理器样式的界面。

单文档界面的一个示例就是 Microsoft Windows 中的 Notepad（记事本）应用程序。在 Notepad 中，一次只能打开一个文档，想要打开另一个文档，必须先关闭已打开的文档。

多文档界面则是由一个父窗体和若干个子窗体组成的，父窗体作为子窗体的容器，为子窗体提供工作空间，子窗体包含在父窗体之内，用来显示各自的文档。像 Microsoft PowerPoint 这样的应用程序就属于多文档界面；它们允许同时显示多个文档，每一个文档都显示在自己的窗口中，图 9-21 所示是 Microsoft PowerPoint 的多文档界面。在 PowerPoint 的工作空间（MDI 父窗体）中打开了三个演示文稿（子窗体）：演示文稿 2、演示文稿 3 和演示文稿 4，其中演示文稿 2 处于最小化状态，显示在 PowerPoint 工作空间的底部，关闭 PowerPoint 将同时关闭三个演示文稿，而关闭其中一个演示文稿不影响其他演示文稿。

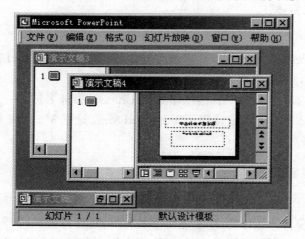

图 9-21 Microsoft PowerPoint 的多文档界面

多文档界面的具有以下特性：

（1）当父窗体最小化或关闭时，它所包含的所有子窗体也都会被最小化或关闭；而各子窗体最小化时，其最小化图标出现在父窗体的底部，而不是出现在桌面的任务栏上。只有父窗体最小化后其图标才会出现在任务栏上。

（2）所有子窗体能够移动、改变大小，但被限制在其父窗体内。

（3）父窗体和子窗体可以有各自的菜单，加载子窗体后，子窗体的菜单将覆盖父窗体的菜单，显示在父窗体的标题栏中。

9.6.2　创建 MDI 应用程序

创建多文档界面的步骤如下：

（1）建立 MDI 窗体：选择"工程"菜单中的"添加 MDI 窗体"命令，打开"添加 MDI 窗体"对话框。在"添加 MDI 窗体"对话框中有两个选项卡，单击"新建"选项卡上的"MDI 窗体"，或者单击"现存"选项卡，选择属于其他工程的窗体后，单击"打开"按钮，此时在当前工程中添加了一个标题为"MDIForm1"的窗体。一个应用程序中只能有一个 MDI 窗体。

（2）建立 MDI 子窗体：选择"工程"菜单中的"添加窗体"命令，打开"添加窗体"对话框，依次建立其他窗体，并设置各窗体的 MDIChild 属性值为"True"，使建立的普通窗体成为 MDI 父窗体的子窗体。

（3）设置父窗体为启动窗体：选择"工程"菜单中的"工程属性"命令，打开"工程属性"对话框，选择"通用"选项卡，在"启动对象"下拉列表框中选择 MDIForm1，然后单击"确定"按钮。如果启动对象不是 MDIForm 对象，而是某个子窗体，则运行时会自动显示 MDI 父窗体和该子窗体。

（4）建立 MDI 父窗体的控制区和工作区：MDI 父窗体分为两部分，上面部分称为控制区，下面部分称为工作区。在控制区内可以建立控件，而工作区是用来显示子窗体的。MDI 父窗体中的控制区实际上是一个图片框。无论在父窗体的什么位置画图片框，所建立的控制总是位于其上部，用与窗体的宽度相同。控制区的宽度不能调整，但可以通过边界调整其高度。图 9-22 所示的是一个建立了控制区的 MDI 窗体。

（5）编写代码：MDI 父窗体的控制区及各个子窗体内部可以像设计普通窗体那样添加控件、设置属性，可以像单一窗体那样编写代码。

当在 MDI 父窗体中要同时显示多个子窗体时，可以使用其 Arrange 方法重排 MDIForm 对象中的窗体或图标，其使用格式为<MDIForm 对象名>.Arrange <排列方式>。

Arrange 方法的排列方式设置值有以下几个方面。

● 0（或 VbCascade）：层叠所有非最小化 MDI 子窗体。

● 1（或 vbTileHorizontal）：水平平铺所有非最小化 MDI 子窗体。

● 2（或 vbTileVertical）：垂直平铺所有非最小化 MDI 子窗体。

● 3（或 vbArrangeIcons）：重排最小化 MDI 子窗体的图标。

9.6.3　应用举例

例 9-7　建立一个工程，该工程包含一个 MDI 父窗体和三个子窗体 Form1、Form2 和 Form3。在 MDI 父窗体上设计菜单，如图 9-22 所示。"打开"菜单中的三个菜单项分别用来打开子窗体 Form1、Form2 和 Form3，"排列"菜单中的菜单项用来对打开的窗体进行各种排列。

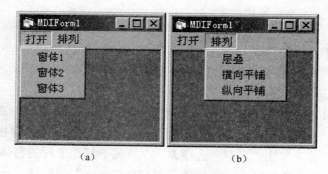

图 9-22　MDIForm1 的菜单

MDIForm1 的菜单编辑器设置如表 9-9 所示。

表 9-9　MDIForm1 的菜单编辑器设置

标　　题	名　　称	索　　引	显示窗口列表	说　　明
打开	MOpen			
…窗体 1	SWin1			
…窗体 2	SWin2			
…窗体 3	SWin3			
排列	MArrange		√	显示打开的窗体列表
…层叠	SArr	0		
…横向平铺	SArr	1		控件数组
…纵向平铺	SArr	2		

具体的设计步骤如下：

（1）选择"工程"菜单中的"添加 MDI 窗体"命令，建立 MDI 窗体 MDIForm1。

（2）选择"工程"菜单中的"添加窗体"命令，依次建立 Form1、Form2 和 Form3 窗体，并设置各窗体的 MDIChild 属性值为 True，成为 MDI 子窗体。

（3）选择"工程"菜单中的"工程属性"命令，设置 MDI 父窗体为启动窗体。

（4）编写各菜单项的 Click 事件代码如下：

```
Private Sub SArr_Click(Index As Integer)
    MDIForm1.Arrange Index
End Sub
Private Sub SWin1_Click()
    Form1.Show
End Sub
Private Sub SWin2_Click()
    Form2.Show
End Sub
```

```
Private Sub SWin3_Click()
    Form3.Show
End Sub
```

Visual Basic

习 题

一、选择题

1. 关于 VB 的菜单设计的叙述正确的是____。

　　A．VB 的菜单是一个控件，存在于 VB 的工具箱中

　　B．VB 的菜单具有外观和行为的属性

　　C．VB 的菜单设计是在"菜单编辑器"中进行的，它不是一个控件

　　D．菜单的属性是在"属性窗口"中设置的

2. 在用菜单编辑器设计菜单时，必须输入的项是____。

　　A．快捷键　　　　　B．标题　　　　　C．索引　　　　　D．名称

3. 在设计菜单时，如果要在菜单中加入一个菜单分隔项，则菜单分隔项的标题必须设置为____。

　　A．冒号(:)　　　　B．加号(+)　　　　C．减号(–)　　　　D．感叹号(!)

4. 设在菜单编辑器中定义了一个菜单项，名为 menu1。为了在运行时隐藏该菜单项，应使用的语句是____。

　　A．menu1.Enabled=True　　　　C．Munu1.Enabled=False

　　B．Menu1.Visible=True　　　　D．Menu1.Visible=False

5. 设菜单中有一个菜单项为"Open"。若要为该菜单命令设置访问键，即按下 Alt 键及字母 O 键时，能够执行"Open"命令，则在菜单编辑器中设置"Open"命令的方式是____。

　　A．把 Caption 属性设置为&Open　　　B．把 Caption 属性设置为 O&pen

　　C．把 Name 属性设置为&Open　　　　D．把 Name 属性设置为 O&pen

6. 以下叙述中错误的是____。

　　A．下拉式菜单和弹出式菜单都用菜单编辑器建立

　　B．在多窗体程序中，每个窗体都可以建立自己的菜单系统

　　C．除分隔线外，所有菜单项都能接收 Click 事件

　　D．如果把一个菜单项的 Enabled 属性设置为 False，则该菜单项不可见

7. 对话框在关闭之前，不能继续执行应用程序的其他部分，这种对话框属于____。

　　A．输入对话框　　　　　　B．输出对话框

　　C．模式对话框　　　　　　D．无模式对话框

8. 创建自定义对话框第一步骤是____。

　　A．在工程中添加窗体　　　B．设计对话框外观

　　C．设计控件对象的外观和特征　　C．调整窗体的大小和位置

9. 使用通用对话框之前要先将____添加到工具箱中。

    A. ActiveX
                    B. CommonDialog

    C. File
                       D. Open

10. 使用"打开"对话框的方法是____。

    A. 双击工具箱中的"打开"对话框控件，将其添加到窗体上

    B. 单击 CommonDialog 控件，然后在窗体上画出"打开"对话框

    C. 在程序中用 Show 方法显示"打开"对话框

    D. 在程序中用 ShowOpen 方法显示"打开"对话框

11. 以下叙述中错误的是____。

    A. 在程序运行时，通用对话框控件是不可见的

    B. 在同一个程序中，用不同的方法（如 ShowOpen 或 ShowSave 等）打开的通用对话框具有不同的作用

    C. 调用通用对话框控件的 ShowOpen 方法，可以直接打开在该通用对话框中指定的文件

    D. 调用通用对话框控件的 ShowColor 方法，可以打开颜色对话框

12. 在窗体上画一个名称为 CommandDialog1 的通用对话框，一个名称为 Command1 的命令按钮。然后编写如下事件过程：

```
Private Sub Command1_Click()
CommonDialog1.FileName =""
CommonDialog1.Filter="All file|*.*|(*.Doc)|*.Doc|(*.Txt)|*.Txt"
CommonDialog1.FilterIndex=2
CommonDialog1.DialogTitle="VBTest"
CommonDialog1.Action=1
End Sub
```

对于这个程序，以下叙述中错误的是____。

    A. 该对话框被设置为"打开"对话框

    B. 在该对话框中指定的默认文件名为空

    C. 该对话框的标题为 VBTest

    C. 在该对话框中指定的默认文件类型为文本文件（*.txt）

13. 要使窗体 Form1 显示出来，应该使用____。

    A. Load Form1   B. Show.Form1   C. Form1 Load   D. Form1.Show

14. 以下叙述中错误的是____。

    A. 一个工程中只能有一个 Sub Main 过程

    B. 窗体的 Show 方法的作用是将指定的窗体装入内存并显示该窗体

    C. 窗体的 Hide 方法和 Unload 方法的作用完全相同

    D. 若工程文件中有多个窗体，可以根据需要指定一个窗体为启动窗体

15. 以下关于多重窗体程序的叙述中，错误的是____。

    A. 用 Hide 方法不但可以隐藏窗体，而且能清除内存中的窗体

B．在多重窗体程序中，各窗体的菜单是彼此独立的

C．在多重窗体程序中，可以根据需要指定启动窗体

D．对于多重窗体程序，需要单独保存每个窗体

二、填空题

1．菜单控件只包含一个____事件。

2．为显示弹出式菜单，可以使用____方法。

3．如果要在菜单中添加一个分隔线，则应将其 Caption 属性设置为____。

4．CommonDialog 控件是属于____的一个组件。

5．要给工具栏按钮添加图像，应首先在____控件中添加所需要的图像，然后在工具栏的属性页中选择与该控件相关联。

6．在设计工具栏时，可以设置工具按钮的____属性为其添加功能提示。

7．要使工具栏控件的某按钮呈按钮菜单的样式，可以在其属性页中设置其____选项为 5-tbrDropDown。

8．要使用状态栏控件设计状态栏，应首先在"部件"对话框中选择____，然后从工具箱中选择____控件。

9．SDI 是指____界面，MDI 是指____界面。

10．一个应用程序最多可以有____个 MDI 父窗体。

三、简答题

1．如何在应用程序中创建快捷菜单？

2．什么是 ActiveX 控件？它与内部控件有何异同？

3．如何在 VB 的工具箱上添加和删除 ActiveX 控件？

第 10 章

文 件

众所周知，文件是由文件名标识的一组相关信息的集合。它是计算机中存储信息的基本单位，一篇文章、一个程序、一组数据都可以组成一个文件。本章讨论在 Visual Basic 中如何对文件进行操作。

主要内容

- 文件的基本概念和类型
- 文件控件：驱动器列表框，目录列表框，文件列表框等
- 文件的读 / 写操作
- 与文件操作有关的语句与函数

Visual Basic
10.1 文件的基本概念

在计算机系统中，文件是存储数据的基本单位，任何对数据的访问都是通过文件进行的。通常在计算机的外储设备（如磁盘、磁带）上存储着大量的文件，如文本文件、位图文件、程序文件等。为了便于管理，常将具有相互关系的一组文件放在同一个文件夹中，系统通过对文件、文件夹的管理达到管理数据信息的目的。在使用 Visual Baisc 开发应用程序时，如开发汉字录入考试系统时，要用到与文件有关的控件和语句。

可以从不同的角度对文件进行分类。例如，按文件的性质分类，可分为程序文件和数据文件；按存储介质分类，可分为磁盘文件和磁带文件。按文件的存取方式和组成，把文件分为顺序文件、随机文件和二进制文件，在这三类文件中，数据的存取方法是不同的。

10.1.1 顺序文件

顺序文件即纯文本文件，其数据是以字符（ASCII 码）的形式存储的，可以用任何字处理软件进行访问。顾名思义，访问顺序文件中的数据只能按一定的顺序执行，建立时只能从第一个记录开始，一个记录接一个记录地写入文件。读 / 写文件时只能快速定位到文件头或文件尾，但如果要查找位于中间的数据，就必须从头开始一个一个地查找，直到找到为止，就好像在录音带上查找某首歌曲一样。顺序文件的优点是结构简单、访问方式简单。缺点是查找数据必须按顺序进行，且不能同时对顺序文件进行读 / 写操作。

10.1.2 随机文件

随机文件是以固定长度的记录为单位进行存储的。随机文件由若干条记录组成，而每条记录又可以包含多个字段，每条记录包含的字段数和数据类型都是相同的。随机文件按记录号引用各个记录，通过简单地指定记录号，就可以很快地访问到记录。随机文件的优点是可以按任意顺序访问其中的数据；可以方便地修改各个记录而无需重写全部记录；可以在打开文件后，同时进行读 / 写操作。随机文件文件的缺点是不能用字处理软件查看其中的内容；占用的磁盘存储空间比顺序文件大。其严格的文件结构也增加了编程的工作量。

10.1.2 二进制文件

二进制文件是以字节为单位进行访问的文件。由于二进制文件没有特别的结构，整个文件都可以当做一个长的字节序列来处理，所以，可以用二进制文件来存放非记录形式的数据或变长记录形式的数据。

10.2 文件系统类控件

Visual Basic 提供了三个固有的控件表示系统中的目录、文件和驱动器。分别是目录列表控件（DirListBox），文件列表控件（FileListBox）和驱动器列表控件（DriveListBox），这三个控件也是 Visual Basic 系统内部的标准控件。常用于设计供用户选择文件、目录和驱动器的界面。如图 10-1 所示，图中用户通过对驱动器、目录和文件的选择，来显示当前路径。

图 10-1 文件系统类控件示例

10.2.1 驱动器列表控件（DriveListBox）

驱动器列表控件在工具箱中的名称是 DriveListBox，是一个包含有效驱动器的列表控件。在运行时，使用 DriveListBox 控件，可以选择一个有效的磁盘驱动器。该控件用来显示用户系统中所有有效磁盘驱动器的列表。

驱动器列表控件最重要的属性是 Drive，该属性不能在属性窗口中设置，但可以在程序中用代码对 Drive 属性进行访问和设置，以读取或指定当前驱动器。表 10-1 列出了驱动器列表控件常用的属性、方法和事件。

表 10-1　驱动器列表控件常用的属性、方法和事件

属性／方法／事件	描　述
属性	
Name	设置控件对象的名称，习惯用 dri 为前缀
Enabled	设置控件对象是否可用，True 表示可用，False 表示不可用
List	字符串数组，用以表示驱动器列表框中的各选项的内容，数组中的每一元素都是驱动器列表框中的一个选项，数组下标从 0 开始
ListCount	驱动器列表框中选项的总个数
ListIndex	当前所选的选项的数组下标值，若没有选择，则该值为-1
Visible	设置控件对象是否可见，True 表示可见，False 表示不可见
Drive	返回或设置运行时选择的驱动器。在设计时不可用
方法	
SetFocus	把焦点转移到驱动器列表框
事件	
Change	该事件当选择一个新的驱动器或通过代码改变 Drive 属性的设置时发生
GotFocus	当目录驱动器对象获得焦点时产生该事件
LostFocus	当目录驱动器对象失去焦点时产生该事件

10.2.2 目录列表控件（DirListBox）

目录列表控件在工具箱中的名称是 DirListBox。目录列表控件在运行时将指定目录和路径下的文件夹树型地显示在列表中。应用该控件，可以实现像 Windows 中的资源管理器一样对目录的选取。

目录列表控件最重要的属性是 Path 属性，该属性不能在属性窗口中设置，但可以在程序中用代码对 Path 属性进行访问和设置，以读取或指定当前工作目录。目录列表控件的其他属性、方法和事件与驱动器列表控件的属性、方法和事件相似，不再叙述。

10.2.3 文件列表控件（FileListBox）

文件列表控件在工具箱中的名称是 FileListBox。该控件可将指定目录中的文件列举出来，供用户选择。也可使用该控件显示所指定文件类型的文件列表。

文件列表控件最重要的属性是 Path 和 FileName 属性，Path 属性用于返回或设置当前路径，FileName 属性是用于返回或设置所选文件的路径和文件名。Path 和 FileName 属性都不能在属性窗口中进行设置，但可以在程序中用代码对 Path 和 FileName 属性进行访问和设置。文件列表控件的属性、方法和事件大部分与驱动器列表控件相同，表 10-2 列出了文件列表控件特有的属性和事件。

表 10-2　文件列表控件的特有属性和事件

属性 / 事件	描　　　述
Archive	设置 / 返回 True / False 的值，决定 FileListBox 是否显示属性为 Archive 的文件
Normal	设置 / 返回 True / False 的值，决定 FileListBox 是否显示属性为 Normal 的文件
Hidden	设置 / 返回 True / False 的值，决定 FileListBox 是否显示属性为 Hidden 的文件
System	设置 / 返回 True / False 的值，决定 FileListBox 是否显示属性为 System 的文件
ReadOnly	设置 / 返回 True / False 的值，决定 FileListBox 是否显示属性为 ReadOnly 的文件
FileName	设置 / 返回所选文件的路径和文件名
Pattern	返回或设置一个值，该值指示在运行时显示在 FileListBox 控件中的文件名。可以在 Pattern 属性中指定文件的扩展名，从而使得显示特定类型的文件
事件	
PathChange	当路径被代码中 FileName 或 Path 属性的设置所改变时，此事件发生
PatternChange	当文件的列表样式，如："*.*"，被代码中对 FileName 或 Path 属性的设置所改变时，此事件发生

例 10-1　设计如图 10-1 所示的运行界面，在该界面中可以通过选择不同的驱动器、目录和文件来改变当前的路径，并把当前路径显示出来。

分析：根据要求，应在窗体上放置驱动器、目录列表和文件列表等三个控件对象，并在程序代码中设置驱动器对象的 Drive 属性值、目录列表对象的 Path 属性值、文件列表对象的 FileNmae 属性值，来改变当前路径。

（1）界面设计

新建一工程，在窗体中添加 5 个框架对象，1 个驱动器列表对象，1 个目录列表对象，1 个文件列表对象，1 个组合框对象和 1 个标签对象。各对象的属性设置如表 10-3 所示。

表 10-3　例 10-1 中各对象的属性设置

对象（名称）	属　　性	属　　性　　值
Form (Form1)	Caption	文件系统类控件示例
Frame (Frame1)	Caption	驱动器选择
Frame (Frame2)	Caption	文件夹选择

续表

对象（名称）	属 性	属 性 值
Frame (Frame3)	Caption	文件选择
Frame (Frame4)	Caption	文件类型
Frame (Frame5)	Caption	当前选择的路径是:
Label (Label1)	Caption	空字符串
ComboBox (Combo1)	List	*.*
		*.DLL
		*.EXE
		*.TXT
	Text	空字符串

Drive1,Dir1,File1 等三个对象的属性不要改变，均为默认值。注意对象的添加顺序。

（2）事件代码编写如下：

```vb
Private Sub Combo1_Click()
    File1.Pattern = Combo1.Text          ' 设置文件列表框中的文件类型
End Sub


Private Sub Dir1_Change()
File1.Path = Dir1.Path                   ' 当目录改变时，设置文件路径
Label1.Caption = Dir1.Path
End Sub


Private Sub Drive1_Change()
    Dir1.Path = Drive1.Drive             ' 当驱动器改变时，设置目录路径
    Label1.Caption = Drive1.Drive
End Sub


Private Sub File1_Click()
Label1.Caption = File1.Path & "\" & File1.FileName
End Sub


Private Sub Form_Load()
    Label1.Caption = Dir1.Path
End Sub
```

10.3　文件基本操作

10.3.1　顺序文件的访问

当要处理只包含文本的文件时，如由典型文本编辑器（如记事本）所创建的文本文件，也就是说，其中的数据没有分成记录的文件，使用顺序型访问最好。顺序型访问不太适于存储很多数字，因为每个数字都要按字符串存储。一个四位数将需要四个字节的存储空间，而不是作为一个整数来存储时只需的两个字节。

1．顺序文件的打开与关闭

要对一个顺序文件进行读／写，首先必须打开顺序文件，打开顺序文件的语句是 Open 语句，Open 语句的语法格式如下：

> Open pathname For [Input | Output | Append] As filenumber [Len = buffersize]

其中，

pathname：是指需要打开的包括路径的文件名。

Input：从文件输入字符，此时文件必须存在，否则，会产生一个错误。

Output：向文件输出字符，此方式能够将数据以覆盖的方式写入磁盘文件中，原有数据将丢失。

Append：把字符加到文件，此方式是将内存中的数据追加到顺序文件的尾部。

当以 Output 或 Append 方式打开一个不存在的文件时，Open 语句首先创建该文件，然后再打开它。

filenumber：为打开的文件指定一个缓冲区号（1～511 之间的一个整数），即文件号。

Len：指定缓冲区的大小，即缓冲区的字符数。

buffersize：一个小于或等于 32767B 的一个数。

在以 Input、Output 或 Append 方式打开一个文件并进行操作以后，在为其他类型的操作重新打开它之前必须先使用 Close 语句关闭。顺序文件的关闭语句的格式为

Close [[#]filenumber] [, [#]filenumber]...

2．顺序文件读操作

要读取文本文件的内容，应以顺序 Input 方式打开该文件。然后使用 Line Input#，Input( )，或者 Input# 语句将文件读出并赋给指定的变量。

1）Input # 语句

格式：Input #filenumber, varlist

功能：从已打开的顺序文件中读出数据，并将数据指定给用逗号分隔的变量列表中的变量。

2）Input 函数

格式：Input(number, [#]filenumber)

功能：从已打开的顺序文件中读取指定数目的字符。

3）Line Input # 语句

格式：Line Input #filenumber, varname

功能：从已打开的顺序文件中读出一行并将它分配给字符串变量。

3．顺序文件的写操作

要把变量的内容写入到顺序文件中去，应先以 Output 或 Append 打开它，然后使用 Print # 语句或 Write#语句实现。

1）Print # 语句

格式：Print #filenumber, [outputlist]

功能：将格式化显示的数据写入顺序文件中。

outputlist 参数的设置如下：

[{Spc(n) | Tab[(n)]}] [expression] [charpos]

Spc(n) 用来在输出数据中插入空白字符，而 n 指的是要插入的空白字符数。

Tab(n) 用来将插入点定位在某一绝对列号上，这里 n 是列号。使用无参数的 Tab 将插入点定位在下一个打印区的起始位置。

expression 要打印的数值表达式或字符串表达式。

charpos 指定下一个字符的插入点。使用分号将插入点定位在上一个显示字符之后。用 Tab(n) 将插入点定位在某一绝对的列号上，用无参数的 Tab 将插入点定位在下一个打印区的起始处。如果省略 charpos，则在下一行打印下一个字符。

下面是该语句的一些示例：

Print #1, "This is a test"　　　' 将文本数据写入文件。

Print #1,　　　' 将空白行写入文件。

Print #1, "Zone 1";　 Tab ;　 "Zone 2"　 ' 数据写入两个区（print zones）。

Print #1, "Hello" ；　 " " ；　 "World"　 ' 以空格隔开两个字符串。

Print #1, Spc(5) ；　 "5 leading spaces "　 ' 在字符串之前写入 5 个空格。

Print #1, Tab(10) ；　 "Hello"　 ' 将数据写在第 10 列。

2）Write # 语句

格式：Write #filenumber, [outputlist]

功能：将数据写入到顺序文件中。

与 Print # 语句不同，当要将数据写入文件时，Write # 语句会在项目和用来标记字符串的引号之间插入逗号。没有必要在列表中键入明确的分界符。Write # 语句在将 outputlist 中的最后一个字符写入文件后会插入一个新行字符，即回车换行符(Chr(13) + Chr(10))。

下面是该语句的一些示例：

Open "TESTFILE" For Output As #1　　' 打开输出文件。

Write #1, "Hello World", 234　　' 写入以逗号隔开的数据。

Write #1,　　' 写入空白行。

例 10-2　编写一程序，程序的运行界面如图 10-2 所示，要求从左边的文本框输入信息，单击"写顺序文件"按钮，则会把左边文本框中的内容写入到"D:\textfile.txt"文件中，若单击"读顺序文件"，则会把"D:\textfile.txt"的文件中的内容读入到右边的文本框中。

分析：文本框的内容可以看做一个变量中的内容，一次性地写入到顺序文件中。但文件中的内容要一行一行地写入到文本框中。

1）界面设计

新建一工程，在窗体上添加两个文本框对象，两个命令按钮对象。如图 10-2 所示调整其大小和位置，各对象的属性设置如表 10-4 所示。

图 10-2　例 10-2 的运行效果

表 10-4　例 10-2 中各对象的属性设置

对象（对象名）	属 性	属 性 值
Form (Form1)	Caption	顺序文件访问示例
CommandButton (Command1)	Caption	写顺序文件
	Enabled	False
CommandButton (Command2)	Caption	读顺序文件
	Enabled	False
TextBox (Text1)	Text	空字符串
	MultiLine	True
TextBox (Text2)	Text	空字符串
	MultiLine	True

2）事件代码编写

```
Private Sub Command1_Click()
Open "d:\TESTFILE.txt" For Output As #1      ' 打开输出文件
  Print #1, Text1.Text                       ' 把 Text1.Text 的内容写入到文件中
Close #1
Command2.Enabled = True
Command1.Enabled = False
End Sub
```

```
Private Sub Command2_Click()
  Text2.Text = ""
  Open "D:\testfile.txt" For Input As #1
  ' 把文件中的内容一行一行地写入到 text2.text 中
Do While Not EOF(1)
    Line Input #1, mydata
    Text2.Text = Text2.Text + mydata + vbCrLf
  Loop
  Close #1
End Sub


Private Sub Text1_Change()
Command1.Enabled = True
Command2.Enabled = False
End Sub
```

10.3.2　随机文件的访问

1．随机文件的打开与关闭

随机文件进行读写之前，先要打开。打开随机文件也是用 Open 语句，其语法格式如下：

Open pathname [For Random] As filenumber Len = reclength

Random 方式：是指以随机方式打开文件，是默认的访问类型，所以 For Random 关键字是可选项。

表达式 Len = reclength 指定了每个记录的尺寸的字节数。如果 reclength 比写文件记录的实际长度短，则会产生一个错误。如果 reclength 比记录的实际长度长，则记录可写入，只是会浪费些磁盘空间。

关闭随机文件的语句仍是 Close [[#]filenumber] [, [#]filenumber]...。

2．随机文件的读取

要读取随机文件的内容，应以顺序 Random 方式打开该文件，然后用 Get # 语句将文件内容读出并赋给变量。Get # 语句的语法格式如下：

Get # filenumber, recnumber, varname

功能：将文件号为 filenumber 的文件的第 recnumber 条记录读入到变量 varname 中。

说明：文件中第一个记录或字节位于位置 1，第二个记录或字节位于位置 2，依此类推。若省略 recnumber，则会读出紧随上一个 Get 语句之后的下一个记录或字节。所有用于分界的逗号都必须罗列出来，例如，Get # filenumber, varname。

3. 随机文件的写操作

把变量中的内容写入到随机文件中去用 Put 语句, Put 语句的语法格式如下:

> Put [#]filenumber, [recnumber], varname

功能: 将变量 varname 的数据写入到文件号为 filenumber 的文件的第 recnumber 个记录中。

说明: 与 Get 语句一样, 略。

例 10-3 设计如图 10-3 所示的界面, 要求单击"写入随机文件"按钮, 可以将学号、姓名追加到随机文件的末尾, 单击"读取随机文件"将把随机文件的内容读入到右边的文本框中显示出来。

分析: 随机文件打开后, 即可以读, 也可以写。要添加到文件的末尾, 先定位到末尾的记录, 再写入。

1) 界面设计

新建一工程, 添加两个标签对象、三个文本框对象、两个命令按钮对象。各对象的大小和位置如图 10-3 所示, 对象的属性设置如表 10-5 所示。

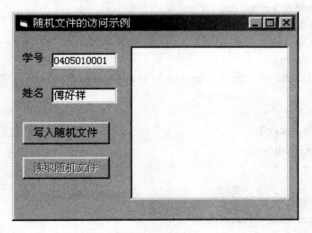

图 10-3 例 10-3 的运行界面

表 10-5 例 10-3 中对象的属性设置

对象 (对象名)	属 性	属 性 值
Form (Form1)	Caption	随机文件访问示例
CommandButton (Command1)	Caption	写入随机文件
	Enabled	False
CommandButton (Command2)	Caption	读取随机文件
	Enabled	False

对象（对象名）	属　性	属　性　值
Label(Label1)	Caption	学号
	AutoSize	True
Label(Label2)	Caption	姓名
	AutoSize	True
TextBox (Text1)	Text	空字符串
TextBox (Text2)	Text	空字符串
TextBox (Text3)	Text	空字符串
	MultiLine	True

2）事件代码编写

```
Private Type Record        ' 定义用户自定义的数据类型
    ID As String * 10
    Name As String * 10
End Type
Dim MyRecord As Record, RecordNumber    ' 声明变量

Private Sub Command1_Click()
    Dim i As Integer
    Open "d:\TESTFILE.dat" For Random As #1 Len = Len(MyRecord) ' 为随机访问打开样本文件
    i = 0
    ' 统计样本文件中的记录数
    Do While Not EOF(1)
        Get #1, , MyRecord
        i = i + 1
    Loop
    MyRecord.ID = Text1.Text
    MyRecord.Name = Text2.Text
    Put #1, i, MyRecord
    Close #1
    Command1.Enabled = False
    Command2.Enabled = True
    Text1.SetFocus
End Sub

Private Sub Command2_Click()
    Text3.Text = ""
    Open "d:\TESTFILE.dat" For Random As #1 Len = Len(MyRecord) ' 为随机访问打开样本文件
    Get #1, 1, MyRecord      ' 读第一个记录
    Text3.Text = Text3.Text + MyRecord.ID & "        " & MyRecord.Name & Crlf
    Do While Not EOF(1)
```

```
                    Get #1, , MyRecord      ' 读下一个记录
                    Text3.Text = Text3.Text + MyRecord.ID & "      " & MyRecord.Name & Crlf
            Loop
            Close #1
            Command2.Enabled = False
    End Sub


    Private Sub Text1_Change()
        Command1.Enabled = True
    End Sub


    Private Sub Text2_Change()
        Command1.Enabled = True
    End Sub
```

10.3.3   二进制文件的访问

二进制访问能提供对文件的完全控制，因为文件中的字节可以代表任何东西。例如，通过创建长度可变的记录可节省磁盘空间。当要保持文件的尺寸尽量小时，应使用二进制文件访问。

1．二进制文件的打开与关闭

二进制文件在读／写前必须先打开，打开二进制文件用 Open 语句，Open 语句的语法格式如下：

    Open pathname For Binary As filenumber

可以看到，二进制文件访问中的 Open 与随机存取的 Open 不同，它没有指定 Len = reclength。如果在二进制文件访问的 Open 语句中包括了记录长度，则被忽略。

关闭二进制文件的语句仍是：Close [[#]filenumber] [, [#]filenumber] ...。

2．二进制文件的读取

二进制文件也是用 Get 语句读取，其语法格式如下：

    Get #filenumber, Position, varname

功能：将文件号为 filenumber 的文件的 Position 位置处读取数据赋给变量 varname。读取的字节数与变量类型有关。

3．二进制文件的写操作

二进制文件也是用 Put 语句写入数据的，其语法格式如下：

    Put #filenumber,Position,Bytes

功能：把数据 Bytes 写入文件号为 filenumber 的文件的 Position 位置处。Bytes 可以是字符串，也可以是数值。

注意：二进制文件读／写记录的单位是字节，读取时若超过实际数据的长度，将会得到错误的结果，所以在对应位置上以什么类型的数据写入的，就应以该类型的数据读取。另外，由于文件中的数据是以二进制形式存放的，不能像顺序文件和随机文件那样用"记事本"一类的程序直接阅读，所以对数据的保密有较好的效果。

> **Visual Basic**

10.4 常用的文件操作语句与函数

Visual Basic 提供了许多与文件操作有关的语句和函数，因而用户可以方便地对文件或目录进行复制、删除等维护工作。

1．FileCopy 语句

格式：FileCopy source, destination
功能：复制一个文件。
其中：source 和 destination ：必要参数。字符串表达式，可以包含目录或文件夹及驱动器。source 用来表示要被复制的文件名，destination 用来指定要复制的目的文件名。

例如，语句 FileCopy "d:\datatext.txt", "e:\abc.txt"的作用是把 D 盘上根目录下的 datatext.txt 文件复制到 E 盘的根目录下，并命名为 abc.txt 文件。

注意：如果想要对一个已打开的文件使用 FileCopy 语句，则会产生错误。

2．Kill 语句

格式：Kill pathname
功能：从磁盘中删除文件。
其中：必要的 pathname 参数是用来指定一个文件名的字符串表达式。pathname 可以包含目录或文件夹及驱动器。

注意：Kill 语句支持多个任意字符 (*) 和单个任意字符 (?) 的通配符来指定多重文件。下面的语句是把 D 盘上根目录下的扩展名为 bak 的所有文件删除。

例如：Kill "d:*.bak"。

3．Name 语句

格式：Name oldpathname As newpathname
功能：重新命名一个文件、目录或文件夹。
其中：oldpathname 是旧文件名或文件夹名，newpathname 是新文件名或新文件夹名。
例如，语句 Name"datatext.txt"as"abc.txt"的功能是把当前文件夹下的 datatext.txt 文件重命名为 abc.txt。

注意：在一个已打开的文件上使用 Name 语句，将会产生错误。必须在改变名称之前，先关闭打开的文件。Name 语句中的参数不能包括多个任意字符（＊）和单任意字符（？）的通配符。

4．ChDrive 语句

格式：ChDrive drive

功能：改变当前的驱动器。

其中，drive 参数是一个字符串表达式，它指定一个存在的驱动器。如果使用零长度的字符串（""），则当前的驱动器将不会改变。如果 drive 参数中有多个字符，则 ChDrive 只会使用首字母。

例如，语句 ChDrive "E:"的功能是使 E 盘成为当前盘。

5．ChDir 语句

格式：ChDir path

功能：改变当前的目录或文件夹。

其中：path 参数是一个字符串表达式，它指明哪个目录或文件夹将成为新的默认目录或文件夹。path 可能会包含驱动器。如果没有指定驱动器，则 ChDir 在当前的驱动器上改变默认目录或文件夹。

注意：ChDir 语句改变默认目录位置，但不会改变默认驱动器位置。例如，如果默认的驱动器是 C，则语句 ChDir "D:\TMP" 将会改变驱动器 D 上的默认目录，但是 C 仍然是默认的驱动器。

6．MkDir 语句

格式：MkDir path

功能：创建一个新的目录或文件夹。

其中：path 参数是用来指定所要创建的目录或文件夹的字符串表达式。path 可以包含驱动器。如果没有指定驱动器，则 MkDir 会在当前驱动器上创建新的目录或文件夹。

例如，语句 MkDir "d:\txt"的功能是在 D 盘下建立一个名为 txt 的文件夹。

7．RmDir 语句

格式：RmDir path

功能：删除一个存在的目录或文件夹。

其中：path 参数是一个字符串表达式，用来指定要删除的目录或文件夹。path 可以包含驱动器。如果没有指定驱动器，则 RmDir 会在当前驱动器上删除目录或文件夹。

例如，语句 RmDir "d:\txt"的功能是删除 D 盘上名为 txt 的文件夹。

8．Loc 函数

格式：Loc(filenumber)

功能：返回一个长整型数据，在已打开的文件中指定当前读 / 写位置。

其中：filenumber 参数是任何一个有效的整数文件号。

Loc 函数对各种文件访问方式的返回值如下。

返回值：

Random 方式：上一次对文件进行读出或写入的记录号。

Sequential 方式：文件中当前字节位置除以 128 的值。但是，对于顺序文件而言，不会使用 Loc 的返回值，也不需要使用 Loc 的返回值。

Binary 方式：当前位置的上一次读出或写入的字节位置。

9．LOF 函数

格式：LOF(filenumber)

功能：返回一个 Long 型数据，表示用 Open 语句打开的文件的大小，该大小以字节为单位。

其中：filenumber 参数是任何一个有效的整数文件号。

10．EOF 函数

格式：EOF(filenumber)

功能：返回 Boolean 值 True 或 False，表明是否已经到达为随机方式或顺序方式打开的文件的结尾。

其中：filenumber 参数是任何一个有效的整数文件号。

请参看例 10-3 中的事件代码，该代码中使用了 EOF()函数。

Visual Basic

习　题

一、选择题

1．在 Visual Baisc 中按文件的访问方式不同，可以将文件分为____。

    A．顺序文件、随机文件和二进制文件

    B．文本文件和数据文件

    C．数据文件和可执行文件

    D．ASCII 文件和二进制文件

2．在顺序文件中____。

    A．每条记录的记录号按从小到大排序

    B．每条记录的长度按从小到大排序

    C．按记录的某个关键数据项的排序顺序组织文件

    D．记录按写入的先后顺序存放，并按写入的先后顺序读出

3. 执行语句 Open "c:StuData.dat" For Input As #2 后，系统____。

　　A. 将 C 盘当前文件夹下名为 StuData.dat 的文件的内容读入内存

　　B. 在 C 盘当前文件夹下建立名为 StuData.dat 的顺序文件

　　C. 将内存数据存放在 C 盘当前文件夹下名为 StuData.dat 的文件中

　　D. 将某个磁盘文件的内容写入 C 盘当前文件夹下名为 StuData.dat 的文件中。

4. 如果在 C 盘当前文件夹下已存在名为 StuData.dat 的顺序文件，那么执行语句 Open "c:StuData.dat" For Append As #1 之后将____。

　　A. 删除文件中原有的内容

　　B. 保留文件中原有的内容，在文件尾添加新内容

　　C. 保留文件中原有的内容，在文件头开始添加新内容

　　D. 以上均不对

5. 随机文件使用____语句写数据，使用____语句读数据。

　　A. Input　　　　　B. Write　　　　　C. Input#　　　　　D. Get

　　E. Put

6. Open 语句中的 For 子句默认，则隐含存取方式是____。

　　A. Random　　　　B. Binary　　　　C. Input　　　　D. Output

7. 确定文件是顺序文件还是随机文件应在 Open 语句中使用____子句。

　　A. For 子句　　　B. Access 子句　　C. As 子句　　　D. Len 子句

8. 向顺序文件（文件号为 1）写入数据正确的语句是____。

　　A. Print 1,a; ",";y　　　　　　B. Print #1,a; ",";y

　　C. Print x;y　　　　　　　　　D. print x,y

9. 设已打开 5 个文件，文件号为 1,2,3,4,5。要关闭所有文件正确的语句是____。

　　A. Close #1,2,3,4,5　　　　　B. Close #1;#2;#3;#4;#5

　　C. Close #1-#5　　　　　　　D. Close

10. 获得打开文件的长度（字节数）应使用____函数。

　　A. Lof　　　　　B. Len　　　　　C. Loc　　　　　D. FileLen

11. 给文件改名的 VB 语句正确的是____。

　　A. Name 原文件名　To　新文件名

　　B. Rename 原文件名　To　新文件名

　　C. Name 原文件名　As　新文件名

　　D. Rename 原文件名　As　新文件名

12. 使用驱动器列表框的____属性可以返回或设置磁盘驱动器的名称。

　　A. ChDrive　　　B. Drive　　　　C. List　　　　D. ListIndex

13. 下面的叙述不正确的是____。

　　A. 驱动器列表框是一种能显示系统运行中所有有效磁盘驱动器的列表框

　　B. 驱动器列表框的 Drive 属性只能在运行时被设置

　　C. 从驱动器列表框中选择驱动器能自动变更系统的当前工作驱动器

　　D. 要改变系统的当前工作驱动器只能使用 ChDrive 语句

14. 改变驱动器列表框的 Drive 属性值将激活____事件。

  A．Change B．Scroll C．KeyDown D．KeyUp

15. 使用目录列表框的____属性可以返回或设置当前工作目录的完整路径（包括驱动器符）。

  A．Drive B．Path C．Dir D．ListIndex

16. 文件列表框中用于设置或返回所选文件的路径和文件名的属性是____。

  A．File B．FilePath C．Path D．FileName

二、填空题

1. 文件必须先____才能使用。

2. Open 语句中默认 For 子句，则打开文件的存取方式是____。

3. FileCopy 语句用来____，如果对一个已打开的文件使用 FileCopy 语句，则会____。

4. 二进制文件是以____单位进行访问的文件。

5. 将数据从内存写入随机文件，写入的语句的格式是____。

6. 删除磁盘文件的语句格式是____。

7. 可同时对数据文件进行输入和输出的数据文件是____文件。

8. 顺序文件与随机文件相比较，占用内存资源较少的文件是____文件。

三、编程题

1. 在 C 盘当前文件夹下建立一个名为 StuData.txt 的顺序文件。要求用 InputBox 函数输入 5 名学生的学号（StuNo）、姓名（StuName）和英语成绩(StuEng)。

2. 在 C 盘当前文件夹下建立一个名为 Data.txt 的顺序文件。要求用文本框输入若干英文单词，每次按下回车键时写入一条记录，并清除文本框的内容，直至在文本框 Text1 中输入"End"时为止。

3. 从指定的任意一个驱动器中的任一个文件夹下查找文本文件，并将选定的文件的完整路径显示在文本框 Text1 中，文件内容显示在文本框 Text2 中，运行界面如图 10-4 所示。

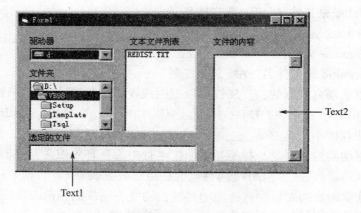

图 10-4 运行界面

第 11 章

数据库技术

本章主要介绍如何利用可视化数据管理器创建数据库、数据库表、查询，以及如何在应用程序中实现与 Access 数据库的连接和访问，还对数据报表的制作进行了简单的介绍。

主要内容

- 介绍关系数据库的基本概念
- 介绍如何利用可视化数据管理器创建数据库、数据库表
- 介绍实现数据库查询的方法
- 着重介绍利用数据控件和数据绑定控件访问数据库
- 简单介绍数据报表的制作

Visual Basic

11.1 数据库概述

随着计算机技术的迅速发展，各个应用领域要求运用计算机对数据管理的需求越来越大，数据库技术正是计算机科学中用于对数据进行管理的一门重要技术。

11.1.1 数据库的基本概念

数据库是指以一定的格式存储在计算机中的数据的集合。数据库中的数据由数据库管理系统（DataBase Management System，DBMS）来管理。按数据的组织方式，数据库分为层次数据库、网状数据库和关系数据库三种类型，其中，关系数据库是目前最重要的数据库。

11.1.2 关系数据库的基本概念

在关系数据库中，数据以二维表的形式存储，组成一个关系（又称表），各表之间的数据通过建立关联实现连接。关系数据库中涉及到的基本概念主要包括：

1. 表（Table）

表又称数据表，是一种有关特定主题的数据集合，它以行、列的形式存储数据，每一个表都有一个表名，表 11-1 所示的是一个有关学生基本情况的二维表，表名为"学生基

本情况"，表 11-2 所示是一个有关课程情况的表，表名为"课程"，表 11-3 所示的是一个有关学生成绩情况的表，表名为"成绩"。

表 11-1 "学生基本情况"表

学　号	姓　名	性　别	出生日期	民　族	籍　贯	专　业	班　级
030501001	张丰	男	1985.5.5	汉	江苏无锡	汉语言文学	03-汉语 1
040502006	李晓英	女	1987.1.28	汉	江西九江	汉语言文学	04-汉语 2
041103008	赵小军	男	1986.2.20	汉	江西南昌	数学	04-数学 3
041103009	高红	女	1985.10.5	汉	湖南长沙	数学	04-数学 3
041103010	李享	男	1985.12.1	满	吉林长春	数学	04-数学 3

表 11-2 "课程"表

课　程　号	课　程　名	学　分	学　时　数
050301	信息技术	3	54
050302	VB 程序设计	3	54
060201	高等数学	5	90
060202	英语	4	72

表 11-3 "成绩"表

学　号	课　程　号	分　数
030501001	050301	
030501001	060202	
040502006	050301	
040502006	060202	
041103008	050301	
041103008	060201	
041103008	060202	
041103009	050301	
041103009	060201	
041103009	060202	
041204022	050301	
041204022	050302	

2. 数据库（Database）

一个数据库中可以包含若干个表，数据库也有名称。如建立一个数据库，命名为"学籍管理"，它包含"学生基本情况"表、"课程"表和"成绩"表。

3. 字段（Filed）

表中的每一列称为一个字段，每个字段有一个字段名，如"学生基本情况"表中共有 8 个字段，字段名分别为学号、姓名、性别、出生日期、民族、籍贯、专业、班级。每个字段存储同一类型的信息，对应为一种数据类型，如"姓名"字段的数据类型为字符型，"出生日期"字段的数据类型为日期型。

4. 记录（Record）

表中的每一行称为一条记录，一条记录中的数据由不同的字段值组成，如"学生基本情况"表中的每个学生的基本情况就是一条记录。

5. 表的结构（Structure）

表中的第 1 行称为表头，即表结构，用于确定一个表中包含哪些字段，以及每个字段的字段名、字段类型和字段长度等。表 11-4 所示为"学籍管理"数据库中各表的结构。

表 11-4　"学籍管理"数据库中各表的结构

表　名	字 段 名	字段类型	字段长度
学生基本情况	学号	字符型	9
	姓名	字符型	8
	性别	字符型	2
	出生日期	日期型	8
	民族	字符型	8
	籍贯	字符型	10
	专业	字符型	20
	班级	字符型	10
课程	课程号	字符型	6
	课程名	字符型	16
	学分	数值型	2
	学时数	数值型	2
成绩	学号	字符型	9
	课程号	字符型	6
	分数	数值型	3

6. 主关键字（Key）

数据库中如果表中的某个字段或字段的组合能够唯一地确定表中的一条记录，且不为空值，则称该字段或字段组合为主关键字。如"学生基本情况"表中，可以将"学号"作为主关键字，因为不同考生的"学号"是唯一的，不会出现相同，也不会出现空值。

7. 索引（Index）

如果数据库中的表要按照某种特定的顺序进行排列，则需要对表设置索引。建立索引的目的是为了快速查询，如可以在"学生基本情况"表中以"学号"为索引字段建立一个索引，以便迅速地查找到某个学生的基本情况。

8. 表之间的关联（Relation）

通过建立表之间的关联，可以将数据库中不同表之间的信息连接起来。表之间的关联是根据表共有的字段来建立的表与表之间的关系。表之间的关联分为一对一、一对多和多对多三种关系。如"学生基本情况"表与"成绩"表之间，通过"学号"建立每个考生与各成绩之间的联系，它们之间的关系是一对多。

Visual Basic

11.2　可视化数据管理器

Visual Basic 可以处理多种类型的数据库，如 Microsoft Access、FoxPro、Excel 等。VB 默认处理的数据库是 Access 数据库。下面以 Access 数据库为例介绍有关数据库的基本操作。

在 Visual Basic 中，利用可视化数据管理器可以建立数据库、数据表和数据查询等操作。

11.2.1　启动可视化数据管理器

在 Visual Basic 集成开发环境中选择"外接程序"菜单中的"可视化数据管理器"命令，或者直接运行 Visual Basic 系统安装目录中的 Visdata.exe 文件，都可打开如图 11-1 所示的"可视化数据管理器"窗口。

图 11-1　"可视化数据管理器"窗口

11.2.2 创建数据库

在可视化数据管理器中创建 Access 数据库的具体步骤如下：

（1）选择"文件"菜单中的"新建"命令，在其子菜单中选择要建立的数据库类型 "Microsoft Access…"，再从数据库类型的子菜单中选择要建立的数据库版本"Version 7.0MDB"，如图 11-2 所示。

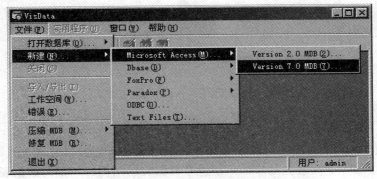

图 11-2　新建数据库的菜单选项

（2）在打开的如图 11-3 所示的"选择要创建的 Microsoft Access 数据库"对话框中，选择要建立的数据库文件保存的文件夹，输入要建立的数据库文件名，如"学籍管理"，再单击"保存"按钮，这时创建了一个 Access 数据库文件"学籍管理.mdb"存储在指定的文件夹中。

图 11-3　"创建 Access 数据库"对话框

（3）保存数据库后，在 VisData 窗口中打开了两个子窗口，如图 11-4 所示。在"数据库窗口"中单击"+"号，列出新建数据库的常用属性，在"SQL 语句"窗口中可以输入 SQL 查询条件完成对数据库的查询操作。

图 11-4 "数据库"窗口和"SQL 语句"窗口

11.2.3 创建和编辑数据表

初始创建的数据库文件仅是一个空文件，不包含任何数据，因此还需要向其中添加表。向数据库中添加数据表分两步：一是建立数据表的结构，二是向数据表中添加记录。

1. 创建数据表结构

以创建"学生基本情况"表结构为例，具体步骤如下：

（1）打开数据库文件：选择"文件"菜单中的"打开数据库"命令，在其子菜单中选择"Microsoft Access"，弹出"打开 Microsoft Access 数据库"对话框，在对话框中选择要打开的数据库文件"学籍管理.mdb"后，单击"打开"按钮。

（2）打开"表结构"对话框：用鼠标右击"数据库窗口"，在弹出的快捷菜单中选择"新建表"命令，打开如图 11-5 所示"表结构"对话框。

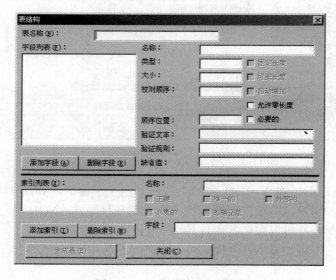

图 11-5 "表结构"对话框

（3）定义数据表名：在"表名称"文本框中输入要创建的数据表名"学生基本情况"。

（4）定义字段：单击"添加字段"按钮，打开"添加字段"对话框，如图 11-6 所示。

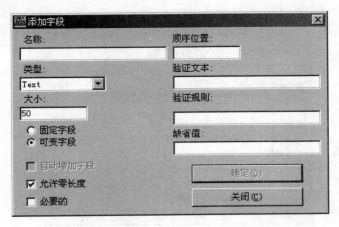

图 11-6　"添加字段"对话框

在名称文本框中输入要定义的字段名，在类型列表框中选择要定义的字段类型，在大小文本框中输入要定义的字段宽度，根据需要可以选择单选按钮"固定长度"或"可变字段"之一，选择复选框中的"自动增加字段"、"允许零长度"、"必要的"选项，还可根据需要在右边的四个文本框中输入相应的信息。

一个字段定义完毕后，单击"确定"按钮，此时定义的字段自动添加到"表结构"对话框的字段列表框中，同时"添加字段"对话框中的内容清空，重复上述过程，按表 11-1 所示"学生基本情况"表的结构，依次定义表中其他字段。当所有字段添加完毕后，单击"关闭"按钮，返回"表结构"对话框，如图 11-7 所示。

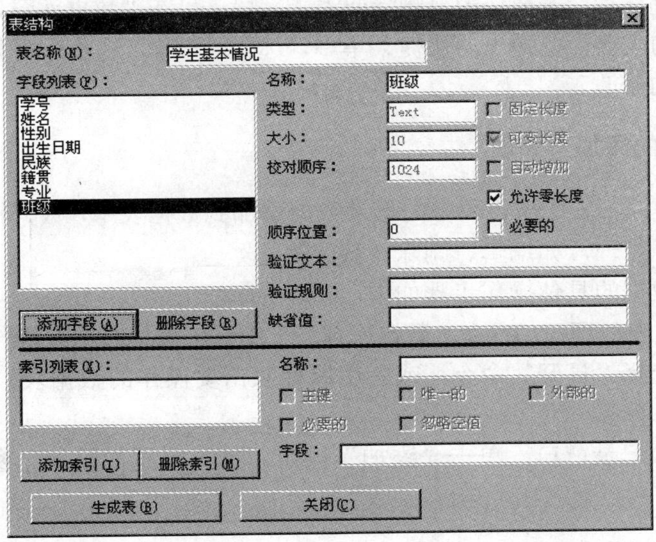

图 11-7　添加字段后的"表结构"对话框

在"表结构"对话框中，单击"删除字段"按钮，可以删除字段列表中选定的字段。

（5）定义索引：在"表结构"对话框中，单击"添加索引"按钮，打开"添加索引"对话框，如图 11-8 所示。

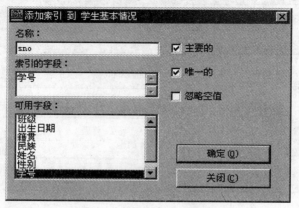

图 11-8　"添加索引"对话框

在"可用字段"列表框中选择索引字段，在"名称"文本框中输入索引字段名，根据需要选择复选框中的"主要的"、"唯一的"、"忽略空值"选项，然后单击"关闭"按钮，返回"表结构"对话框。

（6）生成数据表：在"表结构"对话框中，单击"生成表"按钮，则生成的"学生基本情况"表出现在"数据库窗口中"，如图 11-9 所示。

（7）重复上述步骤，建立数据库中其他的数据表。

2. 修改数据表结构

数据表结构创建后，若要修改、删除或添加字段，可在"数据库窗口"中，用鼠标右击要修改表结构的表名，在弹出的快捷菜单中，选择"设计"命令，打开"表结构"对话框，完成表结构的修改。

3. 数据记录的添加与处理

数据表结构建立后，还需将表中的记录数据添加到数据表中，数据输入后，可能还要对表中的数据进行处理，如编辑、删除、修改等。

向表中添加数据的具体操作步骤如下：

（1）打开数据表处理窗口：在"数据库窗口"中，用鼠标右击要操作的数据表，在弹出的快捷菜单中选择"打开"命令，或者用鼠标双击要操作的数据表，打开数据表处理窗口，如图 11-10 所示。

（2）打开添加记录窗口：单击"添加"按钮，打开"添加记录"窗口，如图 11-11 所示。

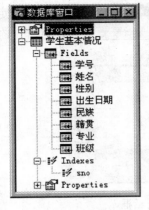

图 11-9　新建表后的"数据库窗口" 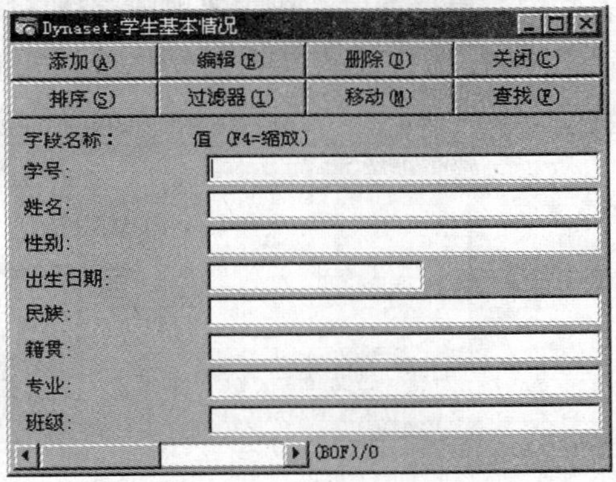　　　图 11-10　数据表处理的"Dynaset"窗口

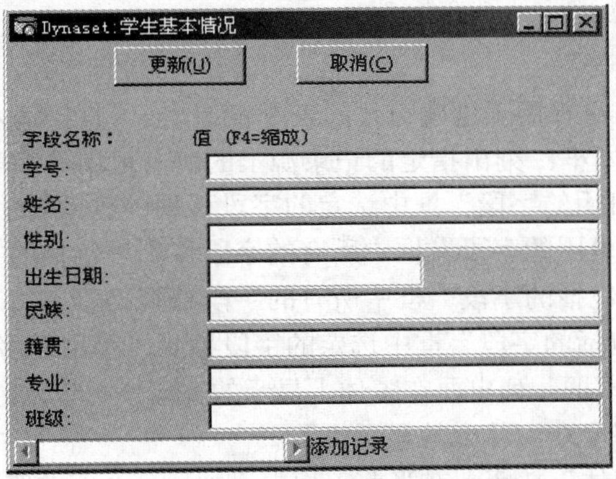

图 11-11　"添加记录"窗口

（3）添加记录：在各个字段对应的文本框中输入相应的数据后，单击"更新"按钮，即向当前数据表中添加了一条记录的数据，同时返回数据表处理窗口。

重复（2）、（3）步骤，依次将表中的所有记录添加到数据表中。

若要对表中的数据进行处理，可在数据表处理窗口中，单击"编辑"按钮修改窗口中的当前记录；单击"删除"按钮删除窗口中的当前记录；单击"排序"按钮对表中的记录按指定字段进行排序；单击"过滤器"按钮设置过滤条件，显示满足条件的记录；单击"移动"按钮可移动记录的位置；单击"查找"按钮设置条件，查找满足条件的记录。

11.2.4　数据窗体设计器

利用数据窗体设计器可以创建一个显示数据表中数据的数据窗体，并将其添加到当前的工程中，具体步骤如下：

（1）在可视化数据管理器中，选择"实用程序"菜单中的"数据窗体设计器"命令，打开"数据窗体设计器"对话框，如图 11-12 所示。

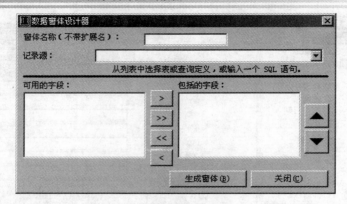

图 11-12 "数据窗体设计器"对话框

（2）在对话框中设置生成数据窗体的信息，各选项作用如下所述。

"窗体名称"文本框：输入要添加到当前工程中的窗体的名称。VB 会在输入的窗体名称前自动加上 frm。

"记录源"列表框：选择用于创建窗体的表或查询，或者直接输入一个新的 SQL 语句。

"可用的字段"文本框：列出指定的记录源上的所有可用的字段。

"＞"按钮：将"可用的字段"框中选定的字段移到"包括的字段"框中。

"＞＞"按钮：将"可用的字段"框中所有的字段移到"包括的字段"框中。

"＜＜"按钮：将"包括的字段"框中所有的字段移到"可用的字段"框中。

"＜"按钮：将"包括的字段"框中选定的字段移到"可用的字段"框中。

"包括的字段"文本框：列出要在窗体上显示的字段。可以通过单击右侧的"▲"按钮和"▼"按钮调整字段在窗体上的显示位置。

（3）单击"生成窗体"按钮，在当前工程中添加了一个新的窗体，如图 11-13 所示。窗体底部的控件为 Data 控件。

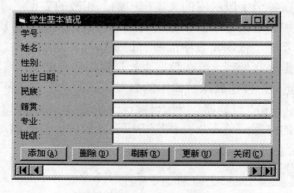

图 11-13 建立的数据窗体

（4）单击"关闭"按钮，返回数据管理器窗口。

（5）在当前工程中设置新的数据窗体为工程的启动对象，运行工程，鼠标单击 Data 控件两端的箭头显示数据表中各记录内容，并可通过按钮完成相应的功能。

11.3 SQL 查询数据库

用户对存储在数据库中的数据经常要进行大量的查询操作，VB 提供了两种方法用于查询数据库中的数据：一种是使用查询生成器，另一种是使用 SQL 查询语句。

11.3.1 查询生成器

利用查询生成器可以方便地生成、查看、执行和保存 SQL 查询。建立查询的具体步骤如下所述。

（1）打开"数据管理器"窗口。

（2）打开要建立查询的数据库。

（3）打开"查询生成器"对话框：单击"实用程序"菜单中的"查询生成器"命令，打开"查询生成器"对话框，如图 11-14 所示。

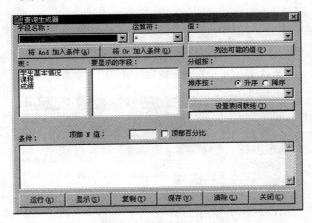

图 11-14 "查询生成器"对话框

（4）选择要建立查询的表和字段：单击"表"列表框中要建立查询的表名，则选定的表中的所有字段立即显示在"要显示的字段"列表框中，再从该框中选择所有在查询结果中要显示的字段。

（5）设置查询条件：在"字段名称"下拉列表中选择一个字段，在"运算符"下拉列表中选择一个运算符，在"值"下拉列表框中输入一个值，也可以单击"列出可能的值"按钮，然后从下拉列表中选择一个值。这样生成了一个查询条件。

（6）将查询条件添加到"条件"列表框中：单击"将 And 加入条件"按钮或"将 Or 加入条件"按钮，当前设置的查询条件添加到"条件"框中。

（7）设置多条件查询：如果要设置的查询条件有多个，则在重复第（5）步操作设置下一个查询条件后，单击"将 And 加入条件"按钮将该条件与前一条件组成"与"运算，或者单击"将 Or 加入条件"按钮将该条件与前一条件组成"或"运算，此时，在"条件"

框中会出现所设置的多条件表达式；否则，转下一步。

（8）设置表间联结：如果在"表"列表框中选择了多个查询表，则单击"设置表间联结"按钮，打开"联结表"对话框，在对话框中定义表之间的联结字段；否则，转下一步。

（9）查看结果：单击"运行"按钮查看查询结果，弹出一个消息框，询问"这是 SQL 传递查询吗？"，单击"否"按钮，显示"查询结果"窗口。

例如，要查询所有数学专业男生的学号、姓名、出生日期、籍贯，并将查询的结果保存在"数学男生信息"文件中。各项设置如图 11-15 所示，查询的结果如图 11-16 所示。

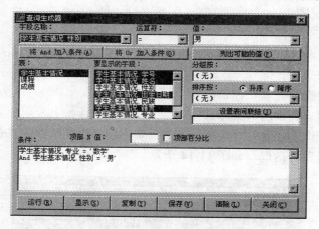

图 11-15   在"查询生成器"窗口中设置查询选项

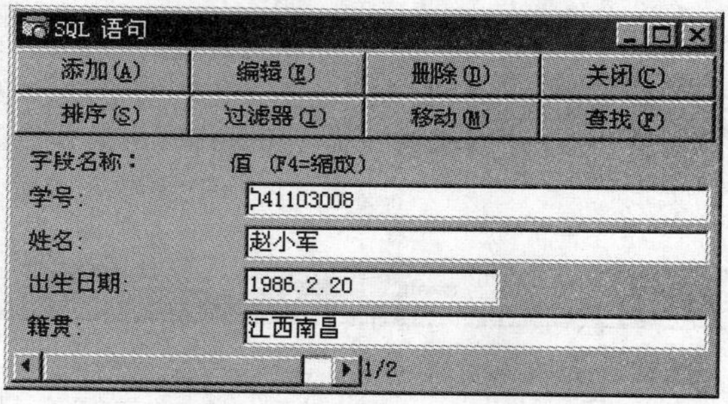

图 11-16   "查询结果"窗口

"查询生成器"对话框中底部其他按钮的作用如下所述。

"显示"：用于查看查询条件。

"复制"：将设置的查询条件复制到 SQL 语句窗口。

"保存"：将生成的查询按指定的名称保存到数据库中。

"清除"：删除所有设置的查询条件。

"关闭"：关闭查询生成器，返回数据管理器窗口。

保存查询并关闭查询生成器后，在数据库窗口中会出现保存的查询名称"数学男生信息"，以后要执行查询，只要鼠标双击查询名，就可以显示查询结果。若要在"SQL 语句"窗口显示查询对应的 SQL 语句，只需鼠标右击查询名，在弹出的快捷菜单中选择"设计"命令即可。

11.3.2　SQL 查询语句

SQL 是一种结构化查询语言，使用 SQL 的 SELECT 查询语句可以实现数据库的查询操作。SELECT 语句的格式如下：

SELECT [ALL|DISTINCT] 字段名列表 FROM 表名 [WHERE 条件] [GROUP BY 分组字段 [HAVING 分组条件]] [ORDER BY 排序字段 [[ASC]|DESC]]

其中，SELECT 子句选择查询的列，ALL 指出查询所有记录，DISTINCT 指出查询结果的唯一性，字段名列表指出查询结果显示的字段，字段之间用逗号分隔，可用"*"号表示选择表中的所有字段，当实现多表查询时，字段名前应加表名前缀，表名与字段名有"."隔开；FROM 子句指出要查询的表；WHERE 子句指出查询结果应满足的条件，它由常量、字段名、逻辑运算符、关系运算符等组成；GROUP BY 子句指出将查询结果按指定的字段分组，HAVING 子句与 GROUP BY 子句合用，指出分组的条件；ORDER BY 子句指出将查询结果按指定的字段排序，ASC 表示升序排列，DESC 表示降序排列。

在 SELECT 语句内还可以使用统计函数进行查询，这些函数包括 5 个，分别是统计记录个数函数 COUNT()、求和函数 SUM()、求平均值函数 AVG()、求最大值函数 MAX()、求最小值函数 MIN()。

例如，图 11-15 中查询的 SQL 语句为

SELECT 学号,姓名,出生日期,籍贯 FROM 学生基本情况 WHERE 专业='数学' AND 性别='男'

Visual Basic

11.4　访问数据库

VB 提供了强大的访问数据库功能，使得用户可以方便地对数据库中的数据进行处理，通过将数据控件绑定到不同类型的数据源，完成数据库应用程序的开发。VB 常用的数据控件包括 Data 控件和 ADO Data 控件。

11.4.1　Data 控件

Data 控件是 VB 工具箱上的标准控件，它使用 Microsoft 的 Jet 数据库引擎实现数据访问。Data 控件访问的数据库类型有以下三个。

● 内部数据库：Microsoft Access 的 MDB 文件。

● 外部数据库：Microsoft FoxPro 的 DBF 文件、Microsoft Excel 的 XLS 文件等。

● 开放式互联数据库（ODBC）：Microsoft SQL Server、Oracle 等。

1. Data 控件的属性

● Name 属性：设置控件的名称。

- Connect 属性：设置要连接的数据库类型。默认值为 Access。
- DatabaseName 属性：设置要访问的数据库文件名。
- RecordSource 属性：设置要访问记录的来源，可以是表名，也可以是 SQL 查询语句。
- RecordsetType 属性：设置控件创建的记录集对象（RecordSet）的类型，记录集对象是指一组与数据库相关的逻辑记录集合。RecordsetType 属性可设置的值有

0-Table 表类型记录集，即数据源是一张表，可实现修改。

1-Dynaset 动态集类型，默认值，即记录集可以由多张表生成，数据源中记录的改变可动态地体现在记录集中。

2-Snapshot 快照类型，即数据源中记录的改变与记录集中的数据无关，不能修改数据源中记录。

2. Data 控件与数据绑定控件的连接

数据绑定控件是指可与 Data 控件结合使用访问数据库的控件。由于 Data 控件只负责数据库和工程之间的数据交换，本身不显示数据，因此必须使用数据绑定控件与 Data 控件连接，并通过数据控件连接到数据源上，从而完成访问数据库的任务。

在 VB 标准控件中，用于数据绑定的控件主要有复选框 CheckBox、组合框 ComboBox、图像框 Image、标签 Label、列表框 ListBox、图片框 PictureBox、文本框 TextBox 等。在 ActiveX 控件中，用于数据绑定的控件主要有数据组合 DataCombo 和 DBCombo、数据列表 DataList 和 DBList、数据网格 MSFlexGrid、文本框 RichTextBox 等，这些控件在使用前应先添加到标准工具栏中。

数据绑定控件常用的属性有

- DataSource：设置数据源，它是 Data 控件的名称。指出数据绑定控件绑定到哪一个 Data 控件上。
- DataField：设置绑定的数据。指出数据绑定控件绑定到 RecordSource 中的哪一个字段名。

例 11-1 创建一个工程"数据库应用示例.vbp"，设计一个"Data 控件应用示例 1"窗体，显示前面建立的数据库表"学生基本情况"中的记录，窗体的运行结果如图 11-17 所示。

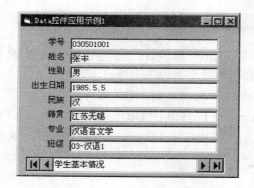

图 11-17　Data 控件应用示例 1

窗体上设计了一个 Data 控件，由于"学生基本情况"表内包括 8 个字段，因此设计了 8 个文本框绑定控件与之连接，此外还设计了 8 个标签，窗体上各控件的属性设置值如表 11-5 所示。

表 11-5　窗体上各控件的属性设置值

控　件	属　性　项	属　性　值
Data1	Caption	学生基本情况
	Connect	Access
	DatabaseName	D:\Program Files\Microsoft Visual Studio\VB98\学籍管理.mdb
	RecordSource	学生基本情况
Label1	Caption	学号
Label2	Caption	姓名
Label3	Caption	性别
Label4	Caption	出生日期
Label5	Caption	民族
Label6	Caption	籍贯
Label7	Caption	专业
Label8	Caption	班级
Text1	DataSource	Data1
	DataField	学号
	Text	空
Text2	DataSource	Data1
	DataField	姓名
	Text	空
Text3	DataSource	Data1
	DataField	性别
	Text	空
Text4	DataSource	Data1
	DataField	出生日期
	Text	空
Text5	DataSource	Data1
	DataField	民族
	Text	空
Text6	DataSource	籍贯
	DataField	学号
	Text	空
Text7	DataSource	Data1

续表

控　件	属　性　项	属　性　值
	DataField	专业
	Text	空
Text8	DataSource	Data1
	DataField	班级
	Text	空

具体设计步骤如下：

（1）新建一个工程，设置 Form1 窗体的 Caption 属性为"Data 控件应用示例 1"。

（2）在窗体的底部添加一个 Data 控件，按表 11-5 所示在属性窗口中设置其各属性值。

（3）在窗体上添加 8 个标签，按表 11-5 所示设置其属性。

（4）在窗体上添加 8 个文本框，按表 11-5 所示设置其属性。

不需编写任何代码，窗体运行时，只需使用 Data 控件的到记录集头、向前、向后、到记录集尾的按钮就可以浏览表中的所有数据记录，同时还可以在窗体上直接修改表中的数据。如果修改了某个字段的内容，只要移动记录，则所作的修改就会自动写回到数据库中。

例 11-2 设计一个"Data 控件应用示例 2"窗体，通过 MSFlexGrid 数据网格控件浏览"学生基本情况"表中的记录，窗体的运行结果如图 11-18 所示，窗体上各控件的属性设置值如表 11-6 所示。

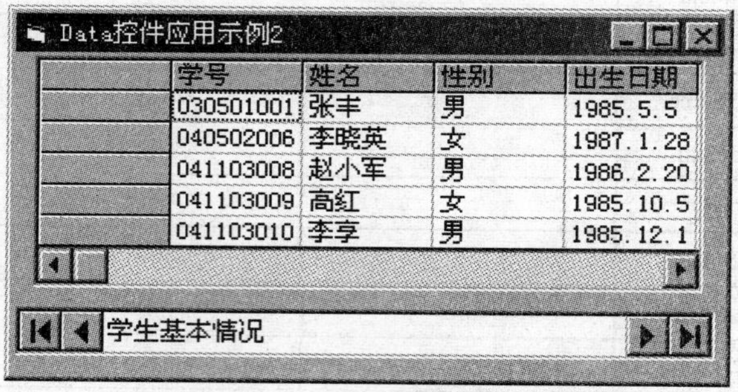

图 11-18　Data 控件应用示例 2

表 11-6　窗体上各控件的属性设置值

控　件	属　性　项	属　性　值
Data1	Caption	学生基本情况
	Connect	Access
	DatabaseName	D:\Program Files\Microsoft Visual Studio\VB98\学籍管理.mdb
	RecordSource	学生基本情况
MSFlexGrid	DataSource	Data1

具体设计步骤如下：

（1）在当前工程中添加一个窗体 Form2，设置其 Caption 属性为"Data 控件应用示例 2"。

（2）在窗体的底部添加一个 Data 控件，按表 11-6 所示在属性窗口中设置其各属性值。

（3）选择"工程"菜单中的"部件"命令，在打开的"部件"对话框中，在"控件"选项卡的列表框中，选择"Microsoft FlexGrid Control 6.0"选项，单击"确定"按钮，将MSFlexGrid 控件添加到工具箱中。

（4）在窗体上添加一个 MSFlexGrid 控件，并设置其属性。

（5）选择"工程"菜单中的"工程属性"命令，在打开"工程属性"对话框中，设置该窗体为启动窗体并运行。

3. 数据库记录的编辑操作

当用 Data 控件与数据源连接，同时使用数据绑定控件将数据绑定在数据控件上，实现了应用程序与数据库的连接后，还可以通过使用 RecordSet 对象所提供的方法来完成对数据库记录的增加、删除、修改和查询等编辑操作。

1）记录的定位方法

- MoveFirst 方法：记录指针移到第一条记录。
- MoveLast 方法：记录指针移到最后一条记录。
- MoveNext 方法：记录指针移到当前记录的下一条记录。
- MovePrevious 方法：记录指针移到当前记录的上一条记录。
- Move <n> 方法：记录指针向前或向后移动 n 条记录，当 $n>0$ 时向前移动，当 $n<0$ 时向后移动。

使用格式：控件名.RecordSet.方法名

2）记录的编辑方法

- AddNew 方法：用于添加一条新记录到记录集的末尾。该方法使用后，应该通过 Updata 方法将新记录保存到数据库文件中。使用格式：控件名.RecordSet.AddNew
- Delete 方法：用于删除当前记录。该方法使用前，应先将要删除的记录设置成当前记录，使用后，应通过记录的定位方法改变当前记录。使用格式：控件名.RecordSet.Delete
- Edit 方法：用于对当前记录进行修改。该方法使用后，应该通过 Updata 方法将修改后的记录保存到数据库文件中。使用格式：控件名.RecordSet.Edit
- Update 方法：用于将进行了增删改操作的记录保存到数据库文件中。使用格式：控件名.RecordSet.Update
- 字段编辑方法：不提供专门的关键字。使用格式：控件名.RecordSet("字段名")=值

3）记录的查找操作

- FindFirst：查找满足条件的第一条记录。
- FindLast：查找满足条件的最后一条记录。
- FindNext：查找满足条件的下一条记录。

● FindPrevious：查找满足条件的上一条记录。

使用格式：控件名.RecordSet.方法名<条件>

4）打开和关闭数据库方法

● Refresh 方法：打开一个数据库文件。该方法由 Data 控件提供。使用格式：控件名.Refresh

● Close 方法：关闭一个数据库文件。使用格式：控件名.RecordSet.Close

例 11-3 在例 11-1 基础上，添加 4 个命令按钮代替窗体上 Data 控件对象的 4 个箭头操作。窗体的运行结果如图 11-19 所示。

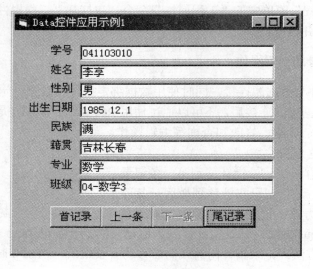

图 11-19　用按钮代替 Data 控件

具体设计步骤如下：

（1）在属性窗口设置窗体上 Data 控件的 Visible 属性值为 False。

（2）调整窗体的大小，在窗体上依次添加 4 个命令按钮，分别设置它们的 Caption 属性为"首记录"、"上一条"、"下一条"、"尾记录"。

（3）编写各命令按钮的 Click 事件代码。

```
Private Sub Command1_Click()
    Data1.Recordset.MoveFirst
    Command2.Enabled = False
    If Command3.Enabled = False Then Command3.Enabled = True
End Sub

Private Sub Command2_Click()
    Data1.Recordset.MovePrevious
    If Data1.Recordset.BOF Then
        Data1.Recordset.MoveFirst
        Command2.Enabled = False
    End If
```

```
    If Command3.Enabled = False Then Command3.Enabled = True
End Sub

Private Sub Command3_Click()
    Data1.Recordset.MoveNext
    If Data1.Recordset.EOF Then
        Data1.Recordset.MoveLast
        Command3.Enabled = False
    End If
    If Command2.Enabled = False Then Command2.Enabled = True
End Sub

Private Sub Command4_Click()
    Data1.Recordset.MoveLast
    Command3.Enabled = False
    If Command2.Enabled = False Then Command2.Enabled = True
End Sub
```

　　记录指针移动时需要考虑 RecordSet 对象的边界。因此，当单击"上一条"按钮时，通过 BOF 属性检测记录集是否越界，若是，则用 MoveFirst 方法将记录指针定位到第一条记录，同时将"上一条"按钮的 Enabled 属性设置为 False。同理，单击"下一条"按钮时，可以通过 EOF 属性检测记录集是否越界，若越界，则用 MoveLast 方法将记录指针定位到最后一条记录，同时将"下一条"按钮的 Enabled 属性设置为 False。

　　例 11-4　在例 11-3 的基础上，增加 4 个命令按钮："添加"、"删除"、"修改"、"查找"。窗体运行的结果如图 11-20 所示。

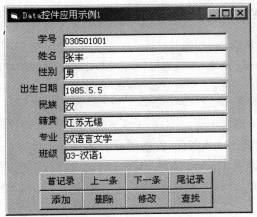

图 11-20　添加增删改查找功能

　　具体设计步骤如下：

　　（1）在窗体上依次增加 4 个命令按钮，并分别设置它们的 Caption 属性为"添加"、"删除"、"修改"、"查找"。

（2）编写各新增按钮的 Click 事件代码。

```
Private Sub Command5_Click()
    On Error Resume Next
    If Command5.Caption = 添加" Then
        Command5.Caption = "确认": Data1.Recordset.AddNew: Text1.SetFocus
    Else
        Command5.Caption = "添加": Data1.Recordset.Update: Data1.Recordset.MoveLast
    End If
End Sub
Private Sub Command6_Click()
    On Error Resume Next
    ys = MsgBox("真的要删除吗？", "删除学生记录", vbYesNo)
    If ys = vbYes Then
        Data1.Recordset.Delete: Data1.Recordset.MoveNext
        If Data1.Recordset.EOF Then Data1.Recordset.MoveLast
    End If
End Sub
Private Sub Command7_Click()
    On Error Resume Next
    If Command7.Caption = "修改" Then
        Command7.Caption = "确认": Data1.Recordset.Edit: Text1.SetFocus
    Else
        Command7.Caption = "修改": Data1.Recordset.Update
    End If
End Sub
Private Sub Command8_Click()
    Dim sname As String
    On Error Resume Next
    sname = InputBox$("请输入要查找的学生姓名", "按学生姓名查找")
    Data1.Recordset.FindFirst "姓名=" & "'" & sname & "'"
    If Data1.Recordset.NoMatch Then MsgBox "查无此学生!"
End Sub
```

单击"添加"按钮时调用 AddNew 方法添加一条记录，并将 Caption 属性改为"确认"，单击"确认"按钮时，调用 Update 方法将新增的记录保存到数据库文件中。在没有使用 AddNew 方法时，调用 Update 方法，程序将产生错误，此时，On Error Resume Next 自动转入错误处理。

11.4.2　ADO Data 控件

ADO Data 控件的形状及用途和 Data 控件相似，但它使用 Microsoft ActiveX 数据对象（ADO）来快速建立对数据源的连接，它可以和任何符合 OLEDB 规范的数据源连接。当创建连接时，可以使用下列三种源之一：一个连接字符串，一个 OLE DB 文件

（MDL），或一个 ODBC 数据源名称（DSN）。当使用 DSN 时，则无须更改控件的任何其他属性。

1. 添加 ADO Data 控件

ADO Data 控件属于 ActiveX 控件，使用之前必须先添加到工具箱中，具体添加步骤如下：

（1）选择"工程"菜单中的"部件"命令，弹出"部件"对话框；

（2）在"部件"对话框中，选择"控件"标签；

（3）在"控件"列表框中单击"Microsoft ADO Data Control 6.0(OLEDB)"左边的小方框，使方框中出现"√"；

（4）单击"确定"按钮。

ADO Data 控件被添加到工具箱中，如图 11-21 所示。

图 11-21 ADO Data 控件

2. ADO Data 控件的属性

● ConnectionString 属性：包含了用于与数据源连接的相关信息。

● RecordSource 属性：确定具体可以访问的数据，这些数据构成记录集对象 RecordSet。该属性的值可以是数据库中的一个表名，也可以是一个存储查询或使用 SQL 查询语言的一个查询字符串。

● UserName 属性：用于设置 RecordSet 对象的一个用户。

● Password 属性：用于设置 RecordSet 对象创建过程中使用的密码。

3. 与数据绑定控件的连接

与 ADO Data 控件连接的数据绑定控件可以是任何具有 DataSource 属性的控件。用于数据绑定的标准控件有 CheckBox、ComboBox、Image、Label、ListBox、PictureBox、TextBox 等。用于数据绑定的 ActiveX 控件有 DataCombo、DataGrid、DataList、DBCombo、DBList、RichTextBox 等。同样，这些控件在使用前也必须先添加到标准工具栏中。

数据绑定控件的常用属性通常也包括 DataSource 属性和 DataField 属性。

4. ADO Data 控件的方法

ADO Data 控件的方法和 Data 控件方法相同。

例 11-5 设计一个"ADO Data 控件应用示例"窗体，通过 DataGrid 数据网格控件浏览"学生基本情况"表中数学专业男生的学号、姓名、出生日期、籍贯等信息，并实现增删改查询操作，窗体的运行结果如图 11-22 所示，窗体上各控件的属性设置值如表 11-7 所示。

图 11-22 ADO Data 控件应用示例

表 11-7 窗体上各控件的属性设置值

控　件	属　性　项	属　性　值
Adodc1	ConnectionString	Provider=Microsoft.Jet.OLEDB.4.0;Data Source=D:\Program Files\ Microsoft Visual Studio\VB98\学籍管理.mdb;Persist Security Info=False
	CommandType	8
	RecordSource	SELECT 学号,姓名,出生日期,籍贯 FROM 学生基本情况 WHERE 专业='数学' AND 性别 ='男'
	Visible	False
DataGrid1	DataSource	Adodc1
	AllowAddNew	True
	AllowDelete	True
	AllowUpdate	True
Command1	Caption	添加
Command2	Caption	删除
Command3	Caption	修改
Command4	Caption	查找

具体设计步骤如下：

（1）在当前工程中添加一个窗体 Form3，设置其 Caption 属性为"ADO Data 控件应用示例"。

（2）将 ADO Data 控件添加到工具箱。

（3）在窗体的底部添加一个 ADO Data 控件，按下述步骤设置其属性：

① 单击属性窗口中 ConnectionString 属性右边的"…"按钮，弹出"属性页"对话框，如图 11-23 所示。在该对话框中显示出三种连接数据源的方式，分别是

● "使用 Data Link 文件"表示通过一个连接文件来实现数据源连接；

● "使用 ODBC 数据资源名称"表示通过选择其下拉菜单中某个创建好的数据源名称（DSN）作为数据源；

● "使用连接字符串"表示通过选项设置自动产生连接字符串的内容。

② 在如图 11-23 所示的"属性页"对话框中,选定"使用连接字符串"选项,单击"生成"按钮,打开如图 11-24 所示的"数据链接属性"对话框,在"OLE DB 提供者"框中选择"Microsoft Jet 4.0 OLE DB Provide",然后单击"下一步"按钮,打开如图 11-25 所示的该对话框的"连接"选项卡。

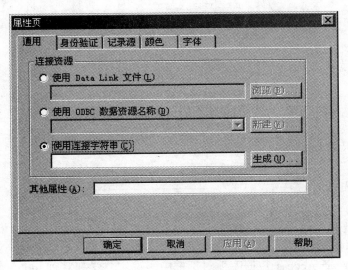

图 11-23 ADO Data 控件的"属性页"对话框

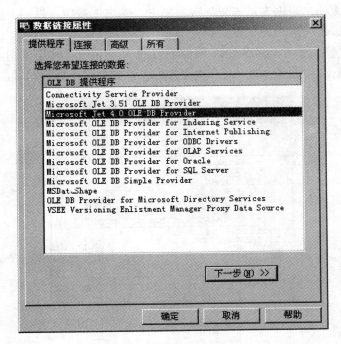

图 11-24 "数据链接属性"对话框的"提供程序"选项

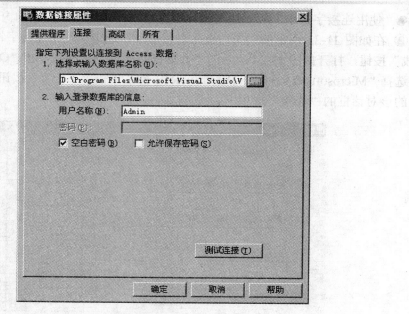

图 11-25　"数据链接属性"对话框的"连接"选项

③ 在如图 11-25 所示的对话框中，单击"选择或输入数据库名称"右边的"…"按钮，在打开的"选择 Access 数据库"对话框中，选定"学籍管理.mdb"数据库文件后，返回"数据链接属性"对话框，单击"测试连接"按钮，如果弹出"测试连接成功"消息框，则表示连接成功，否则表示连接失败，单击"确定"按钮，返回"属性页"对话框，再单击"确定"按钮，退出对话框回到窗体。

④ 单击属性窗口中 RecordSource 属性右边的"…"按钮，弹出如图 11-26 所示的"属性页"对话框，在该对话框中的"命令类型"列表框中列出了四种记录源的类型，分别是

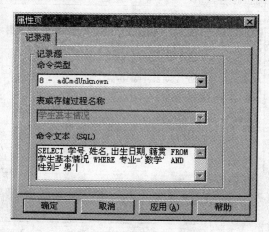

图 11-26　ADO Data 控件的"属性页"对话框

- 8-adCmdUnknown 表示记录源是"命令文本"中直接输入的 SQL 查询命令；
- 1-adCmdText 表示记录源是"命令文本"中直接输入的 SQL 查询命令；

● 2-adCmdTable 表示记录源是一个表名；
● 4-adCmdStoreProc 表示记录源是一个存储过程。

⑤ 在如图 11-26 所示的"属性页"对话框中，选择"命令类型"框中的
"8-adCmdKnown"，再在"命令文本（SQL）"列表框中输入 SQL 的查询语句，单击"确
定"按钮，返回窗体。

⑥ 在属性窗口中设置 Adodc1 控件的 Visible 属性值为 False。

（4）选择"工程"菜单中的"部件"命令，在打开的"部件"对话框中，在"控件"
选项卡的列表框中，选择"Microsoft DataGrid Control 6.0(OLEDB)"选项，单击"确定"
按钮，将 DataGrid 控件添加到工具箱中。

（5）在窗体上添加一个 DataGrid 控件，按表 11-7 所示在属性窗口中设置其各属性值。

（6）在窗体上依次增加四个命令按钮，并分别设置它们的 Caption 属性为"添加"、"删
除"、"修改"、"查找"。

（7）编写各命令按钮的 Click 事件代码。

```
Private Sub Command1_Click()
    Adodc1.Recordset.AddNew
    DataGrid1.SetFocus
End Sub
Private Sub Command2_Click()
    Adodc1.Recordset.Delete: Adodc1.Recordset.MoveNext
    If Adodc1.Recordset.EOF Then Adodc1.Recordset.MoveLast
End Sub
Private Sub Command3_Click()
    Adodc1.Recordset.Update
End Sub
Private Sub Command4_Click()
  Dim sname As String
  On Error Resume Next
  sname = InputBox$("请输入要查找的学生姓名", "按学生姓名查找")
  Adodc1.Recordset.Find "姓名=" & " '" & sname & "'"
  If Adodc1.Recordset.EOF Then
      MsgBox "查无此学生!"
      Adodc1.Recordset.MoveFirst
  End If
End Sub
```

（8）选择"工程"菜单中的"工程属性"命令，在打开"工程属性"对话框中，设置
该窗体为启动窗体，并运行。

11.5 数据报表

数据库应用程序的开发，通常需要生成数据报表供用户打印，从而输出数据。Visual Basic 提供的数据报表设计器（Microsoft Data Report designer）是一个多功能的报表生成器，它同数据环境设计器（Data Environment designer）一起使用，可以从几个不同的相关表创建报表。

11.5.1 数据环境

创建数据报表，首先要在应用程序中添加数据环境，具体的操作步骤如下：

（1）选择"工程"菜单中的"添加 Data Environment"命令，在当前工程资源管理器窗口中添加了一个如图 11-27 所示的数据环境设计器，同时打开如图 11-28 所示的"数据环境设计器"窗口。

图 11-27   "工程资源管理器"窗口

图 11-28   "数据环境设计器"窗口

（2）在"数据环境设计器"窗口中，用鼠标右击"Connection1"，在弹出的快捷菜单中选择"属性"命令，打开如图 11-24 所示的"数据链接属性"对话框，在"OLE DB 提供者"框中选择要连接的数据提供者后，单击"下一步"按钮，打开如图 11-25 所示的该对话框的"连接"选项卡，单击"选择或输入数据库名称"右边的"…"按钮，在打开的"选择 Access 数据库"对话框中，选定用于创建报表的数据库文件后，返回"数据链接属性"对话框，单击"测试连接"按钮，如果弹出"测试连接成功"消息框，则表示连接成功，然后单击"确定"按钮。

（3）在"数据环境设计器"窗口中，单击工具栏中的"添加命令"按钮 ，则在"Connection1"下面添加了一个 Command1 命令。鼠标右击"Command1"，在弹出的快捷菜单中选择"属性"命令，打开如图 11-29 所示的"Command1 属性"对话框，在该对话框中设置数据源后，单击"确定"按钮。

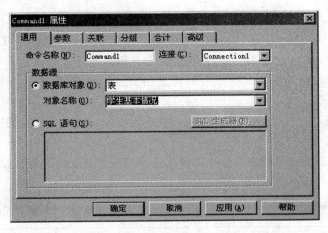

图 11-29　"Command1 属性"对话框

11.5.2　生成数据报表

在应用程序中加入了数据环境设计器后，就可以添加数据报表设计器了，具体的操作步骤如下：

（1）选择"工程"菜单中的"添加 Data Report"命令，在当前工程资源管理器窗口中添加了一个如图 11-30 所示的数据报表设计器，同时打开如图 11-31 所示的"数据报表设计器"窗口。同时在 VB 的工具箱上，显示"数据报表"选项卡，提供了设计数据报表中的常用控件，包括标签 RptLabel、文本框 RptTextBox、图像 RptImage、直线 RptLine、形状 RptShape、函数 RptFunction 等控件，如图 11-32 所示。

图 11-30　"工程资源管理器"窗口

图 11-31 "数据报表设计器"窗口   图 11-32 VB 的工具箱

（2）在属性窗口中设置 DataReport1 的 DataSource 属性为 DataEnviroment1，DataMember 属性为 Command1，这样将数据报表和数据环境连接起来了。

（3）在数据报表设计器上设计报表的样式和要显示的信息。报表上固定显示的内容通过标签来实现，报表上来自数据源中的信息通过文本框绑定实现，报表上统计类信息通过函数控件进行计算显示出来，此外，其他一些诸如日期、页数等信息通过添加相应控件来显示。

基于"学籍管理.mdb"数据库中的"学生基本情况"表设计的数据报表界面如图 11-33 所示。

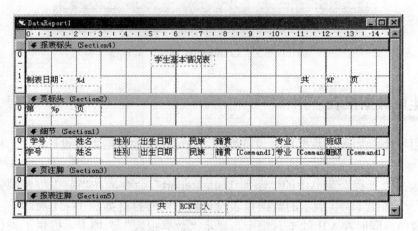

图 11-33 数据报表界面的设计

11.5.3 显示报表

设计生成数据报表后，要显示报表，可以使用 DataReport1 对象的 show 方法，在命令按钮或菜单的 Click 事件内加入代码：DataReport1.show，或者把 DataReport1 直接设置为启动对象。

图 11-33 所示数据报表设计在程序运行时显示的报表如图 11-34 所示。

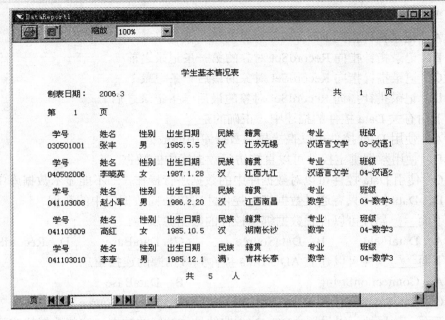

图 11-34 程序运行时显示的数据报表

习 题

一、选择题

1. 下面说法中错误的是____。

A. 一个表可以构成一个数据库

B. 多个表可以构成一个数据库

C. 表中每条记录各个字段的数据具有相同的类型

D. 同一个字段的数据具有相同的类型

2. Microsoft Access 数据库文件的扩展名是____。

A. .db B. .dbf C. .mdb D. .dbc

3. SQL 语句"SELECT 姓名,出生日期 FROM 学生基本情况 WHERE 专业='数学'"所查询的表名称是____。

A. 姓名 B. 出生日期 C. 学生基本情况 D. 专业

4. 当 RecordSet 对象的 BOF 属性为 True 时，表示____。

A. 记录指针指向 RecordSet 对象的第一条记录

B. 记录指针指向 RecordSet 对象的第一条记录之前

C. 记录指针指向 RecordSet 对象的最后一条记录

D. 记录指针指向 RecordSet 对象的最后一条记录之后

5．当 RecordSet 对象的 EOF 属性为 True 时，表示____。

    A．记录指针指向 RecordSet 对象的第一条记录

    B．记录指针指向 RecordSet 对象的第一条记录之前

    C．记录指针指向 RecordSet 对象的最后一条记录

    D．记录指针指向 RecordSet 对象的最后一条记录之后

6．下面有关 Data 控件的描述中，正确的是____。

    A．使用 Data 控件可以直接显示数据库中的数据

    B．使用数据绑定控件可以直接访问数据库中的数据

    C．使用 Data 控件可以对数据库中的数据进行操作，却不能显示数据库中的数据

    D．Data 控件只有通过数据绑定控件才可以访问数据库中的数据

7．下面____属性可以设置数据绑定控件的数据源属性。

    A．DataField   B．DataSource   C．DataBase   D．RecordSource

8．下面____属性可以建立 ADO Data 控件到数据源的连接信息。

    A．ConnectionString   B．DataBase

    C．DataSource   D．RecordSource

9．下面____属性可以设置 ADO Data 控件具体访问的数据，这些数据构成记录集对象 RecordSet。

    A．ConnectionString   B．DataField

    C．DataSource   D．RecordSource

10．通过____方法可以实现 ADO Data 控件的查找操作。

    A．Find   B．FindFirst   C．FindLast   D．FindNext

二、填空题

1．按数据的组织方式，数据库可以分为____、____和____三种类型。

2．一个数据库中可以包括____张表，表中的____称为记录，表中的____称为字段。

3．Microsoft Access 数据库属于____数据库。

4．在 Visual Basic 集成开发环境中选择____菜单中的"可视化数据管理器"命令可以打开可视化数据管理器窗口。

5．利用可视化数据管理器可以建立____、____和____等操作。

6．在查询生成器中，可以使用____或____运算来设置多条件查询。

7．SQL 是一种____语言，使用 SQL 的____查询语句可以实现数据库的查询操作。

8．要设置 Data 控件所连接的数据库的名称及位置，需设置其____属性。

9．使用 ADO Data 控件之前，必须首先选择"部件"对话框中的____选项，将它添加到工具箱中。

10．____数据绑定控件是专用于与 Data 控件连接，____数据绑定控件是专用于与 ADO Data 控件连接。

三、判断题

1．如果数据库是使用 Microsoft Access 2000 创建的，在当前 VB 环境中不能使用。

2．DataSource 是应用程序中数据绑定控件的一个属性，它可以设置一个数据源。

3．将数据控件的 Visible 属性设置为 True，则数据绑定控件无法绑定到该数据控件上。

4．ADO Data 控件可以使用的数据绑定控件有 Label、TextBox、CheckBox、OLE，以及 DBList、DBCombo 和 MSFlexGrid。

5．Data 控件可以使用的数据绑定控件有 Label、TextBox、CheckBox，以及 DataList、DataCombo、DataGrid 和 MSHFlexGrid。

6．ADO Data 控件并不属于 Visual Basic 的标准内部控件，所以不在原有的工具箱中。

7．SQL 语言的 select 语句可以对查询结果实现按照升序或降序的排列。

8．当在设计时设置了 DataGrid 控件的 DataSource 属性后，就会用数据源的记录集来自动填充该控件，以及自动设置该控件的列标头。

第12章

应用程序发布

本章主要介绍如何利用"打包和展开向导"工具实现应用程序的发布。

主要内容

- 应用程序的打包
- 应用程序的展开
- 安装程序的测试

12.1 概述

在创建 Visual Basic 应用程序后，可能希望将该应用程序发布给其他用户。为了方便用户的使用，往往需要将应用程序制作成安装盘，将程序最终安装到用户的计算机上，以便用户无需安装 Visual Basic，就可以在 Windows 环境下直接运行该应用程序。

使用 Visual Basic 提供的"打包和展开向导"工具，就可以实现通过软盘、光盘、网络（Intranet 或 Internet）等途径来发布应用程序。

在发布应用程序时，必须经过如下两个步骤：

（1）打包

将应用程序文件打包为一个或多个可以展开到选定位置的.cab 文件，对于某些类型的软件包，还必须创建安装程序。.cab 文件是一种经过压缩的、适合通过磁盘或 Internet 进行发布的文件。

（2）展开

将打好包的应用程序放置到适当的位置，以便用户可以从该位置安装应用程序。这意味着将软件包复制到软盘上或复制到本地或网络驱动器上，也可以将该软件包复制到一个Web 站点。

12.2 发布应用程序

打包和展开向导可以作为外接程序或独立应用程序来启动。

将向导作为外接程序启动时，首先，在 VB 的集成开发环境下，选择"外接程序"菜单中的"外接程序管理器"命令，打开如图 12-1 所示的"外接程序管理器"对话框，在该对话框中选择"打包和展开向导"选项，并选定"加载／卸载"复选框，然后单击"确定"按钮，这时在"外接程序"菜单中添加了"打包和展开向导…"命令，如图 12-2 所示，使用该命令打包之前，必须将要发布的工程文件先打开，否则会提示打开工程。

　　将向导作为独立应用程序启动时，可以选择"开始"菜单中的"程序"命令，在"程序"子菜单中选择"Microsoft Visual Basic 6.0 中文版"，打开下一级子菜单，选择"Microsoft Visual Basic 6.0 中文版工具"中的"Package & Deployment 向导"命令，即可打开如图 12-3 所示的"打包和展开向导"对话框。

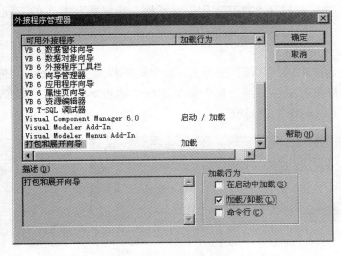

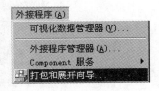

图 12-1　"外接程序管理器"对话框　　　　图 12-2　"外接程序"菜单

"打包和展开向导"对话框中有三个选项，分别为

● 打包：将应用程序中的文件打包压缩，保存到指定的文件夹中。

● 展开：将打包的文件发布到软盘、光盘、网络上。

● 管理脚本：对打包或展开的脚本进行重命名、复制、删除操作。

下面以例 11-1 为例，介绍使用打包和展开向导将该应用程序制作成安装盘的过程。

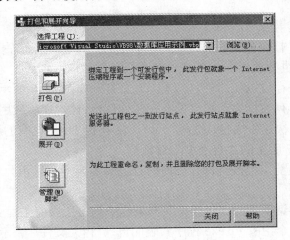

图 12-3　"打包和展开向导"对话框

12.2.1　应用程序的打包

打包是将应用程序中的文件打包压缩，保存到指定的文件夹中。具体操作步骤如下：

（1）打开打包工程文件

将向导作为独立应用程序启动，打开"打包和展开向导"对话框，对话框的"选择工程"列表框中显示的是上一次打包的工程名称和位置。

在本例中，单击"浏览…"按钮，打开"打开工程"对话框，选择需要发布的工程文件为"数据库应用示例.vbp"。

（2）打包脚本

单击"打包和展开向导"对话框中的"打包"按钮后，如果该工程未生成过.exe 文件，则会打开如图 12-4 所示的"查找执行文件"消息框。如果工程生成过.exe 文件，则会打开如图 12-5 所示的"询问是否重新编译"消息框。

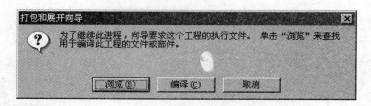

图 12-4　"查找执行文件"消息框

图 12-5　"询问是否重新编译"消息框

本例中，单击"打包和展开向导"对话框中的"打包"按钮后，打开图 12-4，单击"编译"按钮，系统进行编译后，打开"包类型"对话框。

如果当前工程保存过以前的打包脚本，则会打开如图 12-6 所示的"打包脚本"对话框，在"打包脚本"列表框中选择"标准安装软件包 1"，表示应用以前创建这个脚本过程的所有设置，以便快速生成包。选择"无"，表示不想使用已有的脚本。单击"下一步"按钮，打开如图 12-7 所示的"包类型"对话框。

本例中，由于当前工程没有保存以前的打包脚本，不会显示此对话框。

（3）选择包类型

在"包类型"对话框中的"包类型"列表框中列出了当前工程支持的包类型："标准安装包"表示创建一个由 setup.exe 程序安装的包；"相关文件"表示创建一个文件，列出该应用程序运行时所要求的有关部件的信息。

本例中，选择"标准安装包"后，单击"下一步"按钮，打开如图 12-8 所示的"打包文件夹"对话框。

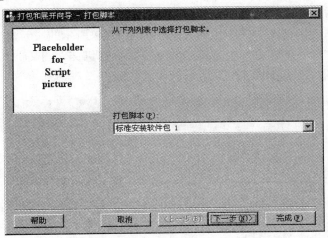

图 12-6　　"打包脚本"对话框

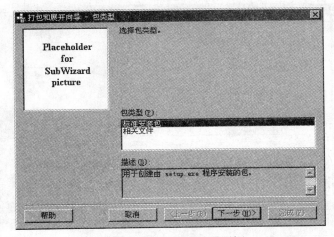

图 12-7　　"包类型"对话框

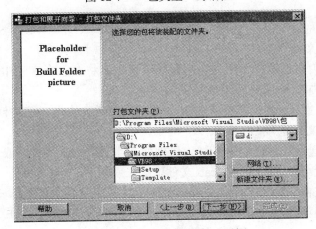

图 12-8　　"打包文件夹"对话框

（4）选择打包文件夹

"打包文件夹"对话框用于指定安装包的文件夹。单击"网络"按钮，可以从连网的计算机上选择文件夹；单击"新建文件夹"按钮，可以在当前文件夹下创建文件夹。

本例中，单击"新建文件夹"按钮，打开如图 12-9 所示的"新建文件夹"对话框，在"请输入新的文件夹的名称"文本框中输入要保存打包文件的文件夹名称"打包"后，单击"确定"按钮，打开如图 12-10 所示的"包含文件"对话框。

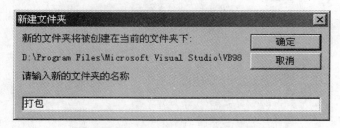

图 12-9 "新建文件夹"对话框

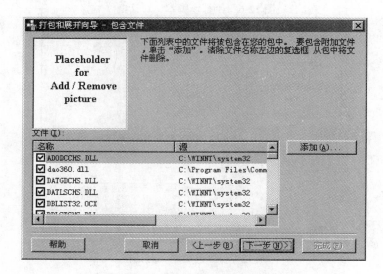

图 12-10 "包含文件"对话框

（5）选择包含文件

在"包含文件"对话框的"文件"列表框中列出了将要包含在包中的文件列表，并且允许向包中添加附加文件或删除不需要的文件。

本例中，单击"下一步"按钮，打开如图 12-11 所示的"压缩文件选项"对话框。

（6）设置压缩文件选项

在"压缩文件选项"对话框中允许为包创建一个大的.cab 文件，或者将包拆分成一系列可管理的单元，创建一系列小的.cab 文件。

"单个的压缩文件"选项表示将安装应用程序时所需要的文件压缩到一个.cab 文件中；"多个压缩文件"选项表示将应用程序文件压缩到多个指定大小的.cab 文件中。

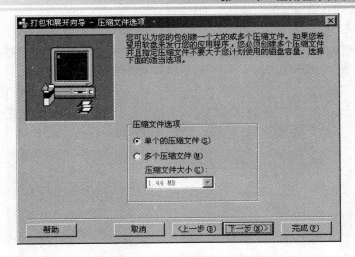

图 12-11　"压缩文件选项"对话框

本例中，选择"单个的压缩文件"后，单击"下一步"按钮，打开如图 12-12 所示的"安装程序标题"对话框。

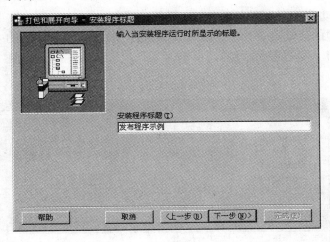

图 12-12　"安装程序标题"对话框

（7）设置安装程序标题

"安装程序标题"对话框用于为安装程序指定要显示的标题。

本例中，在"安装程序标题"框中输入"发布程序示例"，作为安装程序指定的名称，该名称在用户运行 setup.exe 程序安装应用程序时显示，单击"下一步"按钮，打开如图 12-13 所示的"启动菜单项"对话框。

（8）设置启动菜单项

"启动菜单项"对话框允许指定在应用程序安装时，在用户计算机上创建 Windows 的"开始"菜单或其下级菜单中的菜单组（项）。单击"新建组"或"新建项"按钮将程序组或程序项添加到指定的位置。单击"属性"按钮，打开"启动菜单项目属性"对话框，可以修改菜单项的名称，重新指定执行文件的名称。单击"删除"按钮，可以删除选定的程序组或程序项。

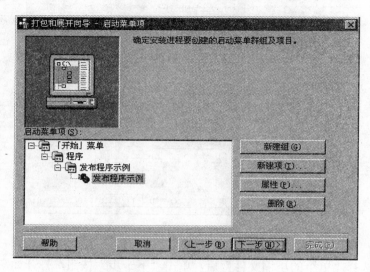

图 12-13 "启动菜单项"对话框

本例中,"启动菜单项"列表框中列出了用户运行 setup.exe 程序安装应用程序后,在用户计算机上创建的启动菜单为"开始"菜单中的"程序"子菜单下的"发布程序示例",执行文件的名称为"发布程序示例",单击"下一步"按钮,打开如图 12-14 所示的"安装位置"对话框。

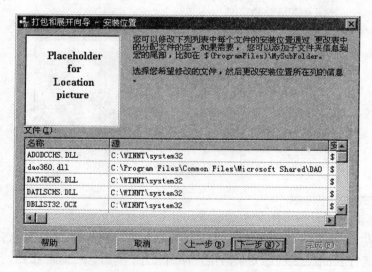

图 12-14 "安装位置"对话框

(9)选择安装位置

"安装位置"对话框允许更改用户计算机上安装工程文件的位置。其中,"文件"列表框中列出了包中每个文件的名称和当前位置,以及文件要安装的位置。

本例中,安装位置为默认,单击"下一步"按钮,打开如图 12-15 所示的"共享文件"

对话框。

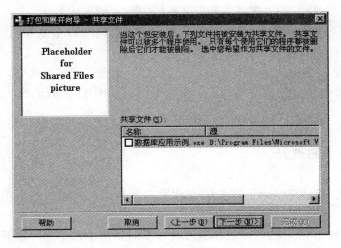

图 12-15 "共享文件"对话框

（10）设置共享文件

"共享文件"对话框用于决定哪些文件是作为共享方式安装的。共享文件是在用户计算机上可以被其他应用程序使用的文件，当用户卸载应用程序时，如果还存在别的应用程序在使用该文件，则该文件不会被删除。

系统通过查看指定的安装位置决定文件是否能够被共享。除了作为系统文件安装的文件外，任何文件都可以被共享。

对话框中的"共享文件"列表框中列出了所有能够被共享的文件的名称、在计算机上的源位置及安装位置。通过单击每个文件名左边的复选框可以选择想要作为共享文件安装的文件。

本例中，选定"数据库应用示例.exe"文件后，单击"下一步"按钮，打开如图 12-16所示的"已完成"对话框。

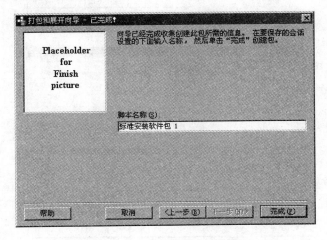

图 12-16 "已完成"对话框

（11）打包完成

在"已完成"对话框的"脚本名称"文本框中输入脚本的名称，表示用该名称来保存打包过程中所选择的设置，以便在下次打包同一个工程时可以重复使用这些设置。当展开包时，可以用这个名称来标识。

本例中，脚本的名称为"标准安装软件包 1"，单击"完成"按钮，将按选定的设置创建包，生成一个有关打包的文本报告，最后返回到如图 12-3 所示的"打包和展开向导"对话框。

12.2.2 应用程序的展开

应用程序的展开是将一个已打包的文件发布到软盘、光盘或网络上。具体操作步骤如下：

（1）在如图 12-3 所示的"打包和展开向导"对话框中，单击"展开"按钮，如果以前没有为当前工程保存过展开脚本，则打开如图 12-18 所示的"展开的包"对话框，否则，打开如图 12-17 所示的"展开脚本"对话框，从"展开脚本"列表中选择一个已有的脚本完成快速展开，单击"下一步"按钮，打开"展开的包"对话框。

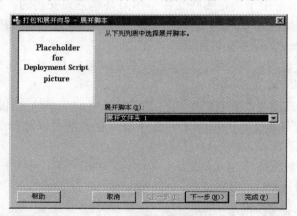

图 12-17   "展开脚本"对话框

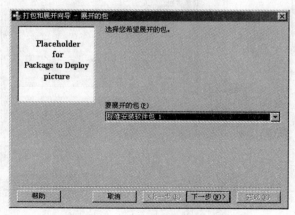

图 12-18   "展开的包"对话框

（2）在"展开的包"对话框中，从"要展开的包"列表框中选择要展开的包为"标准
安装软件包1"后，单击"下一步"按钮，打开如图 12-19 所示的"展开方法"对话框。

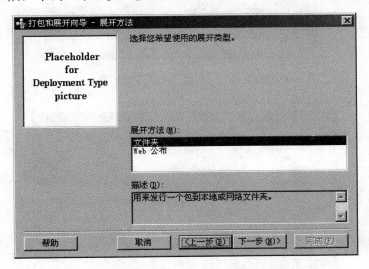

图 12-19　"展开方法"对话框

（3）在"展开方法"对话框中，从"展开方法"列表框中选择要展开的方法为"文件
夹"后，单击"下一步"按钮，打开如图 12-20 所示的"文件夹"对话框。

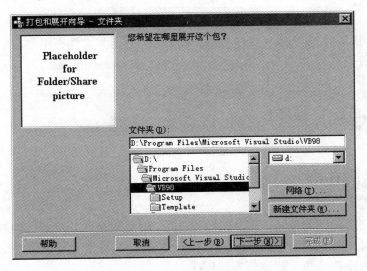

图 12-20　"文件夹"对话框

（4）在"文件夹"对话框中，单击"新建文件夹"按钮，打开如图 12-21 所示的"新
建文件夹"对话框，在"请输入新的文件夹的名称"框中输入要保存展开文件的文件夹名
称"展开"后，单击"确定"按钮，打开如图 12-22 所示的"已完成"对话框。

（5）在"已完成"对话框中，在"脚本名称"框中输入脚本名称"展开文件夹1"后，
单击"完成"按钮。

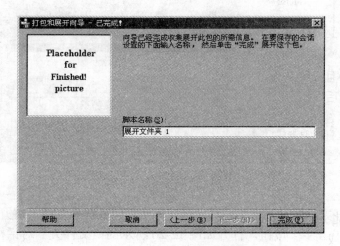

图 12-21　"新建文件夹"对话框

图 12-22　"已完成"对话框

　　至此，应用程序的发布操作全部完成，此时在"展开"文件夹中列出了应用程序安装盘上的所有文件。

Visual Basic

12.3　测试安装程序

12.3.1　安装应用程序

　　在完成了应用程序的包装工程并发布媒体后，必须对安装程序进行测试。确保在一台没有 Visual Basic 及应用程序所需的任何 ActiveX 控件的机器上测试您的安装程序，还应该在所有可用的操作系统上测试该安装程序。

1．测试基于软盘或基于光盘的安装程序

将第一张软盘或光盘插入驱动器。

● 选择"开始"菜单中的"运行"命令，打开"运行"对话框，在"打开"框中直接输入"drive:\setup"，或鼠标双击软盘或 CD 上的"Setup.exe"图标。

安装完成后，运行安装好的程序。

2. 测试基于网络驱动器的安装程序

● 从同一个网络中的要作为发布服务器的另一个计算机上，与包含发布文件的服务器及其目录建立连接。

● 在发布目录中，双击 Setup.exe 文件。

安装完成后，运行安装好的程序，确定其运行正常。

3. 测试基于 Web 的安装程序

● 将软件包展开到一个 Web 服务器。

● 访问一个 Web 页面，要求从该页面可以引用应用程序的.cab 文件。下载操作会自动开始，且显示提示，询问如何继续进行。

● 安装完成后，运行安装好的程序，确定其运行正常。

12.3.2 删除应用程序

当用户安装应用程序时，安装程序将删除实用程序复制到\Windows 或\WINNT 文件夹。每次使用安装程序来安装应用程序时，都会在应用程序的安装目录中生成一个删除日志文件 St6unst.log。同时将删除实用程序添加到"控制面板"的"添加／删除程序"部分。

在安装失败或安装操作取消时，删除实用程序将自动删除安装期间安装程序所创建的所有的目录、文件及注册表项。

在安装成功后，用户还可以使用"添加／删除程序"来卸载应用程序。

Visual Basic

习　　题

1. 如何启动打包和展开向导？
2. 怎样发布应用程序？
3. 如何测试安装程序？

读者服务表

尊敬的读者：

感谢您采用我们出版的教材，您的支持与信任是我们持续上升的动力。本教材程序源代码、课件等教学资源可从 www.hxedu.com.cn 下载，为了使您能更透彻地了解相关教材信息，更好地享受后续的服务，我社将根据您填写的表格，继续提供如下服务：

1. 免费提供本教材修订版样书及后续配套教学资源。
2. 提供新教材出版信息，并给确认后的新书申请者免费寄送样书。
3. 提供相关领域教育信息、会议信息及其他社会活动信息。

基 本 信 息

姓名		性别		年龄	
职称		学历		职务	
学校		院系（所）		教研室	
通信地址				邮政编码	
手机		办公电话			
E-mail			QQ 号码		

教 学 信 息

您所在院系的年级学生总人数			
	课程 1	课程 2	课程 3
课程名称			
讲授年限			
类　型			
层　次			
学生人数			
目前教材			
作　者			
出 版 社			
教材满意度			

书　评

结构（章节）意见	
例题意见	
习题意见	
实训/实验意见	

您正在编写或有意向编写教材吗？希望能与您有合作的机会！

状　态	方向/题目/书名	出 版 社
□正在写□准备中 □有讲义□已出版		

联系的方式有以下三种：

1. 发 Email 至 xucq@phei.com.cn，领取电子版表格。
2. 打电话至出版社编辑 010-88254484，也可从 www.hxedu.com.cn 下载表格。
3. 填写该纸质表格，邮寄至"北京市万寿路 173 信箱，　许存权　收，100036"。

我们将在收到您信息后一周内给您回复。电子工业出版社愿与所有热爱教育的人一起，共同学习，共同进步！